U0381871

国家社科基金项目

“祁连山国家公园生态保护与游憩利用协调机制研究”成果

（项目批准号：19BGL193）

祁连山国家公园
生态保护与游憩利用
协调发展研究

杨阿莉　马　剑　张文杰　著

中国社会科学出版社

图书在版编目(CIP)数据

祁连山国家公园生态保护与游憩利用协调发展研究 / 杨阿莉，马剑，张文杰著. -- 北京 : 中国社会科学出版社，2024. 11. -- ISBN 978-7-5227-4513-8

Ⅰ. S759. 992. 44

中国国家版本馆 CIP 数据核字第 2024WB4524 号

出 版 人　赵剑英
责任编辑　郭　鹏
责任校对　朱楚乔
责任印制　李寡寡

出　　版　中国社会科学出版社
社　　址　北京鼓楼西大街甲 158 号
邮　　编　100720
网　　址　http://www.csspw.cn
发 行 部　010-84083685
门 市 部　010-84029450
经　　销　新华书店及其他书店

印　　刷　北京明恒达印务有限公司
装　　订　廊坊市广阳区广增装订厂
版　　次　2024 年 11 月第 1 版
印　　次　2024 年 11 月第 1 次印刷

开　　本　710×1000　1/16
印　　张　22. 5
字　　数　345 千字
定　　价　128. 00 元

前　言

生态文明建设是中国特色社会主义事业的重要内容，关系人民福祉，关乎民族未来，事关“两个一百年”奋斗目标和中华民族伟大复兴的中国梦实现。2013 年 11 月，党的十八届三中全会提出的建立国家公园体制，是我国生态文明体制改革的重要任务之一，是以习近平同志为核心的党中央站在实现中华民族永续发展的战略高度做出的顶层设计和总体部署，是生态文明和美丽中国建设具有全局性、统领性、标志性的重大制度创新。2017 年 9 月，中共中央办公厅、国务院办公厅印发的《建立国家公园体制总体方案》（以下简称《总体方案》），明确了国家公园的首要功能是重要自然生态系统的原真性、完整性保护，同时兼具科研、教育、游憩等综合功能。2019 年 6 月，中共中央办公厅、国务院办公厅印发的《关于建立以国家公园为主体的自然保护地体系的指导意见》指出：“在保护的前提下，自然保护地控制区内可划定适当区域开展生态教育、自然体验、生态旅游等活动，构建高品质、多样化的生态产品体系，完善公共服务设施，提升公共服务功能。”2022 年 10 月，党的二十大报告中对生态文明建设、林草工作、国家公园工作提出了新定位与新要求，再次强调必须牢固树立和践行“绿水青山就是金山银山”的发展理念，站在人与自然和谐共生的高度谋划高质量推进以国家公园为主体的自然保护地体系建设的各项工作。

自国家公园试点工作推行以来，众多学者和管理者针对国家公园到底该实行怎样的严格保护、如何开展合理利用、能否开展游憩或旅游活动的争论从未停止。从国际经验来看，国家公园强调必须对自然生态系统进行严格保护，同时也强调科学利用，国家公园建设本身就是国际公认的处理保护与利用关系的最佳方式。2022 年 1 月，国务院发布的《“十四五”旅游业发展规划》，从顶层设计上也明确了以国家公园为主体的自然保护地可以“在保护的前提下，对一些生态稳定性好、环境承载能力强的森林、草原、湖泊、湿地、沙漠等自然空间依法依规进行科学规划，开发森林康养、自然教育、生态体验、户外运动，构建高品质、多样化的生态产品体系”，并且强调各地区要科学合理推动生态产品价值实现，走出一条生态优先、绿色发展的特色旅游道路。因此，我们需要做的是通过科学有效的管理，处理好国家公园生态保护、游憩利用与社区发展的关系，将人为活动对自然环境的影响控制在可接受的范围内，让生态保护与游憩利用、生态体验相得益彰，实现生态环境保护与民生福祉改善的双赢。

截至 2021 年 10 月，我国正式设立了三江源、大熊猫、东北虎豹、海南热带雨林、武夷山等第一批 5 个国家公园。其他 5 个国家公园体制试点，如祁连山、神农架、普达措、钱江源、南山等目前仍在建设中。2022 年 12 月，国家林业和草原局发布《国家公园空间布局方案》，共遴选出 49 个国家公园候选区（含正式设立的 5 个国家公园），总面积约 110 万平方公里，提出到 2035 年我国将基本建成全世界最大的国家公园体系。其中，祁连山国家公园体制试点区，由于其生态环境的脆弱性、生态地位的特殊性以及旅游资源的富集性，使得在该区域建立国家公园对于构筑我国西部生态安全屏障、促进生物多样性保护、维护生态系统平衡、充分发挥全民公益性、增进民生福祉和社会稳定具有十分重要的战略意义。因此，探讨如何在保护好祁连山国家公园生态环境的前提下，实现生态保护和生态游憩的平衡，兼顾好园内居民的生产生活和社区的经济收益，有效推动祁连山周边人文环境、生态环境与生态经济的可持续发展，并带来明显的社会效益、经济效益和生态效益，这是一项具有重大意义与深远影响的战略任务，也是国家公园体制建设中亟待解决的现实问题。

基于以上认识，笔者及课题组成员坚持目标导向和问题导向，以严谨的态度和求实创新的胆略，选取祁连山国家公园生态保护及其游憩利用协调发展这一复杂命题开展研究。本研究通过梳理国内外诸多国家公园及自然保护地研究的相关文献，运用游憩生态学理论、可持续发展理论、利益相关者理论、可接受的改变极限理论等，采用定性与定量相结合的研究方法，深入分析祁连山国家公园体制试点区建设以来的生态保护成效、游憩利用状况及其可能产生的生态风险、入口社区居民的生计影响以及生态旅游核心利益相关者的利益博弈等，并尝试构建祁连山国家公园生态保护与游憩利用的协调发展机制、提出协调发展策略。该研究旨在为共筑国家生态安全屏障、指导并协调好自然保护地生态保护与科学利用的关系，不断推进国家公园公共游憩服务功能与价值的实现，为国家公园高质量发展提供引领作用和实践借鉴。

随着我国国家公园建设工作的稳步推进和人们对休闲游憩需求的日益增长，以国家公园为主体的自然保护地其生态保护与游憩利用面临的问题将更加突出，迫切需要通过有组织地推进战略导向的基础研究和市场导向的应用研究，以推动国家公园的建设与管理。国家公园的保护与利用是一项涉及诸多利益主体的系统工程，本课题组的研究仅是一个初步探索，研究价值有限且显粗浅。在不断探索建立国家公园体制、推进自然生态保护、建设美丽中国、促进人与自然和谐共生的研究道路上，我们将继续躬行调研、不懈努力！

杨阿莉

2023 年 5 月于兰州

目　　录

第一章　导论

第一节　研究背景及意义

一　研究背景

（一）国家公园建设是我国生态文明建设的重要实践

2012 年 11 月党的十八大报告中，习近平总书记站在中华民族永续发展的高度，提出以“美丽中国”建设为目标，大力推进生态文明建设，坚定不移走生态优先绿色发展之路。习近平总书记指出，生态文明建设关乎人类未来。世界各国应该寻求合作，共同致力于全球生态文明建设，牢固树立尊重大自然、顺应大自然、保护大自然的命运共同体意识，坚持走绿色发展、低碳发展、循环发展的可持续发展之路。

2013 年 11 月，党的十八届三中全会提出了建立国家公园体制行动计划，这是以习近平同志为核心的党中央，始终站在我国生态文明建设战略高度，做出的全局性重大决策部署，是实现美丽中国战略的标志性制度创新。2017 年 10 月，党的十九大报告首次提出，建立以国家公园为主体的自然保护地体系。这不仅是保护我国重要自然生态系统、自然遗迹、自然景观和生物多样性和提高生态产品供给能力的需要，更是我国改革自然保护区生态环境监管体制、维护国家的生态安全、保障中华民族绿色永续发展的生态需要，同时也是对接世界自然保护联盟（IUCN）保护区分类体系、满足国际统一交流的当务之急。

2021 年 4 月，中共中央办公厅、国务院办公厅印发的《关于建立健全生态产品价值实现机制的意见》指出，“加快完善政府主导、企业和社会各界参与、市场化运作、可持续的生态产品价值实现路径，着力构建绿水青山转化为金山银山的政策制度体系，推动形成具有中国特色的生态文明建设新模式”。国家公园作为自然生态系统最重要、生物多样性最富集、自然遗产最精华、自然景观最独特、国民认可度最高的区域，具有极高的生态价值，是诸多优质生态产品的重要来源。推动我国国家公园高质量发展，有利于国家公园生态承载力稳步提升，以及国家公园生态系统服务质量的优化，为公众提供最优质、最自然的生态产品，最大限度地提升公众的幸福感和自豪感。

2022 年 10 月，习近平总书记在党的二十大报告中对生态文明建设、林草工作、国家公园工作提出了新定位与新要求，再次强调，尊重自然、顺应自然、保护自然，是全面建设社会主义现代化国家的内在要求，必须牢固树立和践行绿水青山就是金山银山的理念，站在人与自然和谐共生的高度谋划高质量推进以国家公园为主体的自然保护地体系建设的各项工作。

（二）强调国家公园生态保护功能不能“谈游色变”

国家公园是我国为保护具有国家代表性的大面积自然生态系统而设立的保护强度、保护等级最高的自然保护地，也是世界各国保护自然与文化资源、促进人与自然和谐共生的重要途径。《建立国家公园体制总体方案》[①] 中明确了“禁止开发”“最严格保护”的“环保红线”，这让近年来国家公园所涉及的游憩功能发挥或旅游活动开展等相关问题变得颇为敏感。因担心游憩利用可能会给生态保护带来不利影响，我国一些国家公园试点区规划中，特意回避了“旅游”一词，甚至将到访的“游客”称呼为“访客”，将“旅游活动”用“生态体验”等术语来替换。事实上，国家公园建设与公众游憩和社区旅游密不可分，我们不必“谈游色变”（张朝枝等，2019）。

世界自然保护联盟（IUCN）早已指出，建设国家公园的基本目标是实现生态保护和对公众游憩机会的供给。按照 IUCN 的定义，建立国家公园的目的：一是要确保物种生存和生态系统的完整性；二是在此前

① 《中共中央办公厅 国务院办公厅印发〈建立国家公园体制总体方案〉》，http：//www.gov.cn/zhengce/2017－09/26/content_ 5227713.htm，2017 年 9 月 26 日。

提下，实现区域生态环境与精神文化、科学研究、环境教育、休憩娱乐等多种功能的和谐统一。联合国世界遗产中心曾经强调，世界遗产地的游憩利用活动本身就是很好的保护世界遗产的一种方式。作为一项长期环境战略，《布伦特兰报告》（The Brundtland Report，1987）中也提到，旅游及其相关休闲业是国家公园的重要发展方向。2017 年 9 月，中共中央办公厅、国务院办公厅印发的《建立国家公园体制总体方案》中表明，国家公园以维护自然生态系统原真性和完整性为主，兼具科研、教育及游憩等多元化功能。2021 年 3 月，习近平总书记在考察武夷山国家公园时指出："建立以国家公园为主体的自然保护地体系，就是按照山水林田湖草是一个生命共同体的理念，保持自然生态系统的原真性和完整性，保护生物多样性。要坚持生态保护第一，统筹保护和发展，有序推进生态移民，适度发展生态旅游，实现生态保护、绿色发展、民生改善相统一。即国家公园不能建成无人区，更不是隔离区。"2022 年 1 月，国务院印发的《"十四五"旅游业发展规划》特别指出，法律和国家政策方面所谓的"禁止建设区"是指"禁止进行城镇建设和工业建设"，并非指"禁止人为活动"。另外，我国传统的天人合一的儒家文化已经根植于人们对自然最朴素最直接的认识观中，天人合一思想强调人和自然的和谐共生，离开人地关系谈生态价值不具备可操作性。鉴于国家公园在许多情况下不可能独立地保护自然生态系统，必须把人类活动包括在内，而旅游则是其中最重要的活动之一（张朝枝等，2019）。

2022 年 10 月党的二十大报告提出的"推进生态优先、节约集约、绿色低碳发展"理念，既是践行我国"双碳"（碳达峰与碳中和）战略的新导向和新举措，又是实现高质量发展的新原则和新思路。国家公园作为重要的自然生态系统，具有强大的碳汇功能，公园的森林碳汇是实现碳中和的国之重器。国家公园发展生态游憩，通过科学有效的管理，可以平衡好保护与利用的关系、文化生态的原真性和社区参与旅游可持续发展等问题，并有效助力"双碳"目标的实现。

从现实情况来看，中国大多数典型生态保护区都不同程度地发展了旅游业，且中国的保护区所属区域往往居住着大量居民，这是我国国家公园建设的基本国情。所以，要谈国家公园的国家代表性，就不能不谈旅游的问题。如若国家公园内禁止游憩活动，全民公益性就无从谈起。国家公园体制建设的全民公益性，即全民参与、全民福利、全民教育都与游憩活动息息相关。因此，无论是立足于国家公园的“国家代表性”理念还是“全民公益性”理念，国家公园游憩功能的发挥都是实现国家公园建设目标的重要内容。

（三）国家公园生态保护与游憩利用必须相得益彰

国家公园不同于一般意义上的公园，也不是一般的旅游景区。其设立的初衷，就是要保护好荒野的原生态和完整性，并把它们完整地留给子孙后代。国家公园生态系统的天然性、原始性、珍稀性是其最为宝贵的财富，容不得后天破坏与践踏。这就决定了国家公园从诞生之日起就是用来“被保护”的。然而，自然保护与人类追求的生活方式不可避免地存在着矛盾与冲突。生活在国家公园的当地居民和经营户，希望利用自然资源获得生存、发展与收益；游客在国家公园为主的自然保护地范围内开展各类参观游憩和教育活动，希望留下难忘的体验。因不同群体的生产生活方式、活动类型和活动时间等存在多重因素的差异，势必会对生态环境带来不同程度的影响。但总体来说，这种活动对生态系统的影响是可以通过管理手段来调控的，其负面影响可以控制在可接受的范围内，关键是管理措施是否恰当、科学、有效（吴必虎等，2021）。

近年来，习近平总书记在西北、东北考察时分别指出，“生态环境保护和生态文明建设，是我国持续发展最为重要的基础”“绿水青山、冰天雪地都是金山银山。保护生态和发展生态旅游相得益彰，这条路要扎实走下去”“尊重自然、顺应自然、保护自然”“像保护眼睛一样保护生态环境，像对待生命一样对待生态环境”“改善生态环境就是发展生产力”。国家公园强调牢记生态保护第一的理念，把生态系统的关键地区、生态敏感区和生物多样性最富集的区域划到核心保护区，实行最严格的保护（杨阿莉和张文杰，2021）。但在一般控制区，要继续对社会公众加大开放力度，使其更易进入自然、亲近自然。以国家公园及其周边社区或者特色小镇为载体，大力倡导开展国家公园体制保障下的公益属性的国家公园旅游，建立健全国家公园产品品牌增值体系，兼顾国家公园保护第一和全民公益性的目标；实行管理权和经营权分离的特许经营模式，努力使各利益相关者形成保护生态系统的合力，使广大人民群众能够享受到国家最美、最优质的生态产品。我们必须做的是规划和处理好保护与利用、发展之间的关系，着力打造人与自然和谐共生的景象，让生态保护和游憩利用、生态体验相得益彰，实现保护与发展的共赢。

（四）祁连山国家公园建设是造福“一带一路”和我国西部生态安全屏障的关键

共建“丝绸之路经济带”与“21世纪海上丝绸之路”，是习近平主席于2013年9月和10月在出访中亚和东南亚国家期间先后提出的重大倡议，“一带一路”建设得到国际社会的高度关注。祁连山是我国丝绸之路的咽喉要地，是我国作为大国履行国际责任、造福“一带一路”沿线地区、促进沿线各国人民共同发展、共享福祉的生态安全屏障。作为“一带一路”倡议的关键枢纽和维护生态安全和边疆安全的最前沿，祁连山在我国全面协调发展的战略全局中具有非常特殊的战略功能和极其重要的生态地位。

祁连山国家公园是“丝绸之路经济带”上的国家重点生态功能区，是“一带一路”经济发展战略中的生态保护核心之一。祁连山国家公园的建设目标，就是要建设我国生态文明体制改革的先行区域，建设“一带一路”水源涵养和生物多样性保护示范区域和建设“一带一路”生态系统修复的样板区域。务必确保严守祁连山国家公园生态保护的红线，维持区域生物多样性与生态系统可持续性，筑牢我国西部生态安全屏障，是维护“一带一路”生态系统平衡、增强“一带一路”生态功能、促进“一带一路”民生福祉和社会稳定的必然选择。

祁连山国家公园游憩利用是指在坚持优先保护祁连山生态系统的前提下，为增进游客的游憩福利与促进国民的文化认同，允许游客进入祁连山国家公园内的特定划定区域开展特定资源利用的游憩活动。

祁连山国家公园的游憩利用是彰显我国生态治理智慧，协调国家公园生态保护与开发利用的重要途径。游憩利用过程中各个利益相关者之间的博弈将存在于祁连山国家公园游憩资源的稀缺性、独特性和唯一性的保护与开发的全过程。因此，要想协调国家公园利益相关者的利益，促进该地高质量发展，就需要建立生态保护与游憩利用的协调机制。

（五）祁连山国家公园生态保护与游憩利用协调发展是实现祁连山区域生态经济高质量发展目标的必然要求

祁连山国家公园是我国十个国家公园体制试点区之一。保护好祁连山的生态环境，对保护国家生态安全、推动我国西北地区和甘肃河西走廊可持续发展具有十分重要的战略意义。在严守国家公园生态保护红线的基本原则之下，我们认为应着重关注并解决好以下四大焦点问题。一是正确认识国家公园生态保护与游憩利用的关系。二是精准识别游憩活动对国家公园可能引发的生态风险，把降低环境影响作为降低生态风险的关键。三是强化国家公园游憩利用各利益相关者的环保意识。四是以发展生态旅游为手段，平衡生态保护与游憩利用关系、自然保护与当地社区经济社会发展关系，妥善解决生物多样性保护、自然生态环境脆弱性、文化生态的原始性和社区参与旅游开发等方面的相关问题。

祁连山区域如何通过协调机制来协调好祁连山国家公园生态保护与游憩利用的关系，实现甘肃省和青海省区域经济与生态的高质量持续发展，成为祁连山生态系统保护的基本要求。祁连山国家公园建设要将自然保护与生态文明建设放在优先地位，严令禁止在经济利益驱动下将国家公园作为企业化运作的商品；祁连山国家公园要始终坚持“全民公益性”理念，在对经营活动进行控制与对特许经营业务范围进行限定的前提下，有效发挥保护地的价值，促进保护地的生态、社会、经济、文化等综合效益的转化；祁连山国家公园建设要鼓励、支持和引导全社会参与，政府与企业加大资本投入，社区居民广泛参与国家公园的生态保护与特许经营等方面的活动，学者、非政府组织合作提供科研、资本、人力等多方面的资源支持（余梦莉，2019）。

因此，“国家公园不能建成无人区，更不是隔离区”的发展理念是充分理解国家公园游憩利用的科学内涵。根据游憩利用的适宜性原则，在坚守生态保护优先的基础上提高游客的游憩体验和提升游憩资源的利用价值。积极协调祁连山国家公园的管理者、经营者、游憩者和当地居民的利益诉求，推进游憩利用过程中各利益主体的行为合法化、规范化，建立祁连山国家公园生态保护与游憩利用的协调机制，这是实现祁连山区域生态经济高质量发展目标的应有之义。

二 研究意义

建立国家公园体制是我国推进生态文明建设进程中具有变革意义的重大举措，也是我国实现自然生态保护领域治理体系和治理能力现代化的重要途径。切实做好国家公园生态保护工作，充分发挥国家公园的游憩、教育等功能，大力推进国家公园地区生产、生活与生态可持续发展，打造人与自然和谐共生格局，是国家公园建设的重要内容。祁连山国家公园的生态保护工作对于延续子孙后代的福祉意义重大，祁连山国家公园的建设对我国“一带一路”倡议的实施和保障西部生态安全屏障的作用十分巨大。但是游憩利用对祁连山国家公园的生态环境所造成的干扰是不可避免的，如何在国家公园游憩资源的利用中，保护好生态环境、兼顾好园内居民的生计和社区的经济收益以及公众的游憩体验等各方面的要求，是一个巨大的挑战。因此，本书深入探讨祁连山国家公园生态保护与游憩利用协调机制及协调发展策略，具有重要的理论意义和实践意义。

（一）理论意义

我国国家公园体制试点建设始于2016年，对于国家公园建设的实践探索还处在经验借鉴与摸索阶段，理论研究层面，目前已有大量文献探讨，但多是对国外国家公园建设与管理经验的探讨，而鲜有着眼于我国国家公园的管理体制、运营模式、社区发展等中微观方面的具体问题而进行的系统性研究以及深入细致的案例研究。本书选取祁连山国家公园典型案例地，采用定性与定量相结合的方法，以游憩生态学理论、可持续发展理论、利益相关者理论、可接受的改变极限理论为指导，从国家公园生态保护的目标及游憩利用的生态风险评估、国家公园建设对入口社区居民生计资本造成的影响以及对国家公园生态旅游利益相关者的利益博弈等多个视角进行深入的分析，构建祁连山国家公园生态保护与游憩利用的协调机制，并提出协调发展策略。本书有助于人们更加深刻地了解国家公园建设中保护与利用的辩证关系，一方面充实了游憩生态学理论、利益相关者理论等的应用研究；另一方面拓宽了我国国家公园建设中保护与利用等关键问题的研究视野，为我国国家公园相关问题的深入研究提供了理论参考。

（二）实践意义

国家公园作为国家级公共游憩空间实体，不仅具有原生态、纯天然的特质和物质性产品价值，而且其生态资源和产品具有显著的功能性服务价值，同时还被赋予自然遗产资源全民共享、培养和提升国民认同感等多种功能与价值。国内外实践经验表明，实现国家公园生态资源及生态产品的价值转化，需要以游憩利用为媒介，促进国家公园生态产业转型、生态富民、生态保护等，以实现国家公园生态保护、可持续发展和公众福祉等多方面目标齐头并进。随着我国生态文明建设进程的快速推进，生态保护与游憩利用间的矛盾成为不可忽视的问题，作为我国自然保护地体系的主体，如何协调生态保护与游憩利用之间的复杂矛盾成为我国国家公园建设亟待解决的重要问题。

开展祁连山国家公园生态保护与游憩利用的协调发展研究，具有深远而重大的现实意义。本书通过对祁连山国家公园体制试点建设中保护与利用之间深层次问题的调查分析和探讨，从完善生态环境保护、健全游憩利用管理、统筹协调保护与发展三大方面，提出国家公园生态保护与游憩利用的协调发展机制。例如，建立多元化生态保护机制、探索生态保护数字化机制、强化游憩服务管理机制、健全特许经营机制、加强公众环境教育机制、完善政府立法机制、健全利益相关者参与机制（旅游经营者行为约束机制、游客管理机制、非政府组织协调机制、科研机构决策咨询机制、志愿者服务机制）、构建完善的监督管理机制等。同时，结合祁连山国家公园建设基本实践，提出多措并举的生态保护监测和生态环境修复策略、科学规划游憩管理、优化游憩体验与自然教育设施建设、培育低碳游憩服务业态和科技创新助推游憩利用转型升级实施策略、“两山”理论引领下的生态文明理念传播、生态产品价值实现和强化协同配合推动责任落实等策略建议。这些机制分析及策略建议，将有助于为祁连山国家公园体制建设的政策制定提供有益借鉴，也将为建立具有中国特色、与国际接轨的国家公园体制建设提供理论参考与实践指导。

第二节　相关概念及理论基础

一　相关概念

（一）国家公园

国家公园概念的讨论始于国家公园运动。1810 年英国诗人威廉·华兹华斯（William Wordsworth）提议将英格兰的“湖区”（lake district）建设成为“每个人都享有权益的某种国家财产（national property），供人民用眼睛来感知，用心灵来感受”。1832 年，美国艺术家乔治·卡特林（George Catlin）意识到保护北美水牛、荒野（wilderness）和印第安文化等的重要性，率先提出建立“国家的公园”（Nation's Park），“其中有人也有野兽，所有的一切在自然之美中都处于原始和鲜活的状态，为美国有教养的国民、为全世界、为子孙后代保存和守护这些标本”。1870 年 9 月 19 日，美国律师康奈利·亨吉斯（Cornelius Hedges）指出，黄石珍贵的自然资源不应该归为私人所有，它是属于美国全体人民的；这片区域不应该成为经济利益下任人分割、任人垄断的碎片，而应该成为一个系统性的、全局性的国家公园。美国总统在 1872 年 3 月 1 日签署了“黄石公园法案”，正式向世界宣告建立了全球第一个国家公园。起初对于国家公园的基本概念多是源于考虑到野生动植物生存环境受到威胁而提出的一种保护方式，但是随着时间的推移，国家公园概念在保护野生动植物的基础上拓展到非生物的保护领域，并且加强法律制度的引入，最终实现国家对保护区的直接管理。从 1872 年至今，世界上已成立了一万多个国家公园，遍布 200 多个国家和地区。

随着世界各国对国家公园建设的探索，国家公园的含义也从最初保障全体国民风景权益发展到大尺度生态过程和生态系统的保护。世界自然保护联盟（IUCN）对“国家公园”概念界定为：国家公园是指用以保护大尺度生态过程以及这一区域的物种和生态系统特征，并基于其环境和文化提供与之相容的精神的、科学的、教育的、休闲的和游憩的大面积自然或近自然区域。这一概念被国际社会普遍接受。

随着经济社会的发展，生物多样性保护以及生态系统服务功能的维持已日益得到人们的重视。早期，国际上的“国家公园”概念是单一性概念，随着人们对生态环境认识的不断深化，“国家公园”被囊括在“国家公园与自然保护地”“世界遗产”“生物圈保护区”等多种保护形式的自然保护地体系中。由于经济发展水平、历史文化背景以及社会制度等方面的差异，特别是土地所有制的不同，各国在国家公园的内涵界定、功能定位、规划建设、制度体系和保护开发规范等方面各有标准。部分国家在国家公园内实行最严格保护，而另外部分国家则认为国家公园是要兼顾保护与发展的保护地。但是，各国建立国家公园的出发点大致相同，都是为了对区域生态环境及空间范围内的生物多样性等自然资源和历史文化遗产进行科学化保护。

2017 年 9 月 26 日，我国在《建立国家公园体制总体方案》[①] 中将国家公园定义为：“由国家批准设立并主导管理，边界清晰，以保护具有国家代表性的大面积自然生态系统为主要目的，实现自然资源科学保护和合理利用的特定陆地或海洋区域。”国家公园兼具完整的自然生态系统、原真性的自然景观和丰富的科学文化内涵。中共中央办公厅、国务院办公厅在《关于建立以国家公园为主体的自然保护地体系的指导意见》中指出：“国家公园是我国自然生态系统中最重要、自然景观最独特、自然遗产最精华、生物多样性最富集的区域”，具有保护范围大、生态过程完整、全球价值突出和国民认同度高的特点。在我国自然保护地体系中，国家公园与自然保护区及各类自然公园，共同构成了有机联系的自然保护地系统。

（二）游憩与旅游

“游憩”（recreation）是休闲研究领域的一个重要概念，最初的含义是指业余消遣或娱乐的方式，意指身心的放松和休憩。在学术界，“游憩”一词最早源于林业部门对国外森林功能区的介绍，其含义指在

---

① 《中共中央办公厅 国务院办公厅印发〈建立国家公园体制总体方案〉》，http：//www.gov.cn/zhengce/2017－09/26/content_ 5227713. htm，2017 年 9 月 26 日。

森林开展的休闲活动，通常指闲暇休憩和公园游赏活动，是人们在休闲时开展的活动及其内在有益体验。按照 IUCN 的定义，自然保护地最初是“为公众而保护的”具有观赏价值等功能性价值的区域。1933 年，在国际动植物保护会议上，各国一致认为“为了公众利益，需规划最佳风景区、野生动物区或户外游憩区等的功能分区并进行保护”。在国家公园管理与利用的语境下，“recreation”通常与“public”一起出现，常用于“公众游憩”“公众户外游憩”等表达中，这里的游憩是指人在完整的生态系统中基于良好的自然环境和资源禀赋所开展的人与自然环境互动的生态旅游性质的活动，体现公益性与公平性。

“旅游”（tourism）包含“旅”和“游”两部分，“旅”即旅行，是某一主体从一地到另一地的空间位移过程；“游”即游玩，指观光、休闲、度假、商务出行、走亲访友、研学等。旅游基本上是在游憩框架下进行的，具体是指一个人不以获得报酬为目的，到其惯常居住环境以外的地方逗留一定限度的时间并从事某种活动的过程。在我国早期的旅游业发展中，“旅游”特指游客在景区景点所进行的商业消费活动，在这个过程中，旅游消费是其核心要义；“游憩”是指公众在公共空间内进行的休闲与体验行为，以大众福祉为核心要义。近年来，我国旅游业飞速发展，旅游者的活动形式逐渐丰富化，“旅游”与“游憩”的含义也随之不断演变，二者之间的关系逐渐变得密不可分。现阶段，许多旅游活动都是游客在闲暇时间为获得精神愉悦和满足感而进行的休闲活动，并且很大部分是在户外公共场所进行的，因此旅游与游憩的概念具有交叉与重合的部分（张朝枝等，2019）。

随着旅游市场细分日益具体化与多样化，“一日游”“周边游”“周末游”等类型的公众休闲活动兴起，使“游憩”的应用范围更加广泛。乡村旅游、森林旅游等生态旅游活动在部分情况下也属于“游憩”的范畴。从本质上来看，游客在大自然中开展的活动，无论称“游憩”还是“旅游”，几乎没有明显的区别，“游憩”与“旅游”边界是比较模糊的，二者在主体与行为特征方面虽稍有差异，但都兼具观赏、审美、愉悦、教育等多重属性。在很多情况下，很难将二者区分开，因而通常可以互用。

（三）国家公园游憩利用

2017年中共中央办公厅、国务院办公厅发布的《建立国家公园体制总体方案》和2019年中共中央办公厅、国务院办公厅发布的《关于建立以国家公园为主体的自然保护地体系的指导意见》两份文件中多次明确提及游憩与旅游，反映了国家对我国保护地开展旅游与游憩活动的高度重视，同时，文件指出，游憩机会是自然保护地为公众提供的服务和功能之一。国家公园游憩利用，是指在生态保护优先的前提下，允许公众及游客进入园内特定区域、开展特定游憩活动，以促进国民认同。目前，关于国家公园内开展游憩活动的表达方式多种多样。有的观点将其归入“生态旅游”或“休闲游憩”范畴进行表述，也有观点将其具体化表述为“生态体验和自然教育”，但略显单一；有的说法直接用“旅游”来概括，也有用“可持续旅游”；等等。而回到国家公园建立的源头——美国，一般将国家公园的各种旅行游览活动都概括表述为“游憩”。我国国家公园秉承全民公益性理念，从游客在国家公园被允许开展的活动本身来看，无论是“生态体验”“森林游憩”“生态教育”，都涵盖在民众所理解的“旅游”概念中，因此，在我国国家公园，“游憩”和“生态旅游”概念几乎没有显著差别。在很多场合，“游憩”和“生态旅游”的内涵已经交叉和部分重叠，现实中这两个词也逐渐混同使用。也就是说，在国家公园范围的游憩活动，实际上等同于生态旅游活动，其具体形式包括生态观光、游憩体验和自然教育等。因此，本书除在部分特定章节为阐明相关概念与理论而对“游憩”和“生态旅游”进行对比阐述，在其他一般语境中不对其进行区分。

二　理论基础

（一）游憩生态学理论

游憩生态学理论的兴起可以追溯到1759年，该理论是英国学者Stillingfleet在对英格兰游径中的践踏行为对植物物种生存的影响研究中提出。1922年，美国学者开始引用该理论研究红木国家公园游憩活动对生态环境造成的影响。20世纪60年代中期，游憩生态学理论在学界得到普遍认可，被学者们广泛应用于相关研究中。游憩生态学理论最早主要应用于践踏行为对植物物种的影响以及各物种、环境遭受践踏的抵抗力和恢复力的研究。后期的游憩生态学研究逐渐扩展到由游憩活动、行为等对游憩地各方面的影响以及游憩管理上。在游憩生态学的相关研究中，游憩冲击程度和游憩使用程度是两项比较重要的指标。游憩空间布局方面，学者们认为应统筹规划特定的游憩功能区，使游憩活动区域化、集中化，从而最大限度减少游憩活动对生态环境的冲击面，大大减少游憩活动对生态环境造成的冲击。相关研究显示，践踏、露营等游憩活动对环境形成的冲击一般随着游客的空间位移呈带状或斑块状分布。针对各类游憩活动规避冲击的游憩管理策略研究，为区域游憩活动的规划与管理提供了参考，游憩生态学理论在规划区域游径和游憩功能分区等方面具有显著应用价值。游憩生态学的研究领域经历了漫长的演变过程，研究视野不断拓展，从游憩影响实验与践踏效应研究、游憩影响管理系统与监测系统评估，到自然资源保护、规划与管理，在这个过程中，游憩生态学一直致力于寻求生态资源保护与游憩利用协调发展路径（吴承照，2008）。

目前，美国、加拿大及一些欧洲国家已将游憩生态学理论应用于国家公园生态保护及科学管理实践中。游憩生态学理论的相关研究能够有效减轻游憩活动对资源要素的冲击，推动国家公园对游憩冲击进行高效监控，为区域游客精准管理提供有效策略，是国家公园游憩管理与生态保护协调发展研究中必不可少的理论依据。随着人类的游憩需求日益旺盛，人类游憩活动造成的自然生境退化等的生态问题日益凸显，因此，需对人类在国家公园游憩活动中造成的生态问题引起充分的重视，积极探寻国家公园协调游憩利用和生态保护发展的管理措施。基于以上学者应用游憩生态学理论所进行的探讨，本书试图深入了解游憩活动对生态环境的冲击并提出规避管理策略，以期为祁连山国家公园科学开展游憩利用提供参考。

（二）利益相关者理论

1963 年美国斯坦福研究学院率先提出利益相关者理论。最初对利益相关者的定义是：支持企业生存的利益群体。该定义认为企业的生存价值与众多利益群体休戚与共，这些利益群体的支持是企业生存与发展不可或缺的条件。Freeman（1984）将利益相关者的概念归纳为任何能够影响或受组织目标实现影响的群体或个人。相较于传统管理理论，利益相关者理论将能够影响组织和受组织影响的广泛群体纳入研究范围，使利益主体研究更具系统性、全面性。

"旅游利益相关者"作为利益相关者理论在旅游研究领域的重要概念，相关研究的实践价值更为显著。众多学者对利益相关者理论进行阐述的过程中，多对 Freeman 的定义进行了引用与拓展。而利益相关者理论在旅游领域研究中的运用往往与旅游的可持续发展密不可分。1987年，《我们共同的未来》一书中提到，在可持续旅游目标实现的过程中必须意识到部分人的受益会不可避免地影响到其他群体的利益。旅游利益相关者理论以利益公平和协调为宗旨，从旅游利益相关者理论的观点出发，旅游开发要综合协调各旅游利益相关者的合理、合法、合情的利益诉求，探求旅游利益相关者群体间的平衡与协调发展，从而最大程度推动旅游综合效益的实现（李墨文、赵刚，2020）。各方旅游利益相关者的合力投入、充分参与及大力支持，将为旅游目的地旅游活动的顺利开展提供有力支撑，这是旅游发展目标如期实现的保障。

我国自然保护区、风景名胜区等各类自然保护地对于利益相关者理论的应用主要聚焦在社区发展、生态旅游等方面的旅游利益相关者利益协调的研究等。例如，在社区发展研究中，相关学者提出建立健全社区共管机制、拓宽科技扶贫路径、完善生态补偿机制等策略来促进社区共同管理中的利益协调；在生态旅游研究中，相关学者认为生态旅游发展中，当地社区居民、旅游企业与自然保护区三者之间的矛盾是其主要利益矛盾，旅游者与旅游企业、社区居民三者之间的冲突是其中最显著的矛盾。相关学者指出，利益相关者理论能在旅游业中发挥效用存在以下原因：一方面是旅游发展中平等、公平等观念越来越受到旅游行业各利益相关者的认可，也与社会伦理发展相关；另一方面是旅游行业牵涉面广，综合性强，这些特性使得旅游业发展与多个行业和部门之间都存在关联，各利益相关者群体拥有不同的利益诉求和目标，由此产生利益冲突，协调难度较大，对旅游利益相关者的利益协调是旅游景区可持续发展的必由之路。因此，运用利益相关者理论对祁连山国家公园生态旅游利益相关者的利益诉求进行探讨可以明晰该区域旅游发展和生态保护衍生出的各类利益诉求、冲突，构建各利益相关者在发展过程中的利益协调机制，为其提供理论参考。

（三）可持续发展理论

可持续发展理论起源于1972年斯德哥尔摩在第21届联合国人类环境研讨会上发表的《人类环境宣言》。该宣言使可持续发展的概念进入人们的视野，并上升为国际性议题。1980年发表的《世界自然资源保护纲要》（World Conservation Strategy）中对可持续发展理念进行了综合论述；1987年，世界环境与发展大会上发表的《我们共同的未来》（Our Common Future）报告中客观全面地阐释了可持续发展理论的内涵，指出可持续发展是一条一直到遥远的未来都能支持全球人类进步的道路；1992年，世界环境与发展大会通过的《里约热内卢环境与发展宣言》（Rio Declaration on Environment and Development），标志着可持续发展理念开始应用于现实实践中。可持续发展理论反映了人类对资源的开发从粗放无序转向代际公平的价值原则，此理论已被普遍应用于各领域学者关于土地利用、经济产业、乡村农业等多领域的实证研究中。

可持续发展理论具有十分丰富的内涵，包括共同、协调、公平、高效和多维五个层面的可持续发展，与社会、经济、环境和资源四大系统密切相关（康晓辉，2020）。可持续发展理论反映了人类社会最直接需求的价值原则，被提出以后便得到全世界广泛认同。该理论认为世界处于永恒的发展中，可持续发展理论所强调的可持续性是人类社会不断向前发展的最本质要求。现阶段，我国生态文明建设的实施是对可持续发展理论的有效实践。随着我国经济社会的发展与人口数量的急剧增加，资源与环境不堪重负，使得日益减少的资源余量与持续增加的需求之间的矛盾日益凸显。总之，可持续发展理论为我国的生态保护及经济社会发展提供了坚实的理论基础。基于祁连山国家公园现实的生态环境问题，亟须利用可持续的生态保护措施，在满足当下需求的同时，适度发展游憩活动，推动祁连山国家公园的可持续发展。

（四）可接受改变的极限理论

可接受改变的极限理论（Limits of Acceptable Change，LAC）的主

要内容包括：区域在开展旅游活动的过程中，难免会造成资源与环境的退化，但其严重程度要在该区域可接受的范围内，该理论的核心是要探求区域可接受的环境改变的极限，当区域资源状况到达可接受改变的极限时，则必须采取措施，防止区域环境产生无法承受的状况。LAC起源于游客环境容量概念，可将其用于解决资源保护和旅游发展之间的矛盾。在美国、加拿大、澳大利亚等许多国家的国家公园和保护区将LAC理论广泛应用于区域的规划和管理中，为缓解和解决环境保护和旅游发展之间的矛盾提供理论指导。LAC框架有九个基本的步骤：（1）划定研究区域；（2）确定并描述旅游活动的类型；（3）选择相关的状况作为研究对象，并构建监测指标体系；（4）针对所确定的监测指标进行现状调查，并进行空间标注；（5）为每一种旅游活动类型的研究对象确定标准；（6）根据（1）和（4）获得的信息制定旅游活动类型的比较方案；（7）为每一个方案进行活动成本分析并制定管理计划；（8）对方案进行评价并选出一个最优方案；（9）实施相应（3）的指标。

LAC的核心要义是要在绝对保护与无限利用之间达到一种协调与平衡。LAC的预设前提是开发利用必然意味着资源与环境的消耗与破坏，关键是这种变化是否超过了环境可接受的改变极限。生态保护和游憩利用是国家公园规划和管理的两大目标，只有平衡好这两个目标，才能实现国家公园各方面的平衡与协调发展。作为国家公园主导性目标，资源环境保护与游憩利用的优化具有重要意义，因此有必要探求国家公园的生态保护与游憩利用“可接受改变的极限”，一旦国家公园生态环境与游憩质量的变化达到了国家公园“可接受改变的极限”，则应采取必要措施，将资源环境与游憩利用情况控制在界线以内。将LAC系统框架应用于国家公园建设，其核心目的在于明确国家公园可接受的资源环境的使用方式，为规范国家公园游憩利用提供理论基础。强调国家公园合理开展旅游活动所需要的条件。本书以LAC的核心思想和逻辑为基础，为祁连山国家公园资源保护与游憩利用的平衡发展进行可接受改变极限的分析，助力祁连山国家公园的可持续发展。

第三节 相关研究回顾

一 国外研究现状

（一）国家公园相关研究

自1872年美国建立黄石国家公园的一百多年来，世界各国根据其资源特点和发展条件建立起各自的国家公园系统，学术界也涌现出大量研究文献。研究主要集中在国家公园的资源评估、环境影响、发展模式、规划以及经营管理等方面。

开展国家公园的资源评估，能够为国家公园的规划与管理及相关决策提供参考。国家公园自然资源的重要性评价需要立足于地方层面、国家层面、世界层面等多个战略层级进行，同时构建了国家公园资源评价体系，并对国家公园科学规划路径进行了系统性探讨。国家公园资源评价大多分为两个层面：一是资源价值评价，二是游憩潜力评价。国家公园资源价值评价主要采用货币化评估方法，通过条件价值法和支付意愿法以货币价值评估和反映国家公园的价值存量。游憩潜力评价是指国家公园在保护优先的前提下满足公共游憩需求的能力，游憩潜力评价的重点是资源价值转化为游憩产品的可行性，实质上是测度游憩价值转化的可行性。

关于国家公园的环境影响，学者们认为主要来自自然环境的变化，以及当地社区生产生活和游客旅游活动。国家公园的人类活动主要包括休闲娱乐活动、旅游发展和管理活动、农林牧业等生产活动、公共交通等的设施建设等。研究发现，人类活动及气候变化会对国家公园各项活动的开展产生直接影响，同时通过影响游憩需求、游憩体验质量、旅游资源质量、土地利用等对国家公园旅游业的发展产生直接或间接影响。

在国家公园的发展模式方面，尽管世界各国将美国经验引入本国国家公园的建设中，但并不意味着对美国模式的直接套用，各国根据自身国情形成了具有本国特殊性的国家公园发展模式。由于环境条件、制度政策、规划和管理、土地分配和资本投入等方面的差异，全世界现已形成美国模式、欧洲模式、澳大利亚模式、英国模式等颇具代表性的国家公园发展模式。其中，美国国家公园将荒野理念融入国家公园管理中，推行“自然和社会隔离”的荒野模式。澳大利亚国家公园和欧洲大多数国家公园的发展模式与美国十分相似，英国与欧洲其他国家的国家公园建设模式存在较大差别，将游憩利用作为国家公园发展的首要目标。国家公园建设模式的差异反映了不同国情下国家公园管理中价值原则与管理战略的差异。一些发展中国家和地区在借鉴各国国家公园发展经验的同时开始积极探求适合本国国情的发展模式。

就国家公园规划建设而言，国家公园规划旨在明确资源状况，协调相关利益，科学规划建设，有助于在不损害资源的前提下推动国家公园可持续发展。近年来，随着利益相关者日益复杂化以及人们对于国家公园管理的理解日益深入，传统的专家导向型规划方法已经不能反映多方利益相关者的需求，在为决策提供信息时无法做到科学、全面，但适应性管理规划和情景规划因其具有因地制宜、与时俱进的优势，越来越受到学术界和相关管理部门的重视。而气候条件、生态保护和利益相关者是影响国家公园规划的重要因素。因此，气候变化情景模拟、社区参与和旅游市场划分的概念将在未来的国家公园规划和建设中得到高度优化。

在国家公园的经营管理中，主要包括管理效果评价和专项管理两个部分。第一，管理成效评估框架以国家公园资源开发、法治建设、社区参与等方面为重点，通过结构化访谈、实地调查和建立旅游指数评估框架，各国学者对国家公园的管理活动进行了科学衡量与评价。第二，专项管理主要是对游客管理、社区发展管理以及资源与环境管理的研究，游客在国家公园内的各类游憩行为不可避免会对生态环境造成冲击。为了实现游憩利用与生态保护的平衡，国家公园管理机构开发了相应的旅游管理工具，如 LAC、VAMP 等。在国家公园可持续发展的战略目标中，社区发展是其中不可忽视的组成部分，当地社区居民对国家公园资源的利用必然会对国家公园的生态环境产生影响。探索社区发展管理方式，包括收入共享、社区环境教育、建立财政和技术支持机制、完善合作制度和发言权等（肖练练等，2017）。最后，适应性管理的概念在国家公园资源与环境管理的研究中得到了广泛应用，包括适应性规划、设施的合理化建设、人类活动限制政策、科学化功能分区以及法律体系的完善等。

主要研究方法 国家公园研究体现出学科的交叉性和方法的多元化特点。研究方法包括多元分析法、心理量表测度法、计量经济法等，研究方法趋于定性和定量的综合运用。具体而言，在国家公园发展模式、规划建设、制度体系建设成效研究方面，定性研究方法应用较为广泛。其中，结构化访谈法、田野调查法比较常用。Kolahi Mahdi 等（2013）采用结构化访谈、开放式访谈和现场访问相结合的方法，对伊朗霍吉尔国家公园的管理成效进行了评估，研究表明该国家公园的一般管理处于中低等水平。在定量研究方面，问卷调查法、GIS/RS 技术、旅行成本法、条件价值评估法运用较为广泛。Yidnekachew Ashim 和 Maru Shete（2022）通过利用旅行费用和选择实验方法，对埃塞俄比亚阿瓦希国家公园的游憩效益进行评估，研究结果表明，即使在保守估计下，该国家公园游憩效益的经济价值也很大。国家公园研究对象的复杂性决定了研究方法的多元性与综合性运用，相关研究中的定性与定量研究方法的结合更加紧密。但大部分研究主要着眼于国家公园现阶段情况的探讨，而关于国家公园在多重因素干扰下未来的发展趋势的研究较少，因此，通过构建模型预测未来的发展趋势可为国家公园发展提供预见性参考（薛芮等，2022）。

（二）国家公园生态保护相关研究

国外国家公园的生态保护特别注重法律法规体系的保障。这些法律法规体系立法权威、条款明确、内容详细、指示明确。各个国家公园还均有专门法，不但设置专门的部门负责自然文化资源的保护，也通过立法明确土地权属和资源资产用途管理，是解决国家公园边界内外纠纷的有力工具。美国已经制定了 24 项国会立法和 62 项针对国家公园制度的法规、标准和执行命令，其中包括国家公园基本法案。加拿大制定了《野生动物法》《濒危动物保护法》《狩猎法》等诸多法律和国家公园《家畜法规》《钓鱼法规》《野生动物法规》等相关法规，明确了生态保护、风险防范与设施建设要求。澳大利亚《环境保护与生物多样性法》确立了遗产场所的登录制度，对遗产登录的标准、提名过程以及管理规划等事项进行了规范。凡是可能对包括世界遗产地、濒危物种和生态群落、受国际公约保护的迁徙物种等具有国家环境意义的资源与场所造成重大影响的活动必须经过严格的评估和审批。

美国国家公园鼓励科学家和研究人员参与国家公园有关的科学研究活动，为国家公园的规划、开发、运营、管理、解释和教育提供学术支持，国家公园综合管理法案规定在国家公园管理决策过程中，应参考学术界的科研成果。美国国家公园注重通过自然资源清查和生命体征监测系统来对国家公园生态系统进行监测，注重跨学科的综合研究。为了保护生态系统，德国科勒瓦爱德森国家公园加强了科学技术在自然资源保护和管理中的应用，国家公园自然保护和科研部加强利用地理系统软件创建国家公园生态系统地图，并结合国家林业科学院提供的森林作业地图对国家公园生态系统进行空间管理。英国国家公园在英国生物多样性行动计划的技术指导下，对区域内野生动植物资源本底进行统计调查，针对不同的土地利用方式，尤其是对重要物种及其栖息地提出详尽的保护措施。

在国家公园的社会参与中，国外国家公园非常重视公众参与在国家公园管理中的作用。澳大利亚国家公园强调政府与社区居民权责共享，采用“合作管理”和“共同管理”模式。在此模式下，国家公园管理机构在落实重大举措前通过征询环节了解公众意见与诉求，甚至会在相关区域举行一定范围的全民公决。公众参与国家公园决策、立法、政策、管理和宣传的每一个过程，切实保障当地社区各项权益，最大程度尊重和延续土著传统文化与传统经营方式。新西兰的自然保护区管理体系主要由政府和非政府组织组成，它们共同保护和管理国家的自然资源和历史文化遗产。

（三）国家公园游憩利用相关研究

在国家公园立法方面，国家公园游憩利用主要是通过立法来进行管理。1872 年美国国会通过了建立黄石国家公园的提案，将黄石国家公园永远地划为“供人民游乐之用和为大众造福”的保护地。19 世纪末，加拿大、墨西哥、澳大利亚等国家纷纷尝试进行国家公园建设与管理的实践。20 世纪后，部分欧美国家及亚洲国家——日本等相继颁布国家公园管理制度，满足公众游憩需求。1916 年，美国《国家公园组织法》规定：“国家公园的使命是保护公园中的风景、自然与历史遗产以及野生动植物，并在保证它们完好无损的前提下为公众提供愉悦，并为子孙后代提供永续福祉。”如今，美国内政部户外游憩局归属于国家公园管理局，这充分说明游憩利用在美国国家公园系统中的重要地位。1930 年，加拿大《国家公园法》明确提出要协调生态保护与旅游的冲突问题。1931 年，日本《自然公园法》对国家公园的功能定位进行了详细阐述，同时完善了分区保护、科学利用、旅游开发等制度建设。1949 年，英国《国家公园与乡村进入法》提出，国家公园建设的主要目标是实现生态保护与公众游憩的平衡。1994 年，加拿大《国家公园游憩管理导则》对于国家公园分区管理理念进行了着重阐述。当前，受福利主义游憩观影响，有关国家和地区对国家公园给予政策制度与法律支持，保证了国家公园的公益属性（潘佳，2020）。

国家公园游憩功能分区是协调国家公园生态系统原真性、完整性保护与游憩利用矛盾的有效途径，有利于国家公园实现生态保护、可持续发展、提升国民幸福感与认同感等多重发展目标。国家公园资源评价是国家公园功能分区的前提，识别出具有游憩潜力的区域，并在游憩区内分层级来规划和指导区域产品和设施布局。1971 年联合国教科文组织（UNESCO）发起“人与生物圈计划”，提出了核心区—缓冲区—过渡区的三圈层同心圆模式，为国家公园游憩功能分区的规划与建立提供了新思路。1973 年，景观规划学家 Forster 提出国家公园游憩区的概念，得到美国、加拿大等国家的一致认同并应用于国家公园管理中。

国家公园游憩业态是以游憩功能区为依托，以满足游憩者观赏游览、运动康体、休闲娱乐、文化体验、自然教育等游憩需求为目标的各种游憩产品、服务和活动的总和。国家公园游憩业态内涵丰富、形式多样，反映了国家公园多维的价值功能，发展游憩业对于增进国民“绿色福祉”意义重大。近 20 年来，自然教育、研学旅行等国家公园新型游憩业态发展迅速，成为学者们研究的热点。Lewis（2009）对美国黄石国家公园的自然教育产品、环境解说服务及生态科研项目等的游憩业态发展情况进行了探讨。美国 Theodore Roosevelt 国家公园针对青少年设置了远程网络课程、亲子教育项目以及少年骑兵等教育项目。

国外对国家公园游憩主题的研究主要集中在游憩动机、游憩偏好与行为、游憩满意度等方面。(1) 在游憩动机方面，发现国家公园游憩的主要动机是挑战自我、探索、接近自然、求知、社交、享受和放松；不同种族和民族之间的动机存在一定的差异。Jason 等（2017）研究发现，拉美裔美国人游憩动机以社会交往为主。(2) 在游憩偏好与行为方面，Driver 等在 1975 年开发了包含享受自然（Enjoy Nature）、消除紧张（Reduce Tension）、逃避身体压力（Escape Physical Stressors）、户外学习（Outdoor Learning）、尝试冒险（Risk Taking）、结交新朋友（Meet New People）、怀旧（Nostalgia）等 19 个项目的游憩体验偏好量表（Recreation Experience Preference scales，REP），在衡量户外游憩体验的相关研究方面得到广泛应用。在关于国家公园游憩者在游憩时间、季节、动机等方面的偏好研究中发现，游憩者喜欢在周末和节假日到访国家公园，游憩动机以自然教育、社交需求为主。游憩行为的研究主要集中在游憩行为的环境责任、文明旅游行为、空间行为等方面。(3) 在游憩满意度方面，游客对国家公园的保护和旅游解说比较满意，对公园管理服务、资源和设施的满意度较低。个性特征、拥挤感、自然资源条件、游憩服务设施等是影响国家公园游憩满意度的主要因素。

国外在国家公园的游憩利用与管理方面已形成了一系列的理论体系和技术成果，包括：(1) 市场划分理论（MS，20 世纪 50 年代，美国）；(2) 环境影响评价体系（EIA，20 世纪 70 年代，美国）；(3) 游憩机会谱（ROS，20 世纪 80 年代，美国）；(4) 可接受的改变极限（LAC，20 世纪 90 年代）；(5) 游客影响管理模式（VIM，20 世纪 90 年代，美国）；(6) 游客行为管理过程（VAM，20 世纪 90 年代，加拿大）；(7) 旅游管理优化模型（TOM，20 世纪 90 年代末，澳大利亚）；(8) 游客体验与资源保护（VERP，21 世纪初，美国）。此外，国外许多学者对国家公园生态旅游市场和产业的研究已经比较成熟。关于旅游者，包括其行为特征、心理偏好；旅游规划包括功能区规划、社区共管、服务设施等；旅游环境保护包括游憩承载力、生态补偿、教育解释和环境影响评价等微观层面的内容（李洪义等，2020）。

二　国内研究现状

（一）国家公园相关研究

主要研究内容　通过梳理相关研究文献，我国国家公园研究内容主要集中在：国外经验的总结与借鉴、国家公园的建设理念与途径的探析、国家公园的管理与治理、国家公园的规划体系模式四个方面。

首先，众多学者对美、英、日、德、加等国家公园建设已较为成熟的发达国家展开了多维研究（刘鸿雁，2001；孟宪民，2007），内容涉及国家公园遴选标准、建设过程、管理与治理模式、公众参与及生态旅游发展等。学术界最先聚焦的是国家公园规划建设、资源评估与管理体制等问题。近些年学术界开始深入研究在国家公园开展生态旅游的相关问题，涉及公众参与、门户小镇及志愿者服务等内容。现阶段，生态保护与社区发展是国家公园管理的两大焦点，其中以美国为代表的发达国家倾向于对生态系统完整性的保护与管理给予高度重视，而发展中国家多主张基于本国国情协调国家公园当地社区的利益，并制定了相关制度。

其次，国家公园建设理念与途径的研究主要集中于国家公园的战略、理念与路径等方面（田世政等，2011）。21世纪初，严旬（1991）提出在中国建立国家公园的构想，以国家公园构建社会与自然和谐共生的发展观。国家公园建设应坚持全面布局、最小干预、统一管理与因地施策等理念；秉承"创新、协调、绿色、共享、开放"等建设理念；适时提出重组机构、制定标准、依法保障等策略。

在国家公园管理和治理方面，相关学者从管理与治理两个维度对国家公园管理机构的职能进行了划分，相关研究内容涉及管理模式、法律保障、运行机制（张海霞等，2017）、专项管理、社区发展、人地关系、资源环境以及评估体系等。徐菲菲等（2015）从人地关系、政府规制、生态保护和系统发展的视角提出相关理论。近些年，学术界逐渐关注管理评估体系问题，研究通过访谈、实地调研与指数构建等方式对管治进行综合衡量与监测，评估的框架涵盖国家公园资源利用、空间管制及社区共管等内容。

针对我国国家公园的规划体系模式，赵智聪等（2016）提出建设自然保护区和国家公园两大生态系统；而唐晓岚等（2017）提出建立国家公园大廊道的构想，并在此基础上建立符合我国国情的保护地体系，此研究还从健全法制角度提出相关策略建议。此外在空间规划层面，学者们基于不同理念与不同视角对国家公园功能分区展开研究，例如：基于保护对象的行为分析、基于区域生态环境（虞虎等，2017）与基于细化保护需求（何思源等，2017）等视角。

研究方法 国内关于国家公园研究方法的运用，最初以定性方法为主。随着国家公园研究的逐渐深入，学者们逐渐将定性与定量方法相结合，其中，定量研究方法更受青睐。具体而言，在定性分析中，归纳分析法、演绎分析法和比较分析法等的应用较为广泛，主要用于宏观战略问题与发展策略等方面的研究。郭甲嘉与沈大军（2022）应用多源流理论分析了国家公园体制背景下中国自然保护地体系的变迁。郭楠（2020）通过对比研究中美国家公园管理制度，为中国建立以国家公园为主体的自然保护地体系提供参考和借鉴。在定量分析中，学者们对层次分析法、聚类分析法和层级回归法等数学模型法的应用较多，主要应用于环境承载力测度、相关评价及相关利益者意愿调查等问题的研究。徐秀美等（2017）从生态旅游利益相关者视角，建立了国家公园生态健康评价指标体系；运用信息熵技术手段，对雅鲁藏布大峡谷国家公园生态旅游经济系统生态健康水平进行评估。邱守明和朱永杰（2018）通过层次回归方法，在对个人及家庭特征变量进行控制的基础上，调研云南省 4 个国家公园 432 户农户的生态旅游发展影响感知，分析农户对国家公园发展生态旅游的态度及影响因素所在。未来研究可以借助遥感卫星影像与地理信息系统技术，结合生态足迹、资源管理阈值、生态系统监测等生态管理理论，引入多元自适应回归法、网络分析法以及人工神经网络模型等数理方法，推动研究的数据化、应用性与科学性。

（二）国家公园生态保护相关研究

关于国家公园生态保护的相关研究，大体可概括为两个方面：生态保护政策和生态保护的路径与效果。

首先，学者们关于国家公园生态保护政策的研究主要从纲领性政策、责任政策、生态空间控制政策、生态补偿政策等四个方面展开分析。生态保护政策是国家为实现国家公园生态环境保护的目标和任务而制定的制度规范和保障措施。

2017年9月，中共中央办公厅、国务院办公厅印发的《建立国家公园体制总体方案》指出，"国家公园属于全国主体功能区规划中的禁止开发区域，纳入全国生态保护红线区域管控范围，实行最严格保护"。针对这一纲领性政策，黄德林和孙雨霏（2018）从比较的角度探讨了国家公园最严格保护制度的特点；闫颜等（2021）对国家公园最严格保护的实现路径进行解读；吴必虎等（2022）指出，在生态保护红线战略背景下，要通过合理划界、分区管控及采取相应管理措施来正确处理人地关系，进而保护生态环境。

为严格执行国家公园最严格保护制度，国家出台了一系列生态问责和损害赔偿的政策性问责制度，强化了违法主体的生态损害责任。邓毅等（2021）对国家公园财政事权和支出责任的历史、现状和问题进行了划分，分析表明，现存体制下的国家公园财政事权划分存在清晰度、合理性与规范性方面不同程度的欠缺。造成这些问题的原因，既有自然保护财政事权和支出责任划分遗留历史问题的影响，也有机构改革所造成的新的事权摩擦问题，此外，部门间横向协调机制无力也间接造成国家公园体制中的这些弊端的产生。

针对《关于建立以国家公园为主体的自然保护地体系的指导意见》提出的"国家公园和自然保护区内划分为核心保护区和一般控制区，实行分区管控"这一政策规定，通过对国家公园分区管理需求的梳理分析，实行国家公园"管控—功能"二级分区模式；以管控分区划清核心资源分布范围及保护级别，明确人为活动的管制要求，再以功能分区理顺国家公园各项功能的布局规划及管理重点；指出功能分区应在保护的前提下，围绕科研、教育、游憩和带动社区发展四项功能，科学合理地划分功能区，按各功能区发展需求，布控管理重点和措施。我国多个国家公园试点区实施的分区管控制度呈现出功能分区依据阙如、功能分区类型多元、分区标准各异等弊端，提出应以人类行为控制程度进行管控分区，规定核心保护区与一般控制区及对应的行为控制制度，进而在此基础上以人类行为方式进行功能分区，将国家公园划分为严格保护区、生态保育区、科教游憩区和传统利用区，并有针对性地规定行为管控制度。

国家公园生态补偿机制是协调各方利益，推进国家公园生态保护与科学管理的必由之路。赵淼峰和黄德林（2019）在总结归纳各种补偿理论的基础上，对我国现有国家公园生态补偿主体的相关法律法规及实践进行分析，指出我国现有的国家公园生态补偿主体构建中存在的问题，并提出相应的解决路径与方法。刘某承等（2019）从生态系统服务空间流动角度，探讨了国家公园生态保护补偿的必要性，分析了其事权与补偿的关系；从对生态系统补偿和对人类行为补偿两个角度明确了国家公园生态保护补偿的内涵，并提出了其保护补偿的政策框架。

其次，学者们对国家公园生态保护的研究聚焦于保护路径和成效的探析。其一，在国家公园生态保护路径方面，苏海红和李婧梅（2019）对三江源国家公园体制试点中社区共建的路径进行了探析，并提出通过设立社区发展基金、培育社区自我管理能力等推进社区共建。陈雅如等（2019）通过对东北虎豹国家公园体制试点面临的问题与发展路径的研究，提出东北虎豹国家公园低成本发展路径。耿松涛等（2021）从协调人地关系、完善管理体制、完善立法机制等方面展望了我国国家公园未来的发展方向和目标。其二，从国家公园生态保护的有效性来看，国家公园生态保护的主要目标是保护生物多样性，作为世界上生物多样性最丰富的国家之一，我国自 1992 年签署《生物多样性公约》以来，积极保护和繁育稀有濒危物种，构建并完善以国家公园为主体的自然保护地体系制度，加快生态系统的有效保护与生态恢复，走出了一条有中国特色的生态文明建设之路。赵志国等（2019）基于熵理论对大熊猫国家公园生态系统管理成效进行评价，并提出在国家公园管理区选取示范点，在生态管理热点区优先推广其管理经验。其三，在国家公园保障机制方面，樊轶侠等（2021）对我国国家公园资金保障机制进行了研究，并对其问题提出了针对性的政策建议。耿松涛等（2021）运用比较分析的方法对我国国家公园 O&M 模式（运营维护合同）、LOT 模式（租赁—运营—转让）、BOT 模式（建设—运营—转让）和 TOT 模式（转让

—运营—转让）进行了比较分析，发现 TOT 模式是目前我国国家公园特许经营模式的较好选择，其他国家可因地制宜地应用 TOT 模式。从利益相关者平衡的角度出发，采用多元化的生态补偿方式来平衡利益相关者的利益，满足政府、企业、居民和其他利益相关者的需求，形成各种利益相关者追求生态环境保护的良性状态。

（三）国家公园游憩利用相关研究

在国家公园游憩管理方面，其研究主要表现为游憩访客管理、游憩资源管理和游憩服务管理三个方面。①游憩访客管理包括了解社会公众的游憩需求、分析国家公园游憩资源利用情况、探索因地制宜的游客管理模式、引导和规范游客的游憩行为、减少游憩活动对国家公园生态环境资源的破坏。王根茂等（2019）基于游客体验与资源保护理论，对湖南南山国家公园体制试点区的游憩管理进行了研究。②游憩资源管理指游憩利用区的景观管理，涉及生态环境和动植物资源，也涉及资源获取与利用过程中的土地权属冲突、利益补偿冲突、收益分配冲突等。封珊（2015）建议，要提升国家公园的旅游吸引力，必须将“保护基础上的适度开放和反馈调节”“严格的准入和规范的管理”“特色文化活动和自然条件”相结合。③游憩服务管理涉及游憩体验满意度的内外部交通网络，如游憩基础设施、科普解说系统等。赖启福等（2009）指出，中国的游憩资源管理可以适当地引进和借鉴美国国家公园的成功经验，但不能死板地照搬美国模式。

至于旅游发展的个案研究，自 2006 年中国内地成立第一家国家公园试点单位——云南普达措国家公园以来，学界越来越多地对国家公园进行研究和讨论。如田世政和杨桂华（2011）在对云南普达措国家公园的分析中指出，国家公园旅游管理体制的变革经历了社区共同管理、自我发展、国有企业垄断、私营企业租赁、国家公园模式等阶段。李秋艳（2009）以云南香格里拉普达措国家公园为案例地，研究了国家公园旅游循环经济发展的保障体系，构建了由法律法规体系、评价监督体系、管理体系、科技基础设施建设体系、教育宣传体系、保障体系六大体系组成的保障体系。袁花（2012）对云南普达措国家公园生态发展的可行性进行了调查，指出了云南普达措国家公园生态旅游业发展中存在的问题和改进措施。杨文娟（2013）在黑龙江汤旺河国家公园进行的实证研究发现，国家公园存在着能见度低、可达性差、吸引力弱、缺乏正规管理、价值需求扭曲等问题。

在生态旅游方面，国家公园的内涵和发展理念决定了国家公园的建立并不意味着一个地区脱离人类社会进行绝对严格的保护、不允许人类进入和生活，其更重要的目标是科学合理地利用国家公园资源，协调保护与发展的关系，促进人与自然的和谐共处。生态旅游具有非消耗性资源利用的属性，是一种间接的资源利用，对自然资源和生态环境的影响不大。国家公园发展生态旅游符合重视和保护原生态自然景观、野生动物和独特地域文化的理念，因此，国家公园具有生态旅游的吸引力来源和物质基础。将国家公园作为保护自然资源和发展可持续生态旅游的载体，已成为一种新的研究和发展趋势。王仕源（2018）认为，在严格保护下，国家公园可以提供适当的旅游机会，有利于更好地参与我国自然生态的保护和利用，对我国的生态文明和美丽中国的建设具有国家战略层面的意义。张朝枝等（2019）认为，以特许经营的形式发展生态旅游产品和服务是充分反映国家公园公共福利的重要途径。陈君帜和唐小平（2020）认为，应明确旅游资源利用的方式和行为，并对生态旅游等自然资源可持续利用活动实施第三方认证机制。苏红巧等（2019）认为，国家公园应以生态保护为前提，开展旅游活动，促进区域绿色发展，提升国家公园品牌效应。袁淏和彭福伟（2019）认为国家公园的三大理念将有力推动传统粗放型旅游经营活动转型，转变为可持续生态旅游等绿色发展方向。综合来看，各研究学者认为应严格限制国家公园内开展游憩利用的空间范围和业务范围，以减少游憩活动对自然生态系统造成的不良影响，确保游憩活动是绿色可持续的，并且能够产生一定效益（李博炎等，2021）。

（四）祁连山国家公园相关研究

关于祁连山自然保护区的研究开始于20世纪末。早期的研究主要是关于病虫害防治，水资源、动植物资源的初步调查等方面。从2000年开始，祁连山相关研究主要涉及自然资源分布及特性、保护区管理和经济价值评估等方面。例如，刘建泉等（2004）近十几年来对祁连山植物资源分布及其土壤特性等进行持续研究；尹承陇等（2005）对祁连山保护区生物多样性保护与森林有害生物可持续治理展开研究；李元鸿（2011）、丁国民（2015）基于主成分分析、ENVI遥感图像处理平台分别对祁连山自然保护区森林群落及景观斑块空间分布规律等进行评价研究。近年来的研究，更多涉及祁连山保护工程成效和承载力等问题，祁连山生态保护环境修复与整治问题、管理体制机制等问题。关于祁连山生态旅游开发及影响研究方面，刘建泉（1995）对祁连山丰富的自然、人文及社会旅游资源赋存状况进行概括；赵成章（2006）对生态旅游业给东祁连山区农户经济行为的影响进行分析；马剑等（2016）探讨了生态旅游对祁连山保护区水体、土壤、植被、社区居民及环境的影响。

2017年祁连山国家公园体制试点建设实施以来，学者开始对祁连山国家公园展开研究，主要集中在试点区的生态质量评价、生物多样性探析、当地居民生计影响及其发展路径、体制机制建设等方面。具体研究如下。

其一，祁连山国家公园生态质量评价包括碳密度及其碳储备、植被覆盖变化、土壤水力侵蚀状况、生态承载力等，宋洁和刘学录（2021）基于GLAS数据、Landsat OLI（Operational land imagery）数据、样地调查数据等多方数据，对祁连山地区特定区域的森林资源进行了森林地上碳密度估算。邓喆等（2022）结合土地利用变化动态指数和土地转移矩阵分析祁连山国家公园生态破坏和生态恢复前后的土地利用变化，基于InVEST模型Carbon模块，以土地利用遥感影像和碳密度为模型运行数据，计算土地利用变化导致的碳储量变化，研究发现土地利用变化是祁连山国家公园碳储量增加的主要原因。李娟和龚纯伟（2021）利用祁连山多期遥感影像、像元二分模型评价该地区植被覆盖度，结合趋势分析法和地形面积修正法，分析发现祁连山植被覆盖度东南高、西北低，总体植被覆盖度较低。单姝瑶等（2022）基于2000—2019年祁连山国家公园境内的卫星遥感和社会经济统计数据，综合运用DPSIR、TOPSIS和障碍度模型，构建生态承载力评价指标体系，揭示影响生态承载力的主要障碍因素。另外，不少学者展开了祁连山国家公园生态质量评价研究，杨磊等（2022）基于2000—2018年祁连山国家公园境内14个县（区）的遥感、气象和社会经济统计数据，从自然、经济和社会3个层面筛选出关键的生态环境质量评价指标，建立生态环境质量评价指标体系。研究发现，祁连山2000—2018年平均生态环境质量指数“西低东高”，其在各区县差异明显。张华等（2021）基于1990年、2000年、2010年和2018年4期土地利用数据，利用InVEST模型定量对祁连山国家公园生境质量和生境退化度的时空分布变化特征进行了分析。研究发现生境退化度等级呈现圈层型结构，在研究区的中、东部沿边缘呈点状分布。

其二，祁连山国家公园生物多样性探析集中于对其植物、动物资源调查，来评估其多样性的研究。祁连山国家公园植物多样性偏向于探析祁连獐牙菜等特有物种（曹倩等，2021），动物多样性研究集中在该区域的特色物种，如雪豹、岩羊、喜马拉雅旱獭等。

其三，祁连山国家公园当地居民生计影响及其发展路径主要体现在生态移民造成的生产生活方式的变化、野生动物入侵对其造成的利益损失、家庭资产禀赋对其生计风险的影响等。张壮和赵红艳（2019）发现民族文化、生活方式和社会规范等要素是祁连山国家公园试点区生态移民需要考虑的重要因素，要有计划地优先安置核心保护区内的原住居民，“一刀切”式的移民是不可行的。程一凡等（2019）通过研究祁连山国家公园的人兽冲突，探析园内牧民对肇事野生动物的态度。程红丽等（2021）研究发现祁连山国家公园牧户面临就业风险、市场风险、健康风险、养老风险和环境风险等多种生计风险的冲击，同时家庭资产禀赋会对社区生计产生不同程度的影响。

其四，对祁连山国家公园体制机制建设方面，唐芳林等（2019）全面系统总结分析了2018年以来国家公园体制试点取得的明显进展，并结合相关要求，提出了推动我国国家公园体制建设的策略建议。温煜华（2019）通过借鉴世界代表性国家公园在管理理念、公众参与、资金机制、经营机制、法律保障等方面的先进经验，针对祁连山国家公园实际情况提出了一系列策略。总体来说，随着祁连山国家公园生态遗留问题的逐项解决，生态环境向好发展，旅游发展也逐渐规范。祁连山国家公园相关研究也从宏观向微观转变，从2017年的体制机制研究，到现在探析各类影响因素研究，研究内容更加细化，其研究视角更加多元。此外，研究方法也从最初的定性研究转变为定性与定量相结合的研究，研究结论更为科学。

三　国家公园生态旅游与游憩利用发展研究述评

国家公园的研究视角从最初纯粹的“生物中心主义”理念逐渐转变为对国家公园与多方利益相关者的交互过程的关注与探讨。从研究内容来看，世界各国在经济、政治、文化等方面的差异，决定了世界各国的国家公园发展既有共性也有个性。目前国内外学者多以个案研究为主，结论欠缺普适性，同时，对较有代表性的国家公园运作模式的探讨较少。同时，国家公园涉及的利益相关者众多，各方利益的博弈充斥在国家公园的整个发展过程中。近年来，已有研究涉及有关周边社区发展、构建非商业性合作伙伴关系、社区参与机制。但对不同空间区域的社区与国家公园发展之间的互动与博弈研究较少；对于国家公园商业合作关系构建中的运营模式、利益分配、土地权属、特许经营等问题有待探讨。

此外，我国国家公园建设起步较晚，相关法律法规和建设体系有待完善，因此在国家公园建设中存在着诸多发展瓶颈，其中最为突出的就是“保护与发展的关系”、“人地关系”的协调、国家公园的经营模式选择这三个方面的问题。从研究基础理论分析不难看出，可持续发展理论、利益相关者理论等多学科理论在国家公园研究中得到了广泛推广，体现了国家公园研究对象的复杂性和视角的多元化。由于目前我国国家公园在基础理论和管理机制等研究深度不够，与国外相关研究仍具有一定的差距，相关评价技术方法还有待进一步完善。从方法体系上看，国家公园研究充分借鉴了多学科方法体系，如心理量表测度、多元分析法、计量经济法等，研究方法趋于定性和定量的综合运用，提升了研究结论的科学性。但大部分研究主要为通过经验数据对国家公园现状的分析，缺乏对国家公园旅游大数据的研究，对国家公园在多重因素干扰下生态保护与游憩利用协调发展及演进的研究还较为鲜见。

第四节 研究方法与研究思路

一 研究方法

（一）文献查阅法

对相关文献进行检索、阅读与梳理后，全面把握该研究相关领域研究进展。分别从游憩生态学理论、利益相关者理论、可持续发展理论、可接受的改变极限理论等视角，将国内外国家公园生态保护与游憩利用协调发展方面以往学者的研究成果及理论、方法等进行分析归纳，为本书提供方法借鉴与理论支撑，同时在各大媒体网站广泛查阅祁连山国家公园体制建设的相关政策与近期发展动态，以明晰祁连山国家公园现阶段所面临的现实问题与挑战，科学、客观地构建祁连山国家公园生态保护与游憩利用的协调机制，并提出具有针对性的协调发展对策。

（二）比较分析法

通过对比国内外国家公园生态保护理念与实践措施、游憩利用的模式与策略，分析国家公园建设与管理、保护与利用等方面的差异，为构建符合我国国情的国家公园生态保护与游憩利用的协调机制与策略提供依据。

（三）实地调查法

本书实地调查的范围涉及祁连山国家公园所辖的甘肃省张掖、武威、嘉峪关、酒泉等市。重点调研区域为张掖肃南裕固族自治县（祁连山保护区的西北部、黑河流域）和武威天祝藏族自治县（祁连山保护区的东南部、石洋河流域）两个县域。肃南和天祝两县土地利用之和占祁连山国家公园甘肃片区面积的44.2%，两县生态环境脆弱性明显，同时游憩资源非常丰富，因此，开展研究的代表性及典型性十分突出。本书的调研对象为祁连山国家公园管理局及相关保护站等政府机构及管理人员、运营管理企业、社区居民、游客、非政府组织、科研机构等。调查以实地考察、观测、发放问卷及开展访谈等形式展开。调查内容涉及祁连山保护区生态系统的监测数据，国家公园建设以来相关县、乡（镇）、村的社会经济发展状况及生态旅游开展状况，旅游者对国家公园游憩利用的认知及环保知识的态度和行为、祁连山国家公园建设以来入口社区居民的生计变化及可持续生计的影响、生态旅游发展中核心利益相关者的利益诉求、利益冲突及利益演化博弈等。

（四）AHP－模糊综合评判法

层次分析法（AHP）主要是将目标问题分解为具有包含关系的多个层次，并通过专家打分对定性问题进行量化，从而为非结构化决策问题提供一个明确思路和求解过程。模糊综合评判法需要首先确定旅游开发生态风险评价指标的评价集；在此基础上设计问卷对当地居民、旅游从业者、游客等主体开展问卷调查，收集祁连山保护区旅游生态风险指标评判等级数据，经数据处理后可得各层次指标间的模糊关系矩阵；通过AHP层次分析法确定各指标的加权平均值，得到祁连山保护区旅游生态风险的模糊综合评价结果矩阵，最后与评价集列向量进行复合运算，得到最终的模糊综合评价值。模糊集理论在描述不确定性以及对不同量纲、相互冲突的多目标问题处理时，具有传统评价方法不可比拟的优势。因此，本书运用AHP－模糊集结合的方法，创新性构建基于生态承载力下的旅游开发生态风险评估模型及评价指标体系，以期对祁连山旅游开发过程中的“非生态化”现象进行精准识别，对旅游开发引发的生态风险进行科学评估，提出基于生态风险预警的生态风险管理框架与调控措施（杨阿莉等，2019）。

（五）扎根理论研究法

扎根理论研究法是由哥伦比亚大学的Strauss和Glaser两位学者提出的。其本质是针对某一现象来发展并归纳式地引导出理论的质性研究范式，是一种自下而上建立理论的方法。研究过程中，围绕研究主题对受访者进行深入的访谈，形成访谈资料，对访谈资料不断进行比较、分析与梳理，从访谈资料提取出概念并建立理论，以揭示其对某一问题的潜在动机、信念、态度和感情。该研究范式的核心就是资料分析，包括理论回顾、理论抽样、数据收集和编码分析这四个步骤，通过开放性编码、主轴编码和选择性编码，探析祁连山国家公园入口社区居民生计资本的变迁及影响，分析祁连山国家公园生态旅游核心利益相关者的利益诉求形成机理。

二 研究思路

（一）理论梳理

对国家公园体制建设的背景及研究涉及的理论基础进行分析和解读，主要探讨：(1) 国家公园、游憩与旅游等概念的内涵；(2) 游憩生态学理论、可持续发展理论、利益相关者理论、可接受的改变极限理论等相关理论的基本要点及其对国家公园发展和管理的意义；(3) 我国国家公园体制的提出背景及建设进展，国家公园的功能及理念，国家公园生态保护与游憩利用的目标与思路；(4) 国内外国家公园在生态保护与游憩利用中的成熟经验及对我国的启示。

（二）现状分析及问题研判

分析祁连山国家公园体制建设中生态保护与游憩利用之间面临的现实问题。主要包括以下几点。

(1) 对祁连山的生态地位、生态环境突出问题以及祁连山国家公园体制建设的重大意义及近年来的生态保护成效进行分析。

(2) 对祁连山国家公园体制建设试点以来，游憩资源及利用情况进行调研，并对游憩资源利用可能引发的生态风险进行深入调查。着重就游客在游憩活动中，可能产生的旅游垃圾影响及处理，游憩活动对土壤酸碱度、含水量、有机质和养分特征性质的影响进行研判。在此基础上，对游憩利用生态风险源、风险受体、生态效应的传导关系进行分析，然后通过 AHP 层次分析法及模糊综合评价法，测算游憩利用的生态风险值，判断其生态风险程度，并从风险预警监测、风险预警评估、风险预警管理三方面构建生态风险预警机制。

(3) 对祁连山国家公园入口社区居民生计问题进行调研分析。建设国家公园入口社区是解决生态系统完整性、原真性保护的一把钥匙，是以保护促发展的一条重要途径。入口社区是访客感知国家公园形象的重要载体，承担着展示与传播、游憩与体验等多种功能。为了全面分析国家公园建设为入口社区居民的生计带来了怎样的变化，入口社区如何结合国家公园建设的相关政策及战略机遇改善当地社区生计等问题，本书以张掖肃南裕固族自治县榆木庄村和大都麻村为例，开展实地调研，考察两个入口社区居民的生计资本变化及影响，以期为入口社区在国家公园建设下更好地发展提供参考和借鉴。

（4）对祁连山国家公园生态旅游利益相关者利益诉求与利益演化博弈开展研究。生态旅游是国家公园经济价值、社会价值、环境价值的综合体现。在坚持有效保护的前提下，国家公园通过发展生态旅游等建立健全生态产品价值的实现，逐步走可持续发展之路，这是国家公园游憩及教育功能发挥的必然选择。国家公园生态旅游发展中涉及利益相关者众多，核心利益相关者的利益诉求是什么？是否存在利益冲突？利益冲突是否可以协调？本书选取甘肃张掖肃南裕固族自治县马蹄藏族乡作为研究案例地，将利益相关者理论应用于该地生态旅游发展实践，结合定性、定量研究方法，对生态旅游发展过程中利益相关者的相关利益诉求及其冲突矛盾进行科学研究与分析，构建利益相关者博弈模型，对利益相关者之间的利益博弈关系进行深入剖析与阐释，在此基础上构建利益协调机制，为协调国家公园建设中各利益相关者的利益关系提供理论基础，为祁连山国家公园生态旅游可持续发展提供实践指导。

（三）破题解困

（1）从完善生态环境保护机制、健全游憩利用管理机制、统筹协调保护与发展机制三大方面探讨国家公园生态保护与游憩利用的协调发展机制。

（2）基于多措并举的生态保护与生态修复、统筹规划与科学管理的游憩服务业态培育和转型升级、加强生态命运共同体理念传播及生态价值实现等策略的思考，提出生态保护与游憩利用协调发展的策略建议。

本书的技术路线如图1.1所示。

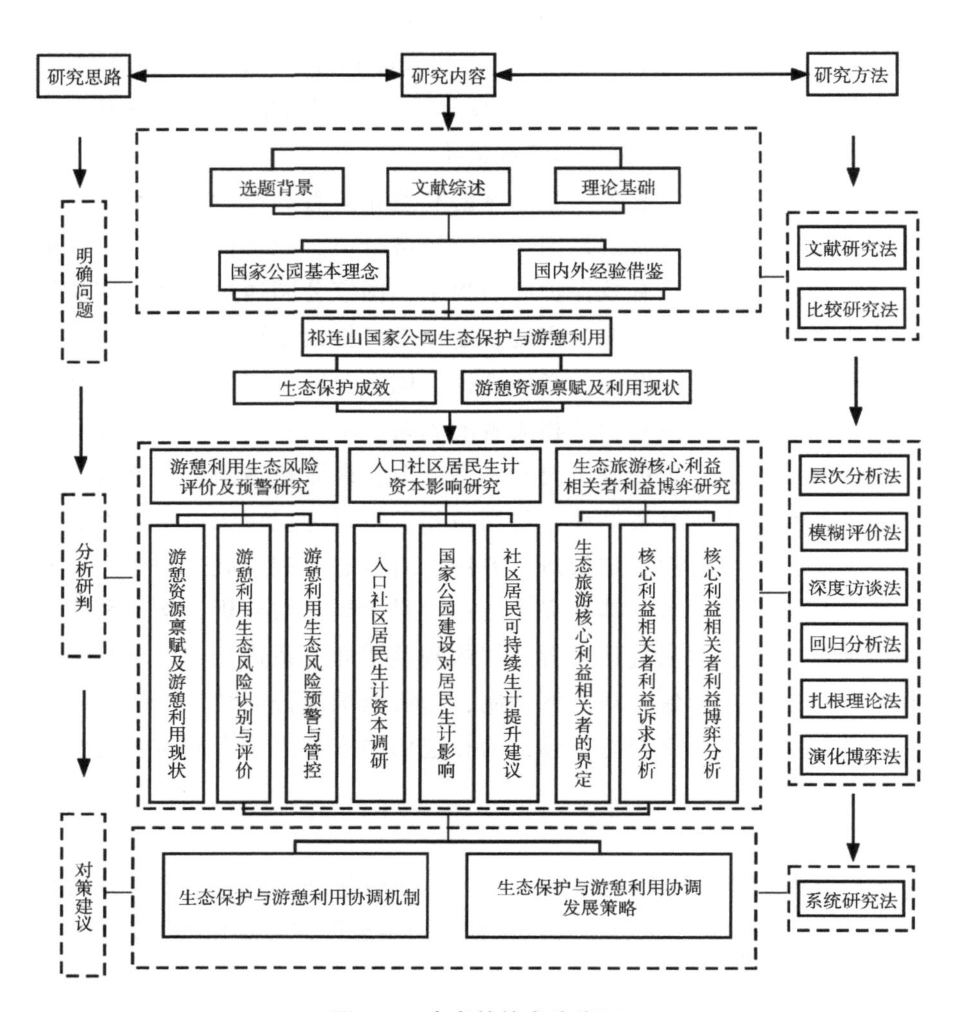

图 1.1　本书的技术路线图

第二章　国家公园生态保护与游憩利用基本理念

第一节　我国国家公园体制探索与实践

一　自然保护地体系概况与存在的问题

（一）自然保护地体系概况

自古以来，中华民族就有追求人类与大自然共生、共存、共融的理念。自然资源得到合理利用与保护关乎人与自然持续共存，世界各国对此达成了共识并积极施行一系列措施。第一次工业革命带来了新的转变，率先完成工业革命的欧美国家为保护环境开始规划建设自然保护地。1994 年，全球性环保组织“世界自然保护联盟”（International Union for Conservation of Nature，IUCN）在布宜诺斯艾利斯召开的“世界自然保护大会”上提出了“自然保护地分类体系”概念。按照管理目标的差异，IUCN 将保护地划分为 6 种类型，分别是：Ⅰa 严格的自然保护区和Ⅰb 荒野保护地、Ⅱ国家公园、Ⅲ自然文化遗迹或地貌、Ⅳ栖息地/物种管理区、Ⅴ陆地海洋景观保护区、Ⅵ自然资源可持续利用管理保护地。并明确定义：自然保护地是通过法律等途径得到认可和管理、以实现对自然环境及生态系统服务和文化价值的长期保护为目的、有明确边界的地理空间。1864 年，美国约瑟米蒂谷是世界上第一个被规划到保护区域的现代自然保护地，自此之后，世界各国相继开始建立各种类型的自然保护地。根据 IUCN 的统计，截至 2021 年，全球已经设立包括自然保护区、国家公园等在内的大约 22 万个自然保护地。

我国于 20 世纪 50 年代开启自然保护地建设事业，并做出这样的界定：自然保护地是指由各级政府依法划定或确认，对重要的自然生态系统、自然遗迹、自然景观及其所承载的自然资源、生态功能和文化价值实施长期保护的陆域或海域。自然保护地主要包含了 14 个类型：自然保护区、风景名胜区、地质公园、森林公园、海洋公园、湿地公园、冰川公园、草原公园、沙漠公园、草原风景区、水产种质资源保护区、野生植物原生境保护区（点）、自然保护小区、野生动物重要栖息地。1956 年，我国设立了第一个自然保护区——广东鼎湖山自然保护区，同年 10 月，《关于天然森林禁伐区（自然保护区）划定草案》提出在内蒙古等 15 个省区划建 40 个自然保护区，标志着我国自然保护区事业从无到有的开创性工作将稳步进行。1982 年，属于自然保护地的第二个类型——风景名胜区开始建立。同年，森林公园开始建立，风景名胜区和森林公园都为人们提供了自然观光和森林游憩服务。1985 年，为指导自然保护区工作，原林业部出台《森林和野生动物类型自然保护区管理办法》。1994 年，国务院发布《中华人民共和国自然保护区条例》。1990—2000 年，我国自然保护地数量和类型迅速增加。随后开展了一系列天然林保护、退耕还林等生态建设工程，新建了一批自然保护区和自然保护地。截至 2018 年，全国已经设立各级各类自然保护地达 1.18 万处，其中自然保护区 2750 处、森林公园 3548 处、风景名胜区 1051 处、国家级湿地公园 898 处、地质公园 650 处，占我国陆域面积的 18% 左右，超过世界平均水平。这些生态类型丰富、数量众多的各级各类自然保护地，初步形成了以自然保护区为主体的自然保护地格局（马勇和李丽霞，2017）。

（二）自然保护地体系存在的问题

自然保护地是保护生物多样性、增强生态系统服务功能、改善生态环境质量、维持生态系统平衡的重要阵地。自然保护地是生态建设的核心载体、中华民族的宝贵财富、美丽中国的重要象征，在维护国家生态安全中居于首要地位。我国经过 60 多年的努力，已建立了数量众多、类型丰富、功能多样的各级各类自然保护地，在保护生物多样性、保存自然遗产、改善生态环境质量和维护国家生态安全方面发挥了重要作用。

总体来看，我国各类自然保护地的发展，基本与中国的经济大发展同步，但前期的发展只是数量上的大发展，是“早划多划、先划后建”

式的发展，因此尽管有《自然保护区条例》《风景名胜区条例》等相关法规，然而自然保护地并没有真正取得有效的法律保护。加之因为历史的问题，我国自然保护地存在设置不合理、违规开发建设大行其道、保护与发展矛盾突出等诸多问题。这些问题的存在，严重危及保护地的生态安全，深刻影响了我国自然保护地综合保护管理效能的发挥（唐芳林等，2019）。究其原因，主要体现在以下三方面。

一是多头管理，权责不明。我国现行自然保护地体系主要按照其所属的不同资源要素设立，不同资源类型的保护地依照不同的规章制度管理和运行。例如自然保护区、风景名胜区、森林公园、地质公园、湿地公园等各类型保护地，分别归属林业、环保、国土、海洋、农业、水利等不同部门管理，如表 2.1 所示。部分自然保护地存在同时挂多块牌子、多头管理、权责不清、管理部门交叉重叠的现象。且各类保护地的布局、保护力度、专业程度、管理人员配备及资金的投入等存在明显差异，造成保护地体系的整体结构很不均衡。

二是重叠设置，边界不清。长期以来，我国自然保护区范围定位模糊、区划不合理、边界不清晰、地域管理交叉重叠。由此出现管理职能混淆、推诿扯皮、管理效率不高，并且引发人地冲突严重、生态系统完整性被人为割裂等现象。

三是保护标准不清晰、公益属性不明确。保护区内除了开展以保护为目的的巡护和监测，也常常出现以基础设施建设为主的人类活动，例如矿产资源开发、高速公路、铁路、水利工程等，许多自然保护区的边界内也存在大量农田和城市区域，保护与开发利用矛盾难以协调等。

表 2.1　**我国主要自然保护地概况**

保护地类型	归属管辖部门	第一批设立时间	相关立法	设立目标
自然保护区	环境保护部	1956 年	《中华人民共和国自然保护区条例》	以保护为主，将科学研究、教育、旅游等活动有机地结合起来，加大生态、社会和经济效益

续表

保护地类型	归属管辖部门	第一批设立时间	相关立法	设立目标
风景名胜区	建设部	1982 年	《风景名胜区管理暂行条例》《风景名胜区条例》《风景名胜区规划规范》等	供人们游览、观赏、休息和进行科学文化活动
森林公园	国家林业局	1982 年	《森林公园管理办法》《森林公园风景资源质量等级评定标准》等	保护和合理利用森林风景资源，保护生物多样性，发展森林生态旅游，促进生态文明建设，供人们游览、休息或进行科学、文化、教育活动
湿地公园	国家林业局	2005 年	《国家湿地公园管理办法》《湿地保护管理规定》等	具有湿地保护与利用、科普教育、湿地研究、生态观光、休闲娱乐等多种功能的社会公益性生态公园
世界自然文化遗产	联合国教科文组织	1987 年	《保护世界文化和自然遗产公约》等	保存对全世界人类具有杰出普遍性价值的自然或文化处所
国家地质公园	国土资源部	2001 年	《关于建立地质自然保护区的规定》《地质遗迹保护管理规定》等	保护地质遗迹，普及地学知识，开展旅游促进地方经济发展

为切实加强对自然资源的保护、理顺管理体制、创新运行机制、强化监督管理、完善政策支撑，必须克服自然保护地政出多门、各自为政、管理分散、执法监管“碎片化”问题，必须重新对我国自然保护地体系既有的各类型自然保护地进行归并与整合、重构与变革。近 10 年来，我国生态文明建设进一步发展，相关政策和管理措施逐步落实，自然保护地的建设和管理才取得了更进一步的成效，中央部门也相继颁布了更加具体可行的政策和措施（唐小平，2019）。

二　国家公园体制的探索与建设进展

（一）国家公园体制的探索与实践

IUCN 指出，设立自然保护地的目的具有多重性，一方面是要维持区域内的生态环境，保障物种生存环境不被破坏；另一方面是要在保存物种和遗传多样性的基础上，持续利用好自然生态系统内的资源，保持好特殊自然和文化特征，为公众提供教育、科研和游憩机会。IUCN 的自然保护地分类体系中，国家公园属于第二类。为进一步解决我国自然保护地长期存在的政出多门、监管不力等问题，我国政府和各级管理部门早在 21 世纪初就开始了对国家公园建设的探索与实践（唐芳林等，2021）。

2006 年 8 月，中国大陆第一个地方性质的国家公园——普达措国家公园在云南正式成立。2008 年 6 月，原国家林业局批准云南省为中国大陆第一个国家公园建设试点省，并从国家主管部门层面同意建设普达措国家公园。2008 年 10 月，原环境保护部和原国家旅游局首次官方批准成立了黑龙江汤旺河国家公园试点单位。早期成立的国家公园主要基于地方立法和标准制定来推进试点建设工作，而缺乏国家层面明确的政策支持和规范化指导。地方政府在早期自主探索建设国家公园时，对国家公园概念和管理模式理解得不够深入，遇到了平衡国家公园保护和发展关系的难题只能“摸着石头过河”，从而出现了“重发展，轻保护”的失衡局面。

党的十八大以来，党中央十分关注生态文明建设，并出台相关政策文件保障了以国家公园为主体的自然保护体系的建设。2013 年 11 月，党的十八届三中全会通过的《中共中央关于全面深化改革若干重大问题的决定》，首次明确提出建立国家公园体制。这是以习近平同志为核心的党中央站在推动我国生态文明建设、实现中华民族永续发展的战略高度做出的重大决策部署，是生态文明和美丽中国建设具有全局性、统领性、标志性的重大制度创新。通过完善国家公园体制，推进国家生态安全格局的历史性变革。其实质是改革长期以来我国分头设置不同类别自然保护地的管理弊端，针对自然保护地建设和发展中存在的问题提出的管理体制改革新动向，是将我国自然保护地体系构建及监督管理工作推向全新发展阶段的战略部署。2015 年 5 月 18 日，国务院批转发展改革委《关于 2015 年深化经济体制改革重点工作的意见》提出，在 9 个省份开展“国家公园体制试点”，分别建立了三江源、大熊猫、东北虎豹、海南热带雨林、武夷山、钱江源、神农架、普达措、南山 9 处国家公园体制试点区。同年，国家发改委与中央编办、财政部、国土部、环保部等 13 个部门联合印发了《建立国家公园体制试点方案》。2017 年 9 月，中共中央办公厅、国务院办公厅印发了《祁连山国家公园体制试点方案》。至此，我国陆续开展了共 10 处国家公园体制试点，涉及 12 个省份，总面积超过 22 万平方千米。同年，为了加快构建国家公园体制，我国在反思试点实践过程中的经验教训，学习借鉴国际成功经验的基础上，印发《建立国家公园体制总体方案》。该方案对国家公园进行明确界定，指出国家公园是指由国家批准设立并主导管理，边界清晰，以保护具有国家代表性的大面积自然生态系统为主要目的，实现自然资源科学保护和合理利用的特定陆地或海洋区域。2017 年 10 月，党的十九大报告指出：“构建国土空间开发保护制度，完善主体功能区配套政策，建立以国家公园为主体的自然保护地体系。”这是以习近平同志为核心的党中央站在中华民族永续发展的高度提出的战略举措，这标志着我国的自然保护地体系的主体由之前的自然保护区转变为国家公园。这一部署是确保我国重要自然生态系统、自然遗迹、自然景观和生物多样性得到系统性保护，提升生态产品供给能力，维护国家生态安全，为建设美丽中国、实现中华民族永续发展提供生态支撑的迫切需要，也是对接世界自然保护联盟（IUCN）的保护区分类体系、满足国际统一交流的当务之急（唐芳林等，2019）。

2018 年 4 月，中共中央印发《深化党和国家机构改革方案》，组建国家林业和草原局（国家公园管理局），统一管理我国各类自然保护地。2019 年 6 月，中共中央办公厅、国务院办公厅印发《关于建立以国家公园为主体的自然保护地体系的指导意见》（以下简称《指导意见》），提出了要构建由国家公园、自然保护区、自然公园三大类保护地构成的“两园一区”自然保护地新分类系统，指出要对各类自然保护地实行全过程统一管理、统一监测评估、统一执法、统一考核，实行两级审批、分级管理的体制。《指导意见》制定了国家公园建设的总体目标：到2020年，提出国家公园及各类自然保护地总体布局和发展规划，完成国家公园体制试点，设立一批国家公园；到2025年，健全国家公园体制，完成自然保护地整合优化，完善自然保护地体系的法律法规、管理和监督制度；到2035年，显著提高自然保护地管理效能和生态产品供给能力，自然保护地规模和管理达到世界先进水平，全面建成中国特色自然保护地体系。

（二）国家公园建设进展

总体来看，我国国家公园体制自党的十八届三中全会提出以来，建设进展顺利并取得了突出成绩。2020年8月至12月，国家林业和草原局组织第三方对10个国家公园体制试点区任务完成情况开展了评估验收，国家公园管理办公室形成了《国家公园体制试点工作总结报告》，并指出将正式设立国家公园的建议名单，这一工作标志着我国国家公园体制试点任务基本完成。目前正在加快制定《国家公园法》。2020年底国家林业和草原局批准发布了《国家公园总体规划技术规范》（LY/T 3188－2020）、《国家公园资源调查与评价规范》（LY/T 3189－2020）两个行业标准，上报并归口管理《国家公园设立规范》《国家公园监测规范》《自然保护地勘界立标规范》等5个国家标准。编制《国家公园空间布局方案》，提出了236个重要生态地理单元，筛选提出了50个左右的国家公园候选名单，初步测算，将整合近700个自然保护地，面积约97.2万平方千米，占保护地总面积的53%。2021年10月，国家公园体制试点初步完成，第一批5个国家公园在《生物多样性公约》第十五次缔约方大会领导人峰会上正式宣布设立，包括三江源、大熊猫、东北虎豹、海南热带雨林、武夷山国家公园，保护面积达23万平方千米，涵盖近30%的陆域国家重点保护野生动植物种类。正式设立国家公园，是中国进一步加大力度推进自然生态保护、生物多样性保护的切实行动，标志着这一生态文明领域的重大制度创新落地生根，也标志着我国国家公园事业从试点阶段转向了建设阶段。

第二节 国家公园建设的理念与功能

一 国家公园建设的理念

《建立国家公园体制总体方案》明确指出了国家公园的定位：国家公园是我国自然保护地最重要的类型之一，属于全国主体功能区规划中的禁止开发区域，纳入全国生态保护红线区域管控范围，实行最严格的保护。建立国家公园体制，必须坚持生态保护第一、国家代表性、全民公益性三大理念，以实现国家所有、全民共享、世代传承的目标。

（一）生态保护第一

我国建立国家公园体制的根本目的，是加强自然生态系统原真性、完整性保护，始终突出自然生态系统的整体保护和最严格保护，把最应该保护的地方保护起来。在全面开展生态文明建设的要求下，国家公园体制建设是保障中国国土生态安全的重大举措，其所肩负的时代责任十分重要。

（二）国家代表性

国家公园以国家利益为主导，坚持国家所有，具有国家象征，代表国家形象，彰显中华文明。中国国家公园保护的大面积自然或近自然区域，是中国生态价值及其原真性和完整性最高的地区，是最具战略地位的国家生态安全高地，例如三江源、大熊猫、祁连山、东北虎豹等国家公园体制试点区都具有这样的特征。未来中国国家公园将纳入更多具有审美价值的名山大川，使国家公园成为美丽中国的华彩乐章，成为国家形象高贵、生动的代言者，成为激发国民国家认同感和民族自豪感的精神源泉。

（三）全民公益性

国家公园作为最为珍稀的自然遗产，我们不但要从祖先处继承，还要完整地传递给子孙万世，使它成为“绿水青山”和“金山银山”。因此必须保证这些无价遗产的全民利益最大化、国家利益最大化、民族利益最大化和人类利益最大化。四个利益最大化强调中国国家公园须将生态保护放在首要位置，积极吸收、融汇中国古代生态智慧。国家公园的全民公益性，主要体现于共有、共建、共享三个方面。

一是提高共有比例。国家公园为全体国民所有，但当下存在自然保护地集体土地占比较高的情况，必须按照法定条件和程序逐步减少国家公园范围内的集体土地，提高全民所有自然资源资产的比例，或采取多种措施对集体所有土地等自然资源实行统一的用途管制。

二是增强共建能力。国家公园应积极引导公众参与，要充分调动政府、市场和社会各方面力量，优化运行机制，创新管理模式，引导各类社会机构特别是当地社区居民参与国家公园体制建设。要通过政策宣讲、产业引导、专题培训等方式，提高社会公众参与共建的能力。

三是提升共享水平。国家公园应着力突出公益属性，在有效保护的前提下，为公众提供科普教育游憩的机会。要加大生态保护及相关设施的投入，不断提高生态服务和科普教育游憩服务的水平，为国民提供更多机会去亲近自然、了解历史，领略祖国大好河山和感受深厚历史文化底蕴，进而增强保护自然的自觉意识，促进生态文明建设（耿松涛等，2021；杨锐，2017）。

二　国家公园建设的功能

《IUCN 自然保护地管理分类应用指南》中提出，国家公园的主要功能是保护与游憩。其首要目标是：保护自然生物多样性、落实教育和游憩。即“把大面积的自然或接近自然的区域保护起来，在保护大范围的生态过程及其中包含的物种和生态系统特征的同时，提供环境与文化兼容的精神享受、科学研究、自然教育、游憩和参观的机会”。我国《建立国家公园体制总体方案》指出：国家公园核心功能是保护生态环境，同时兼具科研、教育、游憩等综合功能。

（一）生态保护功能

国家公园中的保护功能一方面是指保护公园内的珍稀物种，另一方面是指保护这些生物赖以生存的物质基础和自然条件；国家公园以自然的方法管理和永久保护具有代表性的自然地理区域、生物群落、遗传资源和未受损害的自然过程；国家公园维持本地物种的生态功能种群，保障种群密度达到长期保育生态系统完整性和弹性的需要，并保护与之相关的生态系统服务，尤其是保护更大程度和范围内的物种多样性、种群恢复、区域生态过程和自然迁徙路线。

（二）游憩功能

国家公园因为特有的自然景观、生物资源以及生态环境，来观光的游客逐年增多，其也往往成为展现各国美丽国土的一张代表性名片，并且也成为国民享受自然风光、学习生态保护知识、休闲娱乐等活动的重要游憩点。因此，游憩利用是实现自然保护地生态保护与科普教育这两个核心功能的重要方式。

（三）科普功能

国家公园以其特有的自然环境和生物资源为基础，通过一系列教育服务设施，向公众科普相关的生态保护知识和生物科学知识，这样不仅能使游客进一步了解和体会文化内涵，而且可以培养游客保护自然的理念。并且国家公园也已成为各高校开展生态保护实践活动的科研场所，为生态科研工作提供了坚实的支撑。

（四）教育功能

国家公园依托其特有的自然资源和生态景物，是开展生态环保教育和提升全民对命运共同体认识的绝佳游憩地。国家公园坚持生态资源的公共性，重点关注生态系统带来的服务，这有助于实现人与自然和谐相处。探索构建具有中国特色的国家公园自然教育模式是贯彻落实习近平生态文明思想、提升全民自然生态素养的必要举措。

第三节　国家公园生态保护的目标与思路

一　国家公园生态保护的目标

美国黄石国家公园是世界上第一个国家公园，基于可持续发展理念，其始终践行的主要目标就是保护自然环境和生态系统。在当前我国开展生态振兴和探索可持续发展路径的背景要求下，国家公园肩负着保护国家生态安全屏障的使命。随着国家生态文明建设各项工作的开展，国家公园的先行示范地位越来越受到重视，以保护为发展核心的国家公园体制能够有力助推人与自然和谐共处。

2013 年 11 月，习近平总书记在《关于〈中共中央关于全面深化改革若干重大问题的决定〉的说明》中指出：“我们要认识到，山水林田湖是一个生命共同体，人的命脉在田，田的命脉在水，水的命脉在山，山的命脉在土，土的命脉在树。”习近平总书记在这次讲话中提出了“山水林田湖是一个生命共同体”的理念和原则，论述了生命共同体内在的自然规律，指出自然资源用途管制和生态修复必须遵循自然规律。《建立国家公园体制总体方案》（以下简称《方案》）中指出，“坚持将山水林田湖草作为一个生命共同体，统筹考虑保护与利用，对相关自然保护地进行功能重组，合理确定国家公园的范围”。《方案》将“草”纳入山水林田湖生命共同体之中，使“生命共同体”的内涵更加广泛、完整。在我国国土中草原占比达 40% 以上，草地对生态变化的敏感程度最高，将草地加入生命共同体非常有必要。国家公园生态保护主要表现在保护自然、物种、文化等层面上。《方案》强调，国家公园首要功能是对重要自然生态系统的原真性、完整性保护，要按照自然生态系统整体性、系统性及其内在规律，对国家公园实行整体保护、系统修复、综合治理，逐步把自然生态系统中最特色、最关键的生态区域纳入国家公园体系，就是把最应该保护的地方保护起来，努力以最大尺度空间实现可持续发展，这是国家公园生态保护的最终目标（刘李琨等，2019）。

二 国家公园生态保护的思路

2017 年 9 月，《建立国家公园体制总体方案》指出，“国家公园属于全国主体功能区规划中的禁止开发区域，纳入全国生态保护红线区域管控范围，实行最严格保护”。党的十九大报告提出的“建立以国家公园为主体的自然保护地体系，要实行严格的规划建设管控，除不损害生态系统的原住民生产生活设施改造和自然观光、科研、教育、旅游外，禁止其他开发建设活动”，并着重指出要加大对国家公园生态保护措施的实施力度，进一步加强对公园生态情况的管控，要进一步强调国家公园兼具生态保护和改善公众福祉的双重责任和使命。2019 年 6 月，《关于建立以国家公园为主体的自然保护地体系的指导意见》（以下简称《指导意见》）再次要求，“国家公园要坚持严格保护，世代传承；坚持生态为民，科学利用”等基本原则。这些相关政策中，不仅要求以最严格周密的措施来开展保护措施，而且要求一定要体现出国家公园的公益教育性以及为公众创造生态体验。深入领会“最严格保护”理念，根据各地特有的自然变化规律，差异性开展国家公园生态保护措施，从而实现自然发展与经济提升的共同改善，这是当前需要做的关键一点，也是我国国家公园科学践行习近平总书记“绿水青山就是金山银山”思想的当务之急（成金华和尤喆，2019）。践行最严格保护理念，必须准确把握以下要点。

（一）强调完善的法律法规支撑

国家公园实行最严格保护是指不管是相关法规的设立还是管理制度的确定都要以严格、仔细、认真为原则。因此，要开展对国家公园最严格保护，首先建立完善严格的法律体系和管理制度，使公园内各项管理事务有依有据，依照国家规定开展；其次相关法规和制度在制定时要考虑国家公园的具体情况，保护措施可实施性强，能够使相关管理政策有效落实。在最严格保护制度下，人们对自然资源的不合理开发与利用行为才能得到有效的制止，并且在科学的方式下保护生态环境和珍稀物种资源，真正保护好自然生态系统的原真性和完整性。只有最严格保护，才能让公众真正认识到国家公园的重要性。我国对国家公园体系的设立和重视，意味着国家下定决心要进一步改善生态环境。

（二）注重科学的“适应性保护”

生态系统具有复杂性、不确定性等特点，适应性研究作为一种能够灵活解决复杂系统的不确定性问题的工具，被广泛运用于生态系统研究中。世界自然保护联盟早在 1956 年就将组织名称从最初的 IUPN 调整为 IUCN，其主要变化就是把“保护”一词从原来的“Protection”改为“Conservation”，意即强调保护的同时必须讲求合理地利用或“寓保于用”。例如，加拿大国家公园针对不同区域及对象，实施了“尽可能地不加干涉、适度的干涉、以干涉为主”等三种措施，对生态系统进行系统保护。在对大西洋区域的三文鱼和熊的保护措施中指出，对三文鱼只需停止过度捕捞，对熊只需尊重它们的领地和习性等。

我国国家公园各试点区自然环境特征、资源禀赋、文化内涵等不同，决定了最严格保护必须通过规范的方法、灵活及时的应对措施，实行科学的“适应性保护”，实现对山水林田湖草重要自然生态系统的原真性及系统性保护的目标，并且尊重原住民对生态资源的传统利用方式，实现人与自然和谐共生。《建立国家公园体制总体方案》指出“国家公园属于全国主体功能区规划中的禁止开发区域”。在此禁令下，目前我国一些自然保护地实施了严防死守的“禁区式”保护。一段时间以来，在席卷全国的环保督察、规划督察过程中，毋庸讳言，一些部门和地方出现了一刀切现象，不分具体情况的拆除、关闭了一些自然保护地内的旅游设施和乡村旅游景点，给当地社区、投资者和人民群众的休闲生活和日常生计带来了不利影响。甚至一些自然保护界、生态环保领域的专家和管理部门在其文章和政策文件中，也忌惮提及“旅游”二字。但事实上，国家公园不能建成无人区，也不是隔离区，更不是人为设定的禁区。法律和国家政策方面所谓的“禁止建设区”，是指“禁止进行城镇建设和工业建设”，而不是有些人理解的“禁止人为活动”。在我国这样一个人口大国的国情之下，人的生存无时无刻不与自然环境交织在一起。“禁区式”的保护模式是将保护与利用对立起来的、有违自然规律的保护，是忽视了人在特定时空条件下对生态系统完整性的正面影响，忽略了诸多野生动植物与原住民在适当的生活方式中所形成的共生关系。受诸多因素限制，禁区式保护不仅难以操作，还有可能影响地方政府正常工作的开展，其结果只可能做到有限保护，而不能做到有效保护。比如，草原上的原住民世代生活在保护区，以放牧为生，与自然和谐共处，牛羊适度啃食草场能够促进牧草生长，其粪便还有施肥作用，适度受干扰的生态系统是自然界比较稳定的系统，长期禁牧反而容易使草场退化，其做法不利于生态保护。由此可见，国家公园实施最严格保护措施，应准确掌握不同区域人地关系的差异性，针对不同功能区提出差异化的、科学的管理要求，厘清开发利用与生态安全的关系，最严格地进行适应性保护和合理利用，促进环保效益与民生效益的双赢。

（三）强调特定的“核心区保护”

在“建立统一规范高效的管理体制”方面，《指导意见》强调，对自然保护地要实行差别化管控，保护措施既要严格又要便于操作，分区要合理。国家公园按照保护级别实行核心保护区与一般控制区二级管控体系，核心保护区是指最具国家代表性的珍稀动植物集中分布、生态环境脆弱以及生态系统完整的区域，是维护其生态系统的自然演替的区域，强调实行全面保护。一般控制区是指具有较好的自然资源和风景资源，在资源保护的前提下可以适当开展科研、教育、游憩等人为利用活动的区域（属于核心保护区之外的区域），注重保护与利用的协调发展。因此，“最严格保护”并非对整个区域均等实行最严格的保护，而是指“核心区”这一特定范围、允许规定人员进入等条件的最严格保护。就管控力度而言，核心保护区属于最严格管控措施的区域，必须按照科学合理的保护手段，对生态环境进行强有效的整体保护、系统修复和综合治理，禁止人为活动，除科研工作者外，一般不允许其他人进入；在一般控制区，最严格保护需兼顾保护与利用，原则上严格禁止开发性、生产性建设活动，仅允许开展不破坏生态功能的、有限的人为活动，允许保留当地居民的原生态生活方式、科教文化活动和游憩利用活动，前提是居民必须在不破坏自然环境的情况下开展生产活动，游憩利用要以生态低碳环保的方式进行。实施过程中需通过细化保护需求、科学环境监测等，协调各方矛盾来达到既保护资源又为访客提供游憩、享用和教育等机会的目的。这种模式既强调尊重和保护自然，又遵循了生态为民和科学利用的原则，也可缓解保护与发展之间的矛盾，实现国家公园因地制宜保护及科学管控。①

第四节　国家公园游憩利用的目标与思路

一　国家公园游憩利用的目标

如果说近年来人们在国家公园能否开展游憩利用活动的问题上一直存在着意见分歧，那么，在 2022 年 1 月 20 日国务院发布《“十四五”旅游业发展规划》（以下简称《规划》）之后，这一问题便有了统一的

---

① 蒋亚芳、唐小平：《GB/T 3937 – 2020〈国家公园设立标范〉解读》，《标准生活》2021 年第 2 期，第 36—41 页。

答案，那就是：《规划》已经明确指出国家公园体系内的区域可以开展适当的游憩活动。《规划》专门提出了“构建”自然资源的“科学保护利用体系”，从“保护利用好自然资源”和“创新资源保护利用模式”两个部分详细阐述了所应遵循的原则和所能开发利用的具体方向和产品类型。《规划》指出：“在保护的前提下，对一些生态稳定性好、环境承载能力强的森林、草原、湖泊、湿地、沙漠等自然空间依法依规进行科学规划，开展森林康养、自然教育、生态体验、户外运动，构建高品质、多样化的生态产品体系”“充分考虑生态承载力、自然修复力，推进生态旅游可持续发展，推出一批生态旅游产品和线路”①，并且明确提出管理部门必须坚持在遵循自然规律和严格生态保护的基础上，合理开展有关游憩活动并推出旅游产品，走出一条生态优先、绿色发展的特色旅游道路。

位于不同区域、具有不同生态系统和自然资源的国家公园，就会体现出不同的生态特征，但总体上，游憩活动的开展是生态系统体现自身服务价值的方式之一，并且国家也以法律的形式规定国家公园需要通过开展游憩活动来履行保护地为公众提供享受自然的义务。尽管世界各国关于国家公园游憩利用关注的焦点和利用模式各有不同，但是都始终把生态环境第一作为其发展旅游的根本前提，做到“积极运用技术手段做好预约调控、环境监测、流量疏导，将旅游活动对自然环境的影响降到最低”。因此，我国国家公园游憩利用的目标可定位为：坚持在可持续发展理念、生态文明建设与绿色发展思想理论的指导下，通过对国家公园旅游发展战略规划、旅游管理体制机制与技术标准等法规条例的颁布与建设实施，切实体现国家公园生态系统服务价值，增进人类福祉，履行社会责任，促进区域经济发展，最终实现国家公园的综合效益发展，促进生态系统的稳定存在。

（一）体现生态系统服务价值，增进人类福祉

根据 IUCN 和我国政府文件的相关界定，国家公园要体现生态系统服务功能。与生态功能相比，生态系统对人类作用重大，人类借助自然

① 《“十四五”旅游业发展规划》。

提供的资源实现更长久的生存和发展。早在 1997 年，Costanza 等（1997）在测算全球生态系统服务和自然资本时就指出，游憩是生态系统的 17 种服务类型之一。国家公园游憩利用能够促进人类福祉，为人类带来更大惠益。越来越多的研究论证了游客在参与国家公园游憩活动过程中能够得到更大程度上的身心愉悦，能够有效缓解游客的压力。公众通过参与国家公园自然旅游活动，可真正接触自然，认识自然，热爱自然，从而保护自然；通过户外游憩，可呼吸新鲜空气，调节肌体获得愉悦，锻炼身体，也能获得玩耍的刺激与兴奋，同时也能促进公众与当地居民的交流与沟通，增强社区意识，进一步提升公众的精神内涵、增强获得感与幸福感。

（二）履行社会责任，促进区域经济发展

国家公园的作用不仅包括保护生态环境，而且要开展一系列科普教育活动，以向公众宣传生态保护思想、展现国家精神文化。国家公园开展游憩利用活动，是国家公园管理部门履行生态保护和实现社会效益责任的主要方式，是对我国社会发展要求和宏观规划的切实响应。我国的国家公园建设不仅担负着生态文明建设的重要责任，而且具有激活当地经济、促进当地产业转型、推进乡村振兴的重要作用。国家公园的游憩利用活动实际就是生态旅游活动。生态旅游以尊重自然规律，推进资源可持续为管理原则，使得国家公园内开展游憩与保护环境协调发展有计可施，真正成为践行“绿水青山就是金山银山”的发展理念的重要载体。诸多实践表明，国家公园生态旅游能够为当地居民提供更多就业岗位，多样化居民生计方式。基于当地的资源条件，国家公园所在社区可有针对性地细化游憩利用方式和旅游产品类型。另外，国家公园还可通过特许经营制度提高游憩服务质量，“释放旅游消费需求，推动旅游业加快由门票经济向产业经济、小众旅游向大众旅游、景点旅游向全域旅游的转型升级”，通过科学协调自然保护与地方经济发展。因此，通过游憩活动，国家公园不仅能辐射周边产业转型和经济发展，而且可以使旅游者身心得到愉悦，游客在身体得到锻炼的同时也能够在心理上得到满足。

二　国家公园游憩利用的思路

（一）制定游憩利用规划

在国家公园建设中，要以生态保护为前提，制定审慎而有效的国家公园游憩利用战略规划及修建性详细规划。以“把游憩活动的环境影响降到最低”为标准，无论是自然保护区、森林公园、水利风景区，还是草原、湖泊、湿地、沙漠，都须依法依规、科学合理制定规划，开展多样化的旅游活动设计，打造森林康养、自然教育、生态体验、户外运动等旅游产品，会同文化和旅游部做好山水林田湖草沙等旅游开发管理。另外，不同的用地要做出不同的旅游规划，有针对性地依照法规开展相应的游憩活动，并且在开展相关管理活动时要尊重原住民的风俗习惯和民族特色，积极引导公众树立环保意识并参与到生态系统稳定性的保护工作中去，并且结合当地文化特色和生活习俗、探索因地制宜的可持续旅游发展模式。

科学构建国家公园游憩机会谱（Recreation Opportunity Spectrum，ROS），合理规划游憩利用适宜区域。依据对国家公园的自然化程度、生态完整性与原真性、偏远程度的认识，结合游憩环境、游憩活动和游憩体验，将游憩地划分为不同的机会类别，并针对性地设计不同的游憩活动，加强对游憩区域的科学管控。国家公园管理规划应充分考虑我国当前的中央集权型、地方自治型、综合管理型等三种国家公园管理模式的特点，并结合旅游者游憩体验的差别以及同一个旅游者游憩体验的多样性问题，梯级设计不同游憩地的游憩活动类型，提供高满意度的游憩体验。另外应从整体性、全局性和互补性的角度出发，不同的游憩活动和不同环境区域之间要进一步加强连通性，并与社区达成管理契约，建立相应的特许经营机制。

（二）明确游憩利用的方式

国家公园蕴含着自然风光和特色文化景观。自然景观包括地文景观、水文景观、生物景观和天象景观等。这些景观充分展现了国家公园的自然属性；人文景观包括建筑景观、胜迹景观、风物景观等。游憩过程中，游客不仅能够观赏生态美景，而且能够了解当地独特的人文魅力。国家公园的游憩利用活动，主要以自然游憩和自然教育两种方式为主。

首先，从自然游憩来看，一般可以分为观光游憩和休闲游憩。常见的观光游憩类型包括：a. 自然旅游，如爬山、骑行和野营等；b. 野生动物观察，需要评估访游行为对野生动物的影响及访客安全保障；c. 探险旅游；d. 野外露营；e. 生态旅游；等等。游憩资源的类型包括：森林公园、地质公园、海洋公园、湿地公园、国家矿山公园等。因国家公园资源保护要求和保护级别很高，国家公园红线范围内应根据对资源环境敏感性的影响程度相应地设置可允许的游憩体验项目。一般来说，开展深度融入自然的一些启发性、教育性、健康性和审美类的游赏项目较为适宜，比如徒步、登山、摄影、写生、观测、科研等。而商业、娱乐、疗养类的旅游活动需慎重评估，比如演艺娱乐、体育赛事、商贸购物、保健疗愈等。明确禁止可能会对国家公园地形、植被、动物、景观等保护对象造成破坏的项目。

常见的休闲游憩包括一般性游憩活动和特色性游憩活动。一般性游憩活动是指没有特定区域要求的游憩活动，包括漫步、划船、游泳、垂钓、球类或器械运动、摄影绘画等；特色性游憩活动是指具有国家公园特色的，如森林浴、林家乐、山泉浴、登山、标本采集、度假疗养、野生动植物观赏、洞穴探险等。位于偏远林区的国家公园，依托其优秀的风景资源，主要以特色性游憩活动为主。各类游憩活动不应破坏生态环境，应控制游客的类型、数量、行为和游憩线路，在保护的前提下满足游客的游憩愿望。

其次，从自然教育来看，国家公园是一个最好的自然课堂。一方面，可以依托区域内的自然与文化资源，组织科普教育和志愿活动，进一步完善导游解说服务和开展公益教育活动，更好地发挥生态科普功效；另一方面，从游憩项目设计到公众游憩体验，都要注重加强自然生态环境保护教育，同时要考虑美学、社会文化、自然景观、生物多样性和遗产资源特征等要素的体现，满足公众在国家公园中求新、求知、求逸的需求。提供游憩服务设施，要以不破坏国家公园资源显著特征或生态特点为原则；设计游览线路，要以减少对生态和资源的人为干扰为基础；服务设施建设，要遵照“区内游、区外住”的原则。公园内部不搞大开发大建设，不建豪华宾馆等旅游服务设施，仅提供一些必要的游览设施即可，不过度追求便利性和规模性。

（三）加强游憩利用的环境监测

诚然，国家公园的游憩活动不可避免会对资源环境造成一定程度的干扰，但我们必须认识到，这种干扰和影响取决于人为管理，而不在于游憩活动本身。这就要求国家公园游憩利用必须持续推进环境监测，及时掌握游憩利用生态影响。其处理方式，建议实施全面的生态系统环境监测和监督反馈机制，及时制定有效的游憩空间管控措施。环境监测的依据是可接受的改变极限理论（Limits of Acceptable Change，LAC），这是从游憩环境容量概念中衍生出来的一种理论。其实施途径包括通过旅游景区影像监督、野生动物视频分析野生动物行为轨迹及访客、原住民等相关人群的行为特征，制定详细的正负行为清单，推动原住民形成绿色的生产生活方式，同时引导游客践行绿色、低碳、文明的游憩行为。另外，通过生态要素自动采集、卫星遥感科学监测各生态区域要素，精准识别各生态区域所处的阶段并给予相应的物质、能量投入，差异化控制对各生态区域干扰的强度，在生态系统自我调节能力范围内，对生态系统进行适度利用，保证生态系统内部结构与外部功能相协调。同时可以通过 GIS 技术、野生动物视频等科学监测野生动物生活轨迹以及与人适应性生活的关系，根据保护对象的敏感度、濒危性等，结合居民生产生活需要，建立生态廊道网络和相关防护措施，尽量降低人类活动对保护对象生存环境的破坏。最后，运用 LAC 理论计算国家公园各生态区域的生态承载力，在不同属性的生态区域，对访客实行预约制售票，有效把控游客数量，保障生态系统的良性循环，使自然保护和社区发展协调共进。

（四）完善游憩利用规制

在保护和游憩利用国家公园内部珍稀物种和独特生态资源的过程中，必然需要协调游憩活动中各利益相关者之间的关系。因此，必须通过不断完善国家公园游憩利用规制，进一步提高游憩利用管理效率。重视规章制度的建立，以规范的形式管理游憩活动的开展，是保障国家公园公益性和公众游憩福利的重要方式。这需要通过破解人地矛盾、理顺权责关系、开展公众教育、保障游憩安全等手段，促进国家公园各利益主体之间的和谐共处。在游憩活动中主要的利益主体包括国家公园管理局、地方政府、特许经营者、社区居民、游客和志愿者等，因其利益主体的复杂性和利益诉求的多样化，需通过差异化赋权加强彼此联系，并引导其共同服务于国家公园的终极目标。实现国家公园游憩利用的有效管理和永续发展，须从引导各利益主体践行负责任的、生态友好的行为规范入手，不断完善并实现国家公园公共游憩服务功能与价值。

（五）处理好游憩利用与生态保护的辩证关系

在谈及国家公园生态保护与资源开发利用的关系时，人们总是先入为主地认为，开发利用会对生态环境和自然资源带来威胁，从而在认识上片面地将保护和利用对立起来。诚然，只追求经济效益最大化无视资源保护和永续利用而引发生态危机的事实的确存在。但事实上，保护、利用与发展并不是相互排斥的，关键在于科学的规划和适宜的管理措施，找到保护和利用的平衡点。正如“两山论”理念所强调的，“绿水青山”和“金山银山”绝不是对立的，关键在于人以及实践应用的思路（闫颜等，2021；吴必虎等，2021）。

国家公园开展游憩利用，就是要在看似冲突的环境保护与经济社会发展之间寻求动态永续平衡。通过借助环境经济政策，建立环境价格机制、产业退出机制、生态补偿机制等多项机制，保护好自然资源与生态环境。但保护环境并非不可发展，而是在协调中发展。生态环境对生产要素的集聚力具有积极影响，并且越好的生态环境越有利于培育绿色发展理念，并依托绿色生态资源环境推动绿色产品和生态服务资产化，从而推动当地社会经济又好又快发展。生态文明建设的终极含义就是寻求山水与发展的和谐共存，也是生态文明时代的“天人合一”；合理利用好国家公园的自然资源，发挥其游憩功能、体现其全民公益性，实现对社区居民利益的带动作用，发挥其社会经济效益，实际就是将其变成了“金山银山”。国家公园可持续的游憩利用，能充分提升生态系统服务价值。如若在国家公园中严禁任何游憩活动，更不利于公众享受国家公园所带来的福利，从而造成公众相关利益受损，最终可能导致公众和居民不再关心和支持国家公园建设。由此来看，国家公园是实现将“绿水青山”变成“金山银山”的重要载体，而“两山论”为我国国家公园体制建设找到了生态保护与游憩利用的平衡点。遵循“保护—利用—发展—保护”的良性循环模式，可以使国家公园朝着可持续发展的道路前进（杨阿莉和张文杰，2021）。

正确认识国家公园生态保护与游憩利用的辩证关系。将国家公园的设立宗旨和管理目标与生态文明建设相契合，坚持“保护优先，在开发利用中保护，在保护中开发利用”的原则，在发展中解决保护和利用二者之间的矛盾，以严格有序的保护促进国家公园游憩利用的健康发展。既不可以片面追求经济的快速发展和资源的不节制利用，也不能进行禁封式的严防死守的保护，否则只会违背经济社会共同进步的宗旨。必须明确游憩利用定位与目标，通过完善制度体系，开展生态监测与游客管理和行为引导，测算环境容量，制定管控措施，实现人地关系和谐与可持续发展。

第三章　国家公园生态保护与游憩利用的国内外经验

第一节　美国国家公园生态保护与游憩利用的现状及案例

19 世纪上半叶，国家公园作为一种先进的自然资源保护模式最先在美国被提出。当时，美国艺术界、文学界的知识分子以及探险家认识到，美国西部的生态环境在西部大开发中遭受严重破坏。另外，铁路部门也发现了西部原生态的自然景观在游憩利用方面的潜在价值。于是，主张保护自然生态环境的理想主义者和强调旅游开发的实用主义者呼吁并联手敦促国会建立以保护西部奇特景观为目的的公共公园法案。1872 年 3 月 1 日，《黄石公园法案》（以下简称《法案》）的签署标志着世界上第一座国家公园的建成。《法案》强调："黄石河边的所有树林、矿藏、自然奇观和风景将被永远保护起来，使之永远免遭损害和不合理利用。"此后，美国逐渐完善了国家公园审批程序、管理部门协调、公园资源评价、相关法律法规、投融资机制以及公园管理体制等各方面的内容。1916 年，美国正式设立国家公园管理局（National Park Service, NPS），作为经营国家公园的专设管理机构，负责保护和管理国家公园内有价值的自然、文化和历史遗产，并逐渐形成较为健全的管理体系，以使国家公园成为开展生态旅游、科研教育活动的重要场所，以及展示美国壮丽的景观风貌和历史文化财富的理想视窗（王辉等，2015）。

目前，在美国国家公园体系中，已设立 384 个国家公园，根据不同资源特色，它们分别被界定为国家公园、国家湖岸、国家纪念地、国家

图 3.1　美国黄石国家公园入口处

历史公园、国家保护区、国家海岸、国家战争公园、国家历史地、国家娱乐区、国家纪念馆等 20 个不同类型，整体呈现出东西部分布差异大、资源特征鲜明的特点，东部以文化遗产遗迹为主，西部则偏向于自然景观。美国国家公园体系总占地面积 33.74 万平方千米，占美国国土面积的 3.64%，共涉及美国 50 个州、华盛顿哥伦比亚特区以及一些海外领地，例如关岛、美属萨摩亚、波多黎各、北马里亚纳群岛和美属维尔京群岛等。美国国家公园体系由国家公园管理局下属的 7 个地方办公室在联邦、州和地方多种机构的授权下进行分区管理。长期以来，美国联邦政府对国家公园的保护和利用给予高度的关注，不断完善国家公园法律法规，加大财政支持力度，现已形成一套较为完善的国家公园生态保护与游憩利用管理体系（陈鑫峰，2002；赵西君，2019）。

一　美国国家公园生态保护与游憩利用现状

（一）生态保护的主要措施

1. 划定大生态系统

美国国家公园不仅重视所需保护的生态系统，而且注重与其相关的外界各方面的整体保护。一方面，为实现生态系统的整体性保护，在规划建设国家公园时尽可能将与其相关的区域整体划入国家公园保护空间中；另一方面，对国家公园和周边其他保护地进行整体管理，将其视作宏观的区域大生态系统进行整体保护。此外，美国国家公园的边界会随着人们对当地生态系统的认识变化而进行适当调整。例如，1872 年，覆盖 8956 平方千米国土的黄石国家公园虽规模宏大，但其仍不是一个完整的生态系统，而是与周边更广泛范围内的空间共同构成了一个生态系统。1950 年，大提顿国家公园成立，距离黄石公园仅 16 千米，该国家公园设立的目的在于对灰熊、麋鹿等大型野生动物的迁徙环境进行重点保护。1960 年后，为了统筹协调周边各类型保护地的保护与管理，美国生态学家以及国家公园管理部门和国家森林管理部门整合周边资源，将黄石国家公园与大提顿国家公园这 2 个国家公园统一纳入大黄石生态系统，该系统还包含 6 个国家森林、3 个国家野生动物保护区、3 个印第安原住民保护区以及州立土地、城镇和私人土地，覆盖了 4.86 万—7.28 万平方千米的国土，体现了美国国家公园管理中对于大生态系统的完整性的重视。

在大生态观指导下，美国有时甚至会进行针对国家公园的跨国联合保护，以避免“就公园论公园”的片面性保护思维和做法。位于美国蒙大拿州的冰川国家公园（Glacier National Park）与加拿大沃特顿湖国家公园（Waterton Lakes National Park）紧密相连，基于生态保护的整体理念，2 个国家公园于 1932 年达成共识，共同成立了世界上第一座国际和平公园——沃特顿冰川国际和平公园，对该公园的边界进行了统一，资源由两国共享，对 2 个公园的生态系统进行整体统筹保护，被称为“落基山脉的皇冠”。

2. 科学监测生态环境

在美国国家公园发展过程中，国家公园管理局积极动员和组织相关领域的科学家和研究人员进行各个学科的科学研究，为园区规划、运营、管理，以及解说和教育等功能建设提供参考。其中，一系列环境监测技术和方法的开发与应用为科学监测国家公园生态环境提供了有力的技术支持，监测体系主要包括自然资源清查与生命体征监测、游客体验与资源保护监测。

自然资源清查（Natural Resource Inventories，NRI）是在各种调查（清查）的基础上确定资源分布特征及状况，该工作涉及动植物物种等生物资源以及非生物资源的类别、空间分布和状态。清查工作意在准确把握国家公园园区资源赋存现状，为接下来的监测工作提供数据参考（杜傲等，2020）。

生命体征监测（Vital Signs Monitoring，VSM）指国家公园管理局对代表公园资源整体健康状况的物理、化学和生物要素等方面进行的清查和监测活动。每个公园网络共享核心资金和专业人员，专业人员参与公园网络的日常活动，与来自公园网络和其他项目及机构的工作人员进行合作，组织和编目数据、进行数据建模和分析，为公园规划师提供数据支撑和专业知识。1000 多名科学家、资源专家、公园管理人员和数据管理者积极参与了这项长期计划的设计和实施。

游客体验与资源保护监测（Visitor Experience and Resource Protection，VERP）在基于信息反馈和不断修正的循环演进工作模式基础上，通过规定资源品质和游客体验两者之间的理想状态来解决资源保护与旅游发展之间的矛盾。VERP 指标分为资源指标和社会指标，前者用来衡量游憩活动对国家公园资源的影响，如环境污染、植被的破坏等；后者衡量游憩活动对游客体验的影响，如交通拥挤、文化冲突等。监测指标是 VERP 的核心内容，通过监测关键指标，将游客容量控制在合理范围内，实现资源保护与旅游发展的平衡。

3. 保持自然原真性

美国国家公园尊重公园生态系统的自然原真性，对于人类活动或外来物种入侵等破坏区域生态系统平衡的情况进行严格控制，在生态系统已失衡的情况下，国家公园会尽最大努力恢复区域生态系统原貌。比如他们认为由于雷电、干燥等自然原因而导致的森林火灾属于生态系统的自然演替过程，会促进生态系统的新旧更替，只要不危及聚落和设施安全，就不需要采取人工干扰措施。公园会设置宣传牌，向人们解说森林曾经发生的火灾，讲述森林生态系统的更替过程，间接为游客提供环境教育服务。

4. 内外环境整体保护

整体保护意味着要兼顾公园内部与公园外部的生态环境保护，外部环境恶化亦会牵连到国家公园内部生态系统。美国国家公园精细规划国家公园周围的土地，尽最大努力规避、削弱或消除国家公园周边土地规划可能会对公园整体资源与价值造成的不利影响。在死亡谷国家公园周边，空气污染、光污染和地下水过度开采曾给国家公园带来巨大的威胁，为此，公园建立空气质量监测站，对公园内的臭氧含量、干湿度以及酸性物质含量、气象数据等进行监测，并出台相关标准严格控制公园西部和东部百公里以外的加州、拉斯维加斯的废气排放。同时，周边城市地下水过度开采与水污染等问题对公园鱼类种群生存造成严重威胁，为此，国家公园管理局联合公园周边城市共同保护水资源。另外，为缓解周边城市产生的光污染，降低城市夜间灯光对公园的影响，国家公园管理机构尝试改变光技术，实时监测公园夜间状态，并适时进行必要调控。

（二）美国国家公园游憩利用现状

1. 旅游发展定位

美国国家公园大多处于荒野区域。让国家公园成为荒野的保留地和美国人欣赏风光的旅游目的地，同时激发美国人的民族自豪感与国家认同感，这是美国建立国家公园的最重要目的。美国国家公园的旅游发展定位是：保护公园中的自然与历史文化遗产以及野生动植物物种，保护优先，适度开发，供人们游憩休闲，获得精神愉悦，充分发挥国家公园的全民公益性，并保障子孙后代的长远利益。

2. 旅游开发策略

美国国家公园旅游业的发展从无序开发到发展休闲旅游，再到现在旅游开发与生态保护的协调发展，期间伴随着人们生态保护意识的觉醒，是一个不断从旅游与环境保护中寻找平衡的过程。美国国家公园的旅游开发秉持“完全保护，适度开发”的理念，国家公园管理局对国家公园进行了科学规范的功能分区，根据保护与利用程度的不同，国家公园被划分为原始自然保护区、特殊自然保护区、公园发展区、特别使用区等区域，明确规定了各区划内旅游项目的建设与管理标准。美国国家公园的旅游项目丰富多样，包括野外探险体验、游憩度假、自然教育、休闲娱乐体验等活动。关于国家公园内的旅游配套设施建设与旅游服务方面，美国国家公园管理局明确规定：提倡自行车、徒步等低碳交通方式，项目建设上最大限度保持区域生态原貌，建设规模要适度，不搞大项目大开发，并鼓励社区居民参与国家公园经营和管理（马勇和李丽霞，2017）。

3. 旅游管理体制

“环境保护优先”和“全民公益性至上”是美国国家公园旅游管理体制所坚持的理念。美国国家公园旅游管理体制采取典型的中央集权式垂直管理体系，其特点是自上而下垂直领导。国家公园由联邦政府下属的国家公园管理局直接垂直管理，地方政府无管理权限，与此同时，国家公园在管理体系基础上形成层次清晰、内容全面、可操作性较高、科学规范的国家公园立法，为美国国家公园旅游管理体制运行提供了保障。

4. 旅游经营机制

美国国家公园的旅游经营采用公私结合的机制，管理权与经营权相分离。国家公园的管理权归国家所有，经营权归园内特许经营准入企业所有。在国家管理下，这种分权制衡体制有效地将经营权推向更高效、更具有活力的市场竞争机制。1965 年美国颁布了《特许经营法》（Concessions Policies Act），严格规范经营者在国家公园内的特许经营活动。国家公园通过公开招标方式严格选拔和考核特许经营准入企业。国家公园的公益性特征导致特许经营企业是非营利性的，因此其运作资金大部分来源于国会从税收中划拨的财政款项。公园内设立特许经营企业的目的是为前来享受国家公园系统内自然和文化资源及其价值的游客提供与资源消耗性行为无关的后勤服务，如餐饮、住宿、购物等。门票机制透明，价格低廉，并且会在景区官方网站及时公布门票收支，接受群众监督，最终和特许经营费用一并成为国家公园生态保护专项资金的一部分。另外，经营者可向国家公园基金会捐款，其款项也将用于国家公园的生态保护和日常运营管理。

二 美国约瑟米蒂国家公园案例分析

（一）约瑟米蒂国家公园简介

“约瑟米蒂”为印第安语，意为“灰熊”，灰熊曾被作为当地印第安部落的图腾。约瑟米蒂国家公园（Yosemite National Park，即“优胜美地”国家公园）成立于1890年10月1日，是在美国环保运动领袖约翰·缪尔（John Muir）的推动下，美国国会在加利福尼亚州正式设立的国家公园。这座国家公园每年接待游客300多万人。最初，约瑟米蒂公园归内华达州政府管辖。缪尔向时任美国总统罗斯福强调了联邦政府在约瑟米蒂公园发展中的重要性。终于在1906年，国会将约瑟米蒂公园划归联邦政府管辖，约瑟米蒂成为美国第二个真正意义上的国家公园。1916年，美国设立国家公园管理局，约瑟米蒂国家公园正式被其管辖。1984年，约瑟米蒂国家公园被列入联合国教科文组织世界自然遗产名录。

约瑟米蒂国家公园位于美国加利福尼亚州中部偏东，地处内华达山脉，面积达到3100平方千米，公园以约瑟米蒂峡谷为中心，约瑟米蒂山谷全长超过14.5千米，最宽处1.6千米，最窄处只有0.8千米，由特纳亚、伊利洛特和约瑟米蒂3条河汇成的默塞德河横贯谷底。公园地跨高原山地气候和地中海气候两个气候带，植被类型以亚寒带针叶林为主。公园内有1000多种植物，其中松树的种类繁多。截至2015年底，约瑟米蒂国家公园有开花植物约1500种，树35种，草甸148.2平方千米，动物包括鱼类、两栖动物、爬行动物、鸟类和哺乳动物，其栖息地从树丛到森林以及高山岩石都在公园内被完好地保护着（王辉等，2016）。

（二）约瑟米蒂国家公园生态保护措施

1. 实施荒野管理

荒野思想出现在美国国家公园诞生之前。在美国国家公园诞生后，荒野思想成为联结荒野与国家公园发展的重要理念。约瑟米蒂国家公园是世界上“第一个有意识地用于保护荒野的保留区”。1916年美国国家公园管理局成立，之后介入约瑟米蒂国家公园的荒野管理与保护。1984年，国会通过《加利福尼亚州荒野保护法案》（California Wilderness

Act），法案将约瑟米蒂国家公园 94% 的区域纳入荒野管理区域，并立足于此法案对指定园内土地进行保护。1989 年加利福尼亚州制定了《约瑟米蒂荒野计划》（Yosemite Wilderness Plan），这份计划对约瑟米蒂国家公园荒野角色形成准确定位，为约瑟米蒂国家公园荒野区域制定了问题应对机制和有效管理机制。之后在美国国家公园管理局政策指导下，这份管理计划对约瑟米蒂国家公园游客管理、游径建设与保护、生态系统监测以及旅游业态等内容进行规范。

此外，约瑟米蒂国家公园制定了荒野区域使用许可制度来规范游客在荒野区域的游憩行为，制度给予游客进入荒野区域的许可，但过夜游客必须有专业的野外生存经验。公园在约瑟米蒂荒野起点处设置预约系统来控制游客进入量以及管理游客的秩序，游客按照先到先得原则通过预约获得进入许可。公园对入园游客和设备也进行了严格限制，每天每组过夜人数为 10—40 人，团队的使用设备大小限制为 15 人配置 25 项设备。约瑟米蒂国家公园的荒野保护制度和使用许可制度有效协调了荒野保护工作与游客的荒野游憩活动。

2. 实施生态恢复工程

越来越多游客的涌入对国家公园内的生态环境造成了一定程度的破坏，这让国家公园管理者也开始重视国家公园生态环境恶化的情况。快乐岛观测站始建于 1921 年，其主体工程水泥桥一直用作通往约翰 · 缪尔游览路和云雾游览路的步行连接通道。直至 2000 年，水泥桥西侧桥墩出现大窟窿，公园管理机构最终在 2002 年 7 月将水泥桥整体拆除，生态恢复工程队随即在现场抢救珍稀植物物种，清理地下填埋物，疏通地下流水通道，这些努力最终将地貌大致恢复到 1919 年的自然状态。

约瑟米蒂国家公园另一方面的保护工作是管理控制外来植物物种，这项工作从 20 世纪 30 年代一直进行到今天。过去几年，公园职工立足于科学技术采取了更加多元、更加高效的管理行动，他们基于 GPS 技术对植物种群进行监测与定位，并基于空间数据绘制空间分布地图。在此基础上，国家公园通过人工拔除、焚烧、化学药剂及其他生态控制策略对外来植物物种进行控制。此外，公路走廊地带的植被景观管理也是国家公园生态修复与管理不可忽视的工作内容，公园先后在 2003 年和

2004年组织火情管理人员清理了园区内120号公路和41号公路两旁的枯树灌木，以防止发生火灾，造成更大范围内的植被景观破坏。

3. 开展自然保护运动

约瑟米蒂公园升级为国家公园的道路十分曲折，其中一部分功劳要归于自然学家 John Muir 的极力游说和其他自然保护者的不懈努力。1906年约瑟米蒂公园成功被列为由联邦政府直属的国家公园。国家公园管理局在约瑟米蒂生态系统保护中做出了巨大的贡献。比如为挽救早期殖民者禁火行为对森林系统生态平衡的破坏，约瑟米蒂国家公园进行了控制性放火，清除过于密集的林木，人为恢复了约瑟米蒂森林生态系统的自然状态。环境开发和保护的矛盾一直存在于约瑟米蒂国家公园从初建、升级到管理维护的每个阶段，也几乎每个阶段都伴随着自然保护者们经久不衰的自然保护运动。可以说，自然保护运动在约瑟米蒂国家公园的可持续发展进程中起到了巨大的推动作用。

（三）约瑟米蒂国家公园游憩利用现状

1. 开发特色旅游项目

约瑟米蒂国家公园是美国景色最壮美的国家公园之一，公园内地势起伏落差很大，瀑布、山峰、峡谷河流等各类地貌景观共同组成了约瑟米蒂鬼斧神工般的自然景观。

依托公园内各功能分区的自然或文化资源，约瑟米蒂国家公园开发了多种特色旅游项目。比如，在冰川点（glacier point）开发了将篝火推下山崖的“火瀑布”（fire fall）项目，在默塞德河（Merced River）设置欣赏熊的观景台，举办以冰雪为主题的冬季体育运动狂欢节（Winter Sports Carnival）、雪橇竞技赛、溜冰、滑雪等项目（如表3.1所示）。在文化旅游方面，约瑟米蒂国家公园每年举行“印第安人田野活动日”（Indian Field Days）等活动。

表3.1 约瑟米蒂国家公园游憩展示区特色旅游项目一览

功能分区	景观特色	占比	活动类型
约瑟米蒂山谷区	斯托曼草甸、库克草原、镜湖	2.51%	自驾、徒步、露营、摄影

续表

功能分区	景观特色	占比	活动类型
冰川点区	冰川、山峰	3.82%	登高、摄影
瓦沃纳区	山峰、森林、河流	0.27%	徒步、摄影、露营
泰奥加公路区	泰奥加湖、特纳亚湖、土伦草甸等	3.26%	自驾、徒步、摄影、攀岩

2. 完善配套设施建设

为提升公园内旅游服务效率与质量，约瑟米蒂国家公园管理局修建并完善了各种配套设施，满足公园内游客的需求，提升国家公园的服务能力。一是建造风格统一的公共设施。为达到与周围自然环境相融合、凸显公园的识别性与场所感的效果，公园里的建筑、座椅、标志牌、护栏的选材主要源自当地的天然石料、木材或仿木材料。公园内沿路设置的住宅、餐馆、礼品店和旅馆等建筑，其外观设计以本土乡村建筑风格为灵感来源，宣传弘扬地域文化。此外，公园选取当地的原木或花岗岩来制作宣传标识，通过文字、图形等形式传达信息及表明具体区域和场所，具有独特的地方性和清晰的引导性。在公园内的陡坡、急弯、挡墙、桥梁处设置能与自然环境融为一体的朽木防护栏。二是建成了一座水力发电站，为公园的露营地、建筑和主要设施的照明提供保障，大大提升了公园的服务效率。三是在环境允许的条件下，公园在生态观光区附近设置公共停车点，满足游客下车小憩、停留、观景的需求，并配备座椅和卫生间等公共服务设施，坚持“以人为本”的原则。四是从绿色环保角度出发，同时缓解公园自驾游造成的交通压力，公园管理局在公园内发展使用环保能源的公交等公共交通设施，如免费的穿梭巴士（shuttle-bus），为游客提供环保公共交通服务。五是基于公园功能分区规划建立公园自行车交通网络，并配备自行车自助租赁区，为游客提供租车服务；规划专门的公园自行车道，使它成为公园环保公共交通的补充，甚至在一定范围内替代机动车等公共交通方式。

3. 设置游径系统

旧时印第安地区的狩猎活动和内华达山脉内部频繁的贸易往来所形成的道路，是约瑟米蒂国家公园原始游径系统的由来。后来，随着更多探索者的涉足，约瑟米蒂国家公园逐渐出现更多新的游径和绿道。现在，约瑟米蒂国家公园的游径系统开发与规划由国家公园管理员和游径维修人员等进行专门的管理。可以说，约瑟米蒂国家公园游径系统从原始状态到统筹规范，凝聚着无数游径工作者的专业技能及其探索与奉献。约瑟米蒂国家公园荒野区域内的过夜游客数超过6.1万人次，为减少游客活动对荒野区域的影响，国家公园规划了可集中使用的游径系统，为游憩者探索约瑟米蒂国家公园的荒野区域提供通道。

4. 授权特许商业服务

目前约瑟米蒂国家公园内部大约有95个特许商业服务项目，根据服务内容分类，主要的特许经营项目包括综合性旅游服务项目和旅游体验项目两类：综合性旅游服务项目即在公园范围内为游客提供集住宿、餐饮、零售、节庆等为一体的服务；旅游体验项目则包括导游服务、专业设备、旅行摄影、越野滑雪、雪地徒步、户外营地以及钓鱼等活动在内的旅游体验服务。约瑟米蒂国家公园内部所有的商业服务几乎都在这些特许商业服务项目中有所体现，且每种特许商业服务项目包括多种具体经营形式。

约瑟米蒂国家公园内特许经营者众多，北方内华达度假村是其中经济实力最强的特许经营商，拥有雄厚的经济基础，是美国著名的旅游服务提供商。该集团依照特许经营合同，在约瑟米蒂国家公园内以合理的价格提供全面多样的旅游商业服务，同时极力保证旅游服务质量，使得约瑟米蒂国家公园的游客体验不逊色于其他经营性景区（如表3.2所示）。

表3.2 **北方内华达度假村集团特许经营项目详情**

服务项目	服务内容
住宿	依照公园规划进行严格选址，提供从高星级酒店到乡村旅馆的各种星级标准的住宿设施，并提供帐篷、露营地等特色住宿设施与设备
餐饮	与当地农业经济合作，形成环保有机食品产业链，保证食品选材新鲜，品质优良，设有高档餐厅也有提供户外座椅的快餐，还有专为徒步旅行者准备的盒饭等，满足不同类型游客的需要

续表

服务项目	服务内容
节庆	与公园管理者联手，适时举办特色主题节庆活动：世界级烹饪和品酒大会，文艺复兴风格圣诞宴会，装饰艺术展，展示国家公园的自然风貌与历史文化，增强国家公园的旅游吸引力和知名度
线路设计及促销	精心打造浪漫之旅、女性攀岩等特色主题体验线路，并适时组织优惠促销活动，为游客提供专业的旅游服务，提升游客体验，使国家公园之旅更具趣味
旅游商品	开发约瑟米蒂国家公园特色礼物纪念品和儿童纪念品等，在公园内开设日用杂货店及运动装备店，为游客提供游览途中必需的用品与设备，并满足游客在停留期间的购物需求

5. 开展环境教育项目

在一百多年的发展过程中，约瑟米蒂国家公园一直被管理者赋予环境教育的使命。国家公园管理局组建国家公园教育委员会（National Park Educational Committee），设立研究与教育处（Branch of Research and Education）来负责协调各个公园之间的教育项目。同时，国家公园管理局与民间组织合作，充分利用社会力量与智慧在国家公园中修建各种类型的博物馆，向游客展示和科普国家公园内的自然与文化元素，充分实现共建共享。截至 1932 年，约瑟米蒂国家公园区域内建设有 3 座博物馆。目前较为成熟的环境教育课堂教学项目有青少年教育规划项目、“发现约瑟米蒂”教育项目以及现场体验教育项目等，其中，课堂教学是比较常见的、颇受游客欢迎的项目。环境教育项目的课程内容涉及与约瑟米蒂公园相关的自然、地质、历史、文化、民族、民俗等自然与历史文化知识，旨在加深游客对国家公园建设的了解，在共享福祉的同时，在全社会范围内形成保护国家公园的共识。

第二节　澳大利亚国家公园生态保护与游憩利用的现状及案例

澳大利亚首个国家公园是 1879 年由新南威尔士州（New South

Wales）的殖民者根据《公众公园法》建立的皇家国家公园（Royal National Park），比美国黄石国家公园建立稍晚几年。1900 年，澳大利亚许多州都效仿新南威尔士州建立了国家公园。澳大利亚的国家公园更接近城市，便于公众使用。1975 年，澳大利亚修订《国家公园和野生动物法》，促成了国家公园的建立。与州级别运营的公园不同，这些公园归由澳大利亚政府直接管辖。至今，该类公园也被称为“联邦国家公园”。1992 年，里约会议签署了《生物多样性公约》，制定了保护生物多样性的国家战略，澳大利亚环境保护法律体系进一步确立。

澳大利亚国家公园体系是一个覆盖陆地和内陆湖的公共、原住民和私人保护地网络。虽然各州和地区国家公园体系的具体治理和体制有所不同，但有共同的 4 种保护地类型：①公共保护地（或政府拥有）、②原住民保护地、③私人保护地、④共管保护地，它们在保护澳大利亚农牧区私人土地的生物多样性方面发挥着重要作用（刘莹菲，2003）。

一 澳大利亚国家公园生态保护与游憩利用现状

（一）澳大利亚国家公园生态保护措施

1. 健全国家生态保护体系

澳大利亚国家公园实施了“一园一法”，除联邦政府外，各州的州政府也可以自行制定本州立法。也就是说，州政府可以按照本州的地理位置和生物多样性分布对本州区域内的国家公园订立详细的法令文件和管理条例。澳大利亚联邦和州政府法律相互协作，对国家公园与当地人的法律关系、生态保护与公园利用等关键问题进行了立法引导。自 19 世纪末澳大利亚陆续出台了一系列法律法规，为保护国家公园资源提供法律保障。1974 年，澳大利亚通过《环境保护法》，1975 年通过《国家公园和野生动植物保护法案》和《澳大利亚遗产委员会法案》，1999 年通过《环境保护和生物多样性保护法》。在后续不断改善下，澳大利亚环境保护政策体系更加健全，助推相关管理举措的有效开展。2017 年 8 月之前，新南威尔士州关于管理和保护生物多样性及受威胁物种的立法的关键部分是 1974 年的《国家公园和野生动物法》（NPW Act）、1995 年的《濒危物种保护法》（TSC Act）和 1979 年的《环境规划和评估法》（EP&A Act）。但2017年8月改革之后，由环境遗产办公室管理的2016年的《生物多样性保护法》（BC Act）及支持性法规取代了这些与新南威尔士州生物多样性和受威胁物种保护有关的法律相关规定（New South Wales Government，2018）。

2. 坚持生态旅游下的环境保护

澳大利亚的公民非常具有生态保护观念，在生态旅游方式逐渐在国内发展时，人们已经有意识地探索生态旅游对环境的影响。为了防止因过看重经济效益而使生态环境恶化，到20世纪末，澳大利亚政府订立了《国家生态旅游战略》（以下简称《战略》），《战略》明确了联邦生态旅游的主管部门、生态旅游的开发经营者及生态旅游开发的规划方可以开展的活动。同时，澳大利亚政府在教育中非常注重培养民众的生态环保意识，认为人类与大自然是共生关系，应秉持可持续发展理念开展旅游活动。

3. 鼓励社区参与环境保护

为了减轻旅游开发对环境的破坏，进一步推进生态环境可持续发展，澳大利亚重视社区居民在生态保护中的重要作用，为居民提供参与生态建设的机会，这样可以实现管理效率提高与保护生态的协同发展。这个参与过程是指澳大利亚的各项环境管理计划在颁布实施之前都会对公众进行公示并经公众评议，经充分考虑各方面意见后再做出决策。此外，对于原住民，澳大利亚国家公园支持他们参与相关保护措施制定和施行，在这个过程中鼓励原住民结合自身实际情况提供相关的建议。为了补偿原住民因政府建立国家公园而受到的损失，公园管理部门也会给原住民提供工作机会。目前澳大利亚国家公园已经形成了政府主导、社区共管和游客参与相互协作的新型生态保护模式。

（二）澳大利亚国家公园游憩利用现状

1. 旅游发展定位

澳大利亚国家公园的首要任务是保护好公园内的生态环境，国家公园根据管理部门制定的发展策略制定游憩活动，以可持续发展为原则开展旅游活动，兼顾游客体验与生态保护。澳大利亚的国家公园属于一种社会事业，不以营利为建立目的。国家已经设立了相关公益基金机构出资组织游憩设施的建设以及生态保护工作。

2. 旅游开发策略

澳大利亚在全国范围内普遍推行自然和生态旅游认证制度，开发自然和生态旅游。在这种制度下，旅游主要有三种类型，即自然旅游、生态旅游和高级生态旅游。澳大利亚联邦旅游部在制定《国家旅游战略》（1994）中对生态旅游所下的定义是："生态旅游是到大自然中去的、将自然环境教育和解释寓于其中的、受到生态上可持续管理的旅游。"在自然和生态旅游认证制度之下，将自然旅游定义为首先关注所经历的自然区域的生态可持续发展的旅游。而生态旅游在此基础上满怀对环境和文化的理解、欣赏和保护的心情，体验并不是这个过程的核心要素，因此区分生态旅游和自然旅游的关键"滤色镜"是通过讲解。自然旅游和生态旅游的产品100%地符合可以适用的核心准则，达到自然旅游或生态旅游认定的标准，并且100%地满足体验过程是实现游客更深刻的理解、欣赏和愉悦的核心要素就达到了高级生态旅游认定的标准。目前，全澳已有237种旅游产品、旅游设施被授予证书。同时相关部门开展对公园内包括文化和设施在内的各种资源的维护，设立了有关游憩活动的30项具体政策。

3. 旅游管理体制

澳大利亚国家公园基本形成了原住民参与经营管理的格局，当地群众与政府共同组织开展游憩活动。同时，旅游企业（旅行社）根据管理局提出的环保要求和各自经营特点，自觉制定"最佳环保操作"细则对国家公园进行有序管理。此外，澳大利亚旅游经营者协会和澳大利亚生态旅游协会通过发起全国生态旅游认证项目等行动，吸引广大民众积极参与旅游管理。对于游客可以活动的区域，国家公园进行差异化管理，并设定一系列的条件来限制游客的活动，通过制定游客战略来促进以自然为基础的旅游业，坚持旅游业兼具改善游客体验和保护自然空间的双重目标。

4. 旅游经营机制

澳大利亚国家公园的管理职责属于各联邦州，联邦政府设立了自然保护局。该局对列入世界遗产地、国际重要湿地、人与生物圈保护区的一些重要地方，可以根据有关协议及法规进行共同管理。公园两权分离，即所有权与经营权分离，引入社会力量参与经营，政府部门仅负责监督与管理。

澳大利亚维多利亚州国家公园局规定，凡是具备公共责任险（投保1000万澳元以上）、拥有急救设施条件的企业和个人就可取得在国家公园内经营某项活动或旅游景点12个月的经营权，若想取得更长时间的经营权，需符合更严格的要求，由国家公园局负责核定和发放特许经营许可证。特许经营权限偏向于当地原住民。经营承包商需要遵守"合约"条款，并提升自身管理效率和服务能力。社会力量的引入可实现政府与企业的双赢，在协力倡导环境保护的基础上开展各项游憩服务。政府限制资金的使用可以在一定程度上制约企业的不合理利用资源的行为，这可以减少游憩活动对环境造成的不利影响。

二　澳大利亚蓝山国家公园案例分析

（一）蓝山国家公园简介

蓝山国家公园坐落在新南威尔士州境内，占地10300平方千米，2000年11月被列入自然类世界遗产名录，属于州管国家公园。蓝山国家公园属于大蓝山地区（The Greater Blue Mountains Area），公园内有各种奇形怪状的岩石和山峰。同时，这里富含着大面积的原始丛林和亚热带雨林，其中以澳洲的国树尤加利树最负盛名。蓝山国家公园坐落在高原丘陵上，独特的地理和气候环境孕育着极其丰富的动植物资源。大蓝山山脉地区有1500多种植物以及400多种脊椎动物类群，主要的生境为森林、湿地、草地、荒地洞穴。垂直自然带谱由湿润区到干旱区依次为森林、林地、灌丛、荒地。

蓝山国家公园内有七个村镇，有多达8万居民。蓝山国家公园靠近悉尼，交通便利，许多在城市居住的人都喜欢到蓝山放松游玩。为了满足游客需求，公园内不仅设置很多观景台，而且铺设了很多游玩小路，因此蓝山被称为"丛林步行者的天堂"。

（二）蓝山国家公园生态保护措施

1. 环境预防控制

澳大利亚环境法重在如何预防，而不是如何治理，主张保护环境首先做到尽量不造成污染。因此，蓝山国家公园非常重视生态保护工作的“防患于未然”。在公园管理的相关环境保护条例中着眼于事前控制的条例占绝大多数，包括环境影响评价、污染企业自我监控等方面的环境预防措施。相比于事后惩罚措施，这些预防措施处在一个更加重要的位置。比如蓝山国家公园对工业废水、生活污水的排放均有严格的规定，每年都会投入大量的资金用于污水和垃圾处理，不利于环境的污染物是绝对不允许排放的。

2. 保护动植物资源

1996—1999 年，澳大利亚政府对生物资源利用现状开展全国性的调查，形成了澳大利亚本土野生生物的商业性利用报告。报告中详细论述了生态资源的发展历程和目前的产业经济状况。在此基础上，蓝山国家公园十分珍惜大蓝山山脉地区拥有的特有物种和濒危物种资源，蓝山国家公园规定博物馆来此只能收集已经死亡的动物制作标本，不允许使用活动物。蓝山国家公园内的森林资源也比较丰富，管理部门规定只能捡拾枯树枝作燃料，不许砍伐活树作柴火。另外，为保护野生物种，不准引进外来物种，遵循生物成长自然规律。

3. 设置环境保护职位

蓝山国家公园非常重视公园的自然保护的工作，在公园内设置了非常多样的环境保护职位，具体如下。(1)“环保警察”执法队伍。他们除了教育游客自觉遵守相关规定外，也会通过景点摄像头监控实时巡逻制止游客的不良行为。(2) 护林员。除负责保护自然与文化资源、养护动植物景观及防御火灾等，护林员还是游客与居民沟通的桥梁。对破坏环境的游客，护林员可当场罚款。护林员不仅是管理部门开展保护工作所倚靠的中坚力量，而且在引导和管理游客方面发挥了关键作用。(3) 志愿者项目管理者。他们的主要任务是统筹协调志愿者参与环境保护项目，以增强参与者对公园环境保护的意识。

(三) 蓝山国家公园游憩利用现状

1. 开发森林探险项目

澳大利亚蓝山国家公园森林资源十分丰富，这里有大量的尤加利树和原始丛林，展现了澳洲自然生态的进化史。苍翠的山林也是此处旅游的“招牌”，尤其在南半球的夏季，万物繁茂的极致生机，将大自然的魅力恰如其分地展现出来。因此，依靠森林资源开发的旅游项目成为蓝山国家公园的一大旅游特色。具体有以下森林旅游探险项目。(1) 空中森林探险。一共有7条路线，3种不同的难度。(2) 高空飞索。高空飞索从50米的高空，以50米/小时的速度乘风滑行，共有两段行程。(3) 山地过山车。全长1000多米的山地过山车路程可以让你在山林中急速穿越。(4) 山地自行车。山地自行车是蓝山度假村一项重要的体验活动，从简单的自行车车道到难度较高的山地骑道，囊括了所有人的选择。

2. 完善游憩服务设施

蓝山国家公园是新南威尔士州参观人数最多的国家公园，游客数量从2008年的360万人增加到2016年的520万人，澳大利亚国内游客中一半以上来自悉尼。游客的增多为公园游憩服务设施带来了巨大的压力，因此蓝山国家公园十分重视游憩服务设施的完善。在总体保护，局部开发的理念下，蓝山国家公园的游憩服务区面积仅占很小比例，在服务区内进行购物、餐饮、娱乐活动，游客只能在室外空间进行休息和游览，游憩小道一般是人工修建的木制地板或石子，坚持自然、建筑与环境相协调的设计理念。蓝山国家公园中比较有特色的游憩服务设施有以下几种。(1) 景区的电影院为游客提供了蓝山的全景纪录片。(2) 在景区内还有美食世界和露台咖啡馆，美食世界的旋转餐厅于2012年底翻新后重新开放。餐厅和露台咖啡馆都有阳台区，有大量的户外座位，可以俯瞰“三姐妹”和杰米森山谷美景。(3) 公园建设了穿越山谷的自然漫步通道，可到达杰纳兰洞穴。(4) 景区内还有诺曼·林赛画廊和博物馆。

3. 建设特色交通设施

由于蓝山国家公园内部多为山地，园内交通多依靠索道、缆车和铁路，这些交通设施不仅可以为游客提供便利，而且能够游览蓝山国家公园的特色自然风光。比如建于1958年的景区高架索道穿过卡图姆巴瀑布上方的峡谷，比谷底高出270米。2000年，在贾米森山谷上空重新修建了风景索道，84座缆车经过悬崖边上一座25米高的塔楼，到达下面200米的贾米森山谷的海底车站，总长510米。另外，巨大的阶梯步行道沿着悬崖一直延伸到贾米森山谷，靠近“三姐妹”山峰。此外，公园内还建有风景铁路，风景铁路是现在用于旅游的斜坡铁路，并且游客还可以乘坐山顶电动平衡车（Segway）观光，探索蓝山的深处。在蓝山观光和探险都是在旅游公司的监护下进行，周到的旅游服务可以帮助游客安全地体验各种喜爱的旅游活动。

第三节　我国国家公园生态保护与游憩利用案例分析

2013年11月，党的十八届三中全会提出建立国家公园体制。2016年起，我国首批建立了三江源、大熊猫、东北虎豹、祁连山等10个国家公园体制试点。6年多来，在党中央、国务院的系统谋划布局下，国家公园在管理体制创新、生态保护、社区融合发展等方面取得了积极成效。

2021年10月，《生物多样性公约》第十五次缔约方大会领导人峰会上正式宣布了中国设立东北虎豹、大熊猫、三江源、海南热带雨林、武夷山5个首批国家公园。第一批设立的5个国家公园，在重塑治理体系、实现管理体制从“九龙治水”到统一高效、以最严管控来实现生态系统的顶级保护、探路生态产业融合达到人与自然的和谐共生等方面，圆满完成了国家公园体制试点任务，为我国国家公园建设探索出一套可复制、可推广的经验。下面就我国武夷山及三江源国家公园在生态保护与游憩利用方面的主要做法及经验进行简要分析。

一　武夷山国家公园案例分析

（一）武夷山国家公园简介

武夷山国家公园地处福建省北部武夷山脉北段东南麓，包括了福建武夷山国家级自然保护区、光泽武夷天池国家森林公园及周边公益林、九曲溪上游保护地带、武夷山国家级风景名胜区、邵武市国有林场龙湖场部分区域，总面积1001.41平方千米。2017年，武夷山国家公园管理局正式成立。2021年9月30日，经国务院同意设立武夷山国家公园。2021 年 10 月 12 日，武夷山国家公园被列入第一批国家公园名单。次年 1 月，其总体规划通过了论证。

武夷山国家公园森林覆盖率为 87.86%，内有各类保护植物 114 种。武夷山国家公园内记载了 7407 种野生动物，其中许多珍稀物种都生活在此区域内，该地区亟须开展针对性的生态保护措施，对世界生物多样性的保持和发展都具有非常重大的意义（曹辉等，2021）。

在自然游憩资源上，武夷山国家公园素有“武夷山水天下奇，千峰万壑皆如画”的美誉。国家公园东部的丹霞地貌，是我国东南区最为典型的丹霞地貌景观；武夷山水系发达，发源了桐木溪、黄柏溪、麻阳溪、九曲溪、崇阳溪、清溪河等多条溪流，形成了多处“碧水清溪”景观；国家公园的气候条件温暖湿润，保存了完整的中亚热带原始森林生态系统，分布有典型森林植被景观及中山草甸景观，优越的生态环境条件，有利于各类野生动物的繁衍生长。武夷山国家公园的自然游憩资源涵盖了地文、水域、生物、天象与气候景观 4 个主类，15 个亚类，33 个基本类型。福建武夷山国家公园拥有着武夷山国家级自然保护区、武夷山国家级风景名胜区、武夷山国家森林公园、武夷源森林生态旅游区、武夷天池国家森林公园等景区景点。在人文游憩资源方面，武夷山是“儒、释、道”三教名山，茶文化、宗教文化等是武夷山国家公园特色文化的最突出体现。武夷山国家公园的人文游憩资源类型可概括为文物与活动遗址遗迹、建筑与设施、旅游商品和人文活动 4 大主类，12 个亚类，55 个基本类型。总体而言，武夷山国家公园自然资源不仅对生物多样性具有重大意义，而且是开展相关科研工作的重要场地。

（二）武夷山国家公园生态保护措施

1. 实施功能分区

2020 年 1 月，《武夷山国家公园总体规划及专项规划（2017—2025 年）》（以下简称《规划》）出台。在《规划》中，武夷山国家公园为协调生态环境保护目标和游憩利用之间的关系，划分核心保护区和一般控制区两个管控区，以及特别保护区、严格控制区、生态修复区和传统利用区四个功能区。特别保护区是严禁游客进入的，该区域为了实行最严格保护工作，通过居民补偿的方式对原住民实行生态搬迁；严格控制区只允许开展科研活动；生态修复区主要包含有风景名胜区的二级保护区、三级保护区以及九曲溪上游保护带（除去村庄区域），旨在生态修复，对自然资源开发者进行生态补偿，并实现退耕还林、退商品林还生态公益林；传统利用区包括九曲溪上游保护带涉及的8个村庄区域，为原住民的主要活动区域，原住民允许开展合理的生产活动。

关于功能分区，2017年福建省出台的《武夷山国家公园条例（试行)》（以下简称《条例》）也做了相关建设与保护规定。《条例》中规定，特别保护区和严格控制区内不得新建、扩建建筑物、构筑物。但是，《条例》对不同功能区的规定存在差异，如生态修复区中可以允许开展部分人类活动，传统利用区中经批准可以新建、改（扩）建工厂、住宅等建筑物、构筑物。比较两种分区方式，不难发现，这种分区方式更加有利于协调保护与利用。

2. 兼顾环境保护与治理

为保护好武夷山国家公园生态优势，公园监察局开展专项检查，健全奖惩责任制，狠抓“四绿”工程建设，着力打造绿色城市、绿色村镇、绿色通道、绿色屏障。2016年，公园森林覆盖率达到80.44%。此外，公园内部使用一些小型公共交通设施，一是减少景区内拥堵；二是可以解决景区停车问题；三是减少尾气排放，提高园内空气质量。

与此同时，武夷山国家公园切实改善区域内的村庄生态和生活环境。武夷山国家公园入口社区为建设美丽宜居乡村，开展了村貌建设和废物处理等一系列生态保护措施。此外，武夷山国家公园加快实施农村饮水安全巩固提升工程，积极支持新建或改造规模化水厂和供水管网，进一步保证农村饮水安全，提升供水保障水平（牟雪洁等，2021）。

3. 开发数字化保护

为详细整理清楚自然资源现状，武夷山国家公园借助航空拍摄技术开展森林资源二类调查，完善档案归档、恪守边界红线等，并运用智能化技术手段搭建信息化平台，完善应急机制、智能监管等资源管理体系。武夷山国家公园科研监测平台以福建武夷山森林生态系统国家定位观测研究站为主体，经过国家公园试点期间开展的生态监测设施建设项目、管护与监测工程、森林生态信息平台等项目建设得以加强和完善。

4. 完善公园防护体系

武夷山国家公园的防护体系主要包括以下三个方面。

（1）森林防火。按照武夷山国家公园及其周边社区位置、人类行为、森林覆盖等情况，必须加强森林防火基础设施建设，坚持“全面设防、积极消灭”的原则，有效降低森林火灾发生率。结合瞭望塔建设新型森林火险综合监测站，并配备红外探测仪等林火监测设备，完善传统的森林防火基础设施设备。建设武夷山国家公园森林防火监控指挥中心，建立统一完善的森林防火监控预警系统，全天候监测掌握国家公园火点情况及动态变化，利用高科技手段提高森林防火救灾的管理水平。

（2）林业有害生物防治。结合林业有害生物普查组织开展武夷山国家公园林业有害生物调查评估，系统全面掌握国家公园林业有害生物的基本情况，制定科学有效的防治措施。构建完善的林业有害生物监测预警体系，在桐木、挂墩、霞阳、坳头景区等地设置有害生物重点监测预报点，配备相应设备，加强对武夷山国家公园特别保护区域有害生物的监测预警、灾情评估。

（3）设置武夷山国家公园的野外巡护线路。在梳理武夷山国家公园内公路及现有自然保护区、森林公园、风景名胜区的巡护公路和巡护步道的基础上，与已有道路系统相结合，对现有公路及步道进行提升、改造及养护，形成完善的武夷山国家公园巡护道路体系。为了进一步完善巡护体系，武夷山国家公园为基层管护巡护人员配备必要的通信、交通、巡护、救护、执法等设施设备，用于常规巡护，对各种突发事件做出及时反应。设施设备上统一印制武夷山国家公园标志，实现管护巡护装备标准化。在充分征求各管理站、检查哨卡等意见的基础上，武夷山国家公园管理局建立统一规范的武夷山国家公园巡护制度（林森等，2020）。

5. 建立生态补偿机制

2020 年，福建省政府出台《关于建立武夷山国家公园生态补偿机制的实施办法（试行）》（以下简称《办法》），其中说明了有关林业生态补偿的具体内容，生态公益林保护补偿、天然商品乔木林停伐管护补助、林权所有者补偿、商品林赎买、退茶还林补偿、绿色产业发展与产业升级补助等11项补偿内容，探索建立以资金补偿为主，其他间接补偿为辅的生态保护补偿机制，比如提供就业、技术教学等。《办法》规定，从2021年起，天然商品乔木林停伐管护补助范围扩大到灌木林地、未成林封育地、疏林地。

另外，公园通过特许经营收入、门票收入、社会捐赠等方式获得生态补偿资源，借助旅游公司的力量开展旅游活动获得相关资金支持，这是生态补偿资源筹集的长期保障。为此武夷山市设立了森林生态补偿基金，部分资金是从旅游开发商及所有下游受益单位收益中按一定比例抽取的，从而保证公益生态林补偿资金能在较长一段时间内可获取，以保护武夷山国家公园的生态环境。

（三）武夷山国家公园游憩利用现状

1. 开展特许经营

2020年6月，福建省政府出台《武夷山国家公园特许经营管理暂行办法》，该文件明确了武夷山国家公园特许经营的总体要求、特许经营范围、特许经营者选择、特许经营者主体责任和监管责任等内容。按照管理权与经营权分离的原则，试点区内景区运营权和经营权归属武夷山市，管理局承担监管责任，园区可遵循规定开展游憩经营企业。公园支持国家公园范围内和周围的社区符合标准的原住民、生态移民与特许经营者通过签订特许经营协议获得在公园内经营相关活动的准入权，参与特许经营。

武夷山国家公园内茶资源非常丰富，而且茶质独特醇厚，因此武夷山国家公园特许经营主要集中在生态茶产业和生态旅游。武夷山国家公园开展特许经营包括以下几步：首先，组建茶农开展生态茶园，茶园中也需要有树林和草地同时生存；其次，园内可以依托茶文化开展相关的游憩体验和观光活动，并为原住民提供工作岗位，增加原住民生计方式；最后，生态补偿标准也根据园区的发展而做出一定的调整来协调各利益相关者之间的关系。

2. 开发森林旅游

园内依托丰富的森林资源开展了以户外游览和运动徒步等为主要游憩方式的旅游项目，比如“勇士乐园”和“森林人家”。其中“森林人家”的经营者为当地由转岗分流的林场职工参与经营，利用森林生态资源和乡土特色产品，为游客提供吃、住、娱等服务。

此外，近几年武夷山依托当地特色经营活动开展了不同主题旅游节目，打造了当地具有代表性的文化产品和旅游胜地形象，逐步形成森林探险、漂流观光、狩猎体验、康养保健等独具当地特色的森林旅游产品。

3. 建设生态游览小道

生态游览小道是展现武夷山自然魅力、文化特色与公益科普的重要游憩场所。2017 年，国家林业局公布了第一批国家森林步道名单，武夷山国家森林游览步道位列其中。生态游览小道的设计原理是在原来的生态环境基础上，以增加或改造的方式来展示武夷山原始自然面貌和多样生态景观。如大红袍茶旅小道通过“茶十德”“茶十养”和“禅茶一味”文化廊、茶百戏表演、喊山祭茶仪式等，以武夷山深厚的茶文化为点缀，将生态茶文化以可视可感的方式输出，既展示深厚的茶文化、高超的茶制作技艺，又表现自然与人文的融合。它是将自然与生态相结合，让游客在体验过程中感受到文化的独特魅力。同时，将新时代背景下的科技元素等融入游客游览过程中，充分实现教育宣传、休憩娱乐等价值。生态游览小道已成为国家公园实现自身功能的一个重要游憩形式。

4. 开发茶园特色旅游

武夷山国家公园里茶山面积大、分布广，茶产业已成为区内村民经营的首要生计。立足于茶产业优势，将茶产业与旅游业相结合，建设生态茶园示范基地，“用 10% 面积的发展，换取 90% 更重要区域的保护”。公园鼓励各利益相关者联合起来开展游憩经营，发挥品牌效应；推进农林产业多功能，对接全域旅游布局，鼓励村民参与旅游经营。另外，依托茶产业，发展更多的生态文化产品。

5. 重视公园自然教育

武夷山国家公园体制试点区域的科普教育、游憩展示功能主要集中在自然保护区和风景名胜区。其中武夷山自然保护区自然和人文资源极具特色，主要以满足培训、科研等需求为主；武夷山风景区博物馆以自由参观为主，解说系统主要在东部的重点游憩点设有二维码标识牌、重点物种标识牌。武夷山国家公园禁止大众旅游，仅开展以少量青少年夏令营、科研考察、教学实习为主的生态科普教育活动，其旅游开发也开始向生态旅游转变。通过编制自然教育教材、举办不定期培训班、设立自然教育宣传网站、制作自然教育宣传材料、利用博物馆开展教育等举措，武夷山国家公园已形成一定规模的自然教育基础。

目前，武夷山国家公园管理局完成了国家公园门户网站搭建，向社会公开征集了形象（logo）及宣传语，开展了武夷山生物多样性图片展，制作了武夷山国家公园宣传片、宣传册等（何思源和苏杨，2021）。

二 三江源国家公园案例分析

（一）三江源国家公园简介

2016 年 3 月 5 日，中共中央办公厅和国务院办公厅颁布《三江源国家公园体制试点方案》。2017 年 8 月 1 日，《三江源国家公园条例（试行）》（以下简称《条例》）率先出台，成为我国第一部针对国家公园的地方性法规，《条例》为推进三江源国家公园建设提供了法律依据。2021 年 9 月 30 日，经国务院同意，三江源国家公园正式成立。2021 年 10 月 12 日，第一批正式设立的国家公园名单公之于世，三江源国家公园位列其中。

三江源国家公园整体分为长江源（玉树藏族自治州治多、曲麻莱两县境内）、黄河源（果洛藏族自治州玛多县境内）、澜沧江源（玉树藏族自治州杂多县境内）3 个园区，确立了“一园三区”式管理模式。三江源国家公园试点范围占地面积达到 12.31 万平方千米，占三江源土地面积的 31.16%。

三江源国家公园位于地球“第三极”青藏高原腹地，介于 89°50′57″E—99°14′57″E、32°22′36″N—36°47′53″N 之间，以高原湿地生态系统、高寒草甸及野生动植物等为主要保护对象。三江源地区拥有全球高山地区面积最大的湿地生态系统，每年能够为三江源下游地区提供超过 600 亿立方米水量，其中黄河源水量占比达到了 49%，长江源水量占比为 25%，澜沧江源水量占比为 15%。公园内动物种群数量大，且多为青藏高原特有种群，国家级重点保护动物有 50 种，总计野生动物 125 种，其中包括兽类 47 种，鸟类 59 种。三江源国家公园地形多样，以山原和高山峡谷地貌为主，平均海拔 4500 米以上。

此外，为高效保护三江源国家公园，园区又被统筹划分为 6 个保护分区，分别是三江源国家级自然保护区的扎陵湖－鄂陵湖、星星海、索加－曲麻河、果宗木查和昂赛 5 个保护分区和可可西里国家级自然保护区，其中核心区 4.17 万平方千米，缓冲区 4.53 万平方千米，实验区 2.96 万平方千米，同时为实现国家公园的整体性保护，三江源国家公园将 0.66 万平方千米的外围区域一并纳入国家公园范围内。

三江源国家公园范围内包含扎陵湖、鄂陵湖 2 处国际重要湿地，均位于自然保护区的核心区；有 7 处国家重要湿地被列入国家《湿地保护行动计划》；有扎陵湖－鄂陵湖和楚玛尔河 2 处国家级水产种质资源保护区；有 1 处黄河源水利风景区。青海可可西里世界自然遗产地被完整划入了三江源国家公园长江源园区，位于可可西里国家级自然保护区和三江源国家级自然保护区的索加－曲麻河保护分区内（陈小玮，2020）。

（二）三江源国家公园生态保护措施

1. 设置功能分区

2018 年 1 月 17 日出台的《三江源国家公园总体规划》，依据生态系统整体保护、系统修复理念，将三江源国家公园划分为一级功能分区和二级功能分区，一级功能分区宏观上进行空间管控战略与目标定位，而二级功能分区在此基础上进行精细化、差别化管控。在一级功能分区和二级功能分区的基础上，三江源国家公园兼顾生态环境保护与资源合理利用，按照土地利用实际情况将园区内部划分为三个区域，并对不同分区内的生产生活行为进行了规范：核心保育区、生态保育修复区、传统利用区（如表 3.3 所示）。核心保护区内禁止人为活动，面积为 90446.61 平方千米，占公园总面积的 73.45%，其中特别保护地占 2.25%，特别栖息地占 14.61%，自然保育区占 83.14%。一般控制区内限制人为活动，面积为 32694.2 平方千米，占公园总面积的 26.55%，其中建设用地控制区占 9.79%，划区轮牧区占 54.21%，生态保育修复区占 36%。

表 3.3 三江源国家公园功能分区统计

<table>
<tr><th>园区</th><th>面积/平方千米</th><th>一级功能分区</th><th>面积/平方千米</th><th>二级功能分区</th><th>面积/平方千米</th></tr>
<tr><td rowspan="6">长江源园区</td><td rowspan="6">90321.49</td><td rowspan="3">核心保护区</td><td rowspan="3">75519.48</td><td>特别保护地</td><td>743.12</td></tr>
<tr><td>特别栖息地</td><td>8894.70</td></tr>
<tr><td>自然保育区</td><td>65881.66</td></tr>
<tr><td rowspan="3">一般控制区</td><td rowspan="3">14802.01</td><td>建设用地控制区</td><td>3200.38</td></tr>
<tr><td>划区轮牧区</td><td>6138.74</td></tr>
<tr><td>生态保育修复区</td><td>5462.89</td></tr>
<tr><td rowspan="4">黄河源园区</td><td rowspan="4">19083.13</td><td rowspan="2">核心保护区</td><td rowspan="2">8583.85</td><td>特别保护地</td><td>1296.22</td></tr>
<tr><td>自然保育区</td><td>7287.63</td></tr>
<tr><td rowspan="2">一般控制区</td><td rowspan="2">10499.28</td><td>划区轮牧区</td><td>7654.15</td></tr>
<tr><td>生态保育修复区</td><td>2845.13</td></tr>
<tr><td rowspan="4">澜沧江源园区</td><td rowspan="4">13736.19</td><td rowspan="2">核心保护区</td><td rowspan="2">6343.28</td><td>特别栖息地</td><td>4318.26</td></tr>
<tr><td>自然保育区</td><td>2025.02</td></tr>
<tr><td rowspan="2">一般控制区</td><td rowspan="2">7392.91</td><td>划区轮牧区</td><td>3931.87</td></tr>
<tr><td>生态保育修复区</td><td>3461.04</td></tr>
<tr><td>合计</td><td>123140.81</td><td></td><td>123140.81</td><td></td><td>123140.81</td></tr>
</table>

数据来源：付梦娣、朱彦鹏：《三江源国家公园生态保护路径研究》，《环境生态学》2021年第3期，第97—102页。

按照不同功能分区的管控原则，三江源国家公园实施差异化的生态保护和游憩资源利用策略。在核心保护区以生态保护与修复为主，加强冰川雪山、河流湖泊、草地森林的保护，维持水源涵养、生物多样性和水土保持等生态系统服务功能，维护三江源国家公园大面积自然生态系统的原真性和完整性。另外，为协调生态保护与社区生计，国家公园管理部门充分尊重当地牧民的传统生活习惯，允许当地牧民饲养一定数量的牦牛和藏羊，通过放牧收入供给日常饮食、用品和燃料，维持生计。一般控制区通过以草定畜政策进行动态管理与调控，实现草畜平衡。依照当地牧民“吃半留半”的传统生产习惯，每年根据产草量、野生有蹄类动物数量和分布情况的变化，确定草原载畜量。同时，通过发展生态畜牧业合作社促进畜牧业生产经营方式的转型，推动草场承包经营制转型为特许经营模式，并鼓励当地居民参与第三产业的发展，经允许可在国家公园内提供商业服务，实现可持续生计。同时采取退牧还草、人工修复与补播等措施修复退化的草地。

2. 坚持科技建园

三江源国家公园自体制试点建立以来大力引进先进科学技术推进国家公园建设，通过举办各种形式的科研考察活动来吸引全国重点科研院所和高等院校进入三江源进行学术科研与考察。自体制试点建立，管理局依据法律和国家公园管理要求，统筹安排近百余支科研队伍进入三江源国家公园进行考察活动。科研团队在园区内主要开展了地质调查、地质标本采集、冻土监测、水文观测、水质采样、生物多样性调查、土壤动物与微生物监测、生态环境地面监测、草地土壤环境质量调查、矿区生态恢复、人类对高寒缺氧环境适应研究、生态移民调研、无人机航拍等活动。这些科研活动在明确三江源国家公园自然本底、了解园区内人类活动状况等方面发挥了巨大的作用，其成果对国家公园今后的建设与规划具有较高的参考价值，这些学术科研活动也有力推进了三江源国家公园生态保护与修复工作。

目前，中国航天科技集团以及中国移动等通信部门已加入三江源国家公园的战略合作团队，多方联手建设三江源国家公园生态大数据中心和卫星通信系统。充分运用最新卫星遥感技术，使其为国家公园全域生态监测提供技术支持，建立三江源国家公园“天地空一体化”监测体系，全天候、全方位监控园区内的生态系统，建设生态环境监测与评估数据共享平台，定期向社会公布监测与评估信息。同时，三江源国家公园对园区地面监测网络给予高度重视，建设综合监测站 7 个，各类生态环境要素监测站 400 多个。通过整合各类先进监测手段，实现了园区环境、生态、资源等各类监测数据的高密度、多要素、全天候、全自动采集，为园区生态保护、自然资源管理、生态补偿、生态产业发展、政府决策和绩效考评等提供智力支持，同时有利于国家公园功能区划的动态管理。

3. 实施生态管护员制度

三江源国家公园试点建设中非常重视维护和发展社区利益，鼓励社区群众积极参与国家公园建设。2014 年,《三江源国家生态保护综合试验区生态管护员公益岗位设置及管理意见》提出,三江源国家公园内全面实行园区“一户一岗”政策,为生态管护员统一配备巡查所需的汽车或摩托车等交通工具,并发放有三江源国家公园标志的工作制服。为高效开展三江源地区的草原与湿地管护工作,2015 年 11 月,当地政府综合考虑其他地区生态管护员管理办法以及湿地草原生态管护办法和经费补偿机制,并结合当地草原与湿地管护状况,最终制定了《青海省草原湿地生态管护员管理办法》,完善了管护员制度,这标志着青海省生态管护员制度的确立。

目前,三江源国家公园建立健全山水林草湖组织化管护、网格化巡查制度,以乡镇、村以及户等级别为单位分别组建了乡镇管护站、村级管护队和管护小分队等管护组织,构建了远距离的区域联合管护体系。目前,青海省在生态管护岗位的管理中每年投入 3.7 亿元财政资金。2018 年,三江源国家公园已全面落实生态管护公益岗位政策,共聘用 17211 名园区牧户担任生态管护员,并持证上岗,三江源地区逐渐形成“一人被聘为生态管护员、全家成为生态管护员”的生态保护模式,三江源国家公园生态保护工作成效突出。

4. 健全生态补偿机制

三江源国家公园积极探索并有序推进生态保护补偿机制建设,将生态保护作为重点,同时努力协调国家公园保护与社区发展的关系,初步形成了立足于三江源国家公园实际和具有三江源特色的生态保护补偿制度体系框架。到 2020 年,三江源国家公园的生态保护补偿建设已全面覆盖森林、草原、湿地、荒漠、河流、耕地等重点生态功能区,并根据区域社会经济状况进行了调整,以与之相适应。跨地区、跨流域的生态补偿试点示范取得一定成效,多元化补偿机制初步建立。机制根据生态保护成效进行资金分配与生态补偿的动态调整,从而对区域内民众形成激励与约束,草原、森林、湿地、耕地等生态系统得到有效保护与修复,逐渐形成绿色发展模式,努力构建人与自然和谐发展的现代化建设新格局。

三江源国家公园的生态补偿机制包括直接和间接生态补偿两部分。

三江源国家公园对农牧民的直接生态补偿主要是指依托国家重大项目的生态补偿政策，比如天然林管护补助、退耕还林（草）政策、退牧还草政策、生态移民搬迁安置补助、湿地生态效益试点补偿以及草原生态保护奖励补助等。平均来看，农牧民一半以上的收入来自国家政策性生态补偿，生态补偿制度的完善促进了农牧民收入的提高。

间接生态补偿涉及以下三个方面。

①国家公园引导当地社区建立生态畜牧业合作社，推动产业绿色转型，探索生态振兴与产业振兴新模式。公园统筹财政专项、行业补助、地方配套、金融信贷资金、社会帮扶和各地对口支援青海的资金等六方面的资金于一体，用于区域绿色经济投入，形成了“六位一体”的资金投入保障机制；鼓励农牧民以入股、合作等方式参与特许经营，充分挖掘当地地方特色，促进传统畜牧业转型发展为生态畜牧业、高端畜牧业等绿色产业；创新探索藏药产业、有机畜牧业以及生态旅游等新兴产业项目，以绿色产业拉动区域经济发展，带动百姓增收致富。

②在长江源、澜沧江源园区实行野生动物伤害补偿制度，以及在黄河源园区实行野生动物保护补偿制度，并成立“人兽冲突保险基金”，对于在保护野生动物和有重要价值的陆生野生动物的过程中造成伤亡或财产损失的人员，经核实后会给予适当补偿。此外，对于野生动物造成的人员伤亡或财产损失，当地政府会在核实后酌情给予补偿。此类生态补偿一方面旨在保障区域民众的人身与财产安全；另一方面通过政策引导群众形成保护野生动物的意识，促进人与自然和谐共生。

③按照“成本共担、效益共享、合作共治”的原则，探索建立三江源流域水资源保护生态补偿机制，主要涉及民众对水质、水量以及生态的保护责任，尤其强化长江源头的生态保护工作。借助经济手段贯彻落实奖惩约束制度，惩处水质恶化的地区、奖励水质改善的地区，以此引导各市规范处理水污染，集中各区域的力量改善三江源国家公园的水环境。

5. 开展生态移民工程

近年来，在全球气候变暖和牧区草场退化等因素影响下，三江源地区的生态环境受到的不良影响已不容小觑。基于此，从 2003 年起，三江源地区开始实施“青海省三江源自然保护区生态保护和建设”工程。工程正式启动后，三江源自然保护区推动建设移民点 86 个，为充分安置生态搬迁移民，其中 82 个安置点为跨县及城镇建设。依照“政府引导、牧民自愿”的原则，部分保护区内牧民群众进入城镇定居，其生计方式从传统的粗放型草地畜牧业经营模式和游牧生活方式逐步转变为舍饲畜牧业和第二、第三产业。另外，三江源地区也在积极探索跨区域的易地农牧场安置保护区牧民搬迁定居的试点工作。在以上生态移民举措的基础上，自 2018 年三江源国家公园试点设立后，为保证逾万牧民的可持续生计，三江源国家公园招募生态搬迁的牧民担任管护员、解说员、向导和司机，同时鼓励牧民参与国家公园产业所涉及的牧家乐、民间演艺团体、民族手工艺品等第三产业特许经营项目，在保证可持续生计的同时，公园还成功把生态搬迁的牧民引入国家公园绿色产业的发展中来，这些举措成功地把草原利用者变成了生态保护者（祁进玉和陈晓璐，2020）。

6. 完善草畜平衡机制

自 2014 年开始的退牧还草和三江源、祁连山等重大草原生态保护建设工程的实施，三江源国家公园逐步建立健全以草定畜、草畜平衡动态管理机制，实现精细化、动态化管理，将草畜平衡责任落到实处。在实施划区轮牧、季节性休牧制度后，结合草畜资源及畜牧业生产经营状况，以及政策实施所带来的载畜量变化进行综合考虑，精准核实草原载畜量，定期向各乡发布草畜平衡指标，超载草地下达减畜目标，对牧户承包草地、合作社经营草地进行精准减畜，努力构建草原生态保护长效机制。

为了实现草畜平衡，三江源国家公园根据天然草地牧草产量、牧草再生情况及草场类型配比情况、各季节放牧草原载畜量，科学合理划定草原带和轮牧分区、轮牧小区，以畜群为基本放牧单元制定畜群轮牧计划，确定轮牧周期、轮牧频率、小区放牧天数以及放牧小区轮换计划。根据牛羊统一分群饲养、划区轮牧需要，按户均 80 平方米扩建畜棚，使户均牲畜暖棚面积达到 200 平方米左右，以合作社为单位统一建设。

逐步拆除小区内现有农牧户草原承包界限围栏，全面推广可移动式围栏。精准划定休牧草地地块，明确休牧草地监管责任。

（三）三江源国家公园游憩利用现状

1. 实行特许经营制度

2019年3月，向三江源国家公园提交《昂赛自然体验项目》和《三江源国家公园昂赛生态体验和环境教育项目》的特许经营项目申请后，昂赛大峡谷成功成为三江源国家公园设立的第一个生态体验类特许经营试点。鼓励当地居民参与特许经营，通过为游客提供各类服务，提高了农牧民收入的整体水平，进而在乡村振兴、社区发展和生态保护方面产生重要意义。三江源国家公园包括国家公园品牌、草原承包权、经营性项目及非营利性社会事业活动等范围的特许经营。涉及畜产品、有机养殖、中藏药材等多方面的经营性项目，主要存在以牧民培训、生态保护、智慧公园等相关主题的非营利性项目。2019年，三江源国家公园全年接待国内外生态体验团队98个，体验游客302人次，经营收入101万元。

近年，三江源国家公园鼓励引导并扶持当地社区的农牧民参与特许经营活动，在公园内提供生态体验向导、产品设备售卖等旅游服务，为他们带来长效的收益，促进社区的可持续生计。同时，三江源国家公园与外地专业特许经营机构、园区周边村社以及合作社建立特许经营合作关系，让周围社区在特许经营中实现生计可持续。

2. 建设生态旅游示范村

三江源国家公园大力推动绿色产业的发展，在国家政策推动下协同建设生态旅游示范村，充分发挥示范村提升旅游服务水平、规范处理人兽冲突问题与各种纠纷的作用，为区域旅游业发展、特许经营以及环境教育服务提供经验与参考，通过生态旅游示范村建设协调乡村振兴与国家公园建设中出现的各种问题。目前，当地发展成熟的示范村已形成下述多个旅游项目：①藏族日常生活体验，在村内藏族家庭居住，体验藏族家庭生活，体验制作藏族特色饮食；②学习三江源地区传统工艺，如体验原始的食盐生产过程，并品尝当地特色——红盐熬茶；③参观三江源的寺庙与藏族佛学院，体验禅修，参观宗教仪式。这些成熟的项目是由当地专业的旅游公司开发，这些旅游公司还负责培训村民相关文化知识与必需服务技能，由三江源社区居民参与到项目中提供旅游服务。此外，三江源生态旅游村深入挖掘、大力传承与弘扬藏族民间传统手工艺文化，开展地方特色民俗节庆、文化艺术展示展演等活动，让游客更直观地了解三江源地区的自然与文化底蕴，感受到三江源国家公园的自然价值与文化价值。通过打造生态旅游示范村，村民得以参与到国家公园的游憩服务中来，这一方面提高了当地居民的生活水平；另一方面，这种模式促使部分农牧民生计来源发生转化，间接缓解了畜牧业给草场牧场带来的压力，同时又推动了三江源国家公园游憩价值的充分发掘。

3. 分区开展生态体验活动

三江源国家公园的生态体验活动，既充分发挥了国家公园的游憩功能与价值，又有效推动了国家公园周边社区的经济发展，为参与生态体验服务的居民带来了长效收益。结合国家公园的功能分区理念，三江源国家公园在不同的功能分区开展不同程度的生态体验活动。在核心保育区，国家公园以生态监测点为平台开展以科研和生态教育为主要目的的生态体验；在生态保护与社区发展并重的生态保育修复区，通过科学论证、全面考量、统筹规划，适度开展生态体验活动，但不得修建人工设施，保持国家公园生态系统原真性与完整性；在可进行游憩利用规划的传统利用区，依托社区、居民点和监测设施等提供必要的服务，同时需要根据国家公园的环境承载力对游客流量进行严格限制，依托公园外入口社区等支撑服务区域，主要为前来享受生态体验的游客提供接待服务，以特许经营模式适度开展生态旅游。

漂流观光活动是三江源国家公园比较有特点的一种生态体验活动，漂流活动对基础设施条件要求较低，且不会对当地生态环境造成过度破坏，这让当地政府发现了三江源地区河流的游憩价值，漂流活动为生态保护与社区发展创造了巨大的可能性。三江源国家公园内河流众多，险滩密布，漂流是最原生态、最理想的欣赏三江源国家公园的方式。漂流行程中有专业的漂流团队和经过技术培训的当地牧民提供服务，保障漂流观光体验过程中的安全。漂流体验项目目前已纳入三江源国家公园澜沧江源园区的特许经营范围内。

4. 开展环境教育活动

结合青海省“国家公园省、大美青海情”发展方向，基于国家公园生态资源本底，三江源国家公园环境教育着重进行生态伦理教育、生态科普教育、国家公园常识教育以及法律法规和政策教育。

三江源国家公园的环境教育活动以生态和文化教育服务为主题，为游客提供精准科普讲解服务、全面生态巡护研学和全方位生态文化呈现。在行程中，游客们不仅是观众、听众、体验者，而且是中国国家公园环境教育业态缔造者：在环境教育过程中，游客与国家公园内牧民社区进行思想上的深度互动，相互学习，相互影响，游客和居民的生态保护观念在这个过程中得以强化，国家公园环境教育的开展方式也在这个过程中得以优化。

为增强环境教育的趣味性，吸引更多的游客参与到环境教育中来，三江源国家公园与社区居民合作开发了环境教育主题节庆活动。例如，在自然观察节，聘用当地社区有专业素质和能力的牧民做公园环境教育的向导及解说员，引导游客了解三江源国家公园的自然生态系统，向游客讲述他们对环境和生命的敬畏，从而激发游客保护环境的热情与责任心。社区居民在国家公园提供环境教育服务，适当地增加了经济收入，一定程度上可以解决原住民的生计问题，而游客在国家公园环境教育中获得精神熏陶与知识，将国家公园的全民公益性体现得淋漓尽致（崔冀娜和王健，2020；姜春兰和宋霞，2019）。

5. 发展多样化的非遗项目

从远古时期距今几百万年的历史演变中，三江源地区形成了许多村落，并衍生出了价值巨大、丰富多元的文化遗产。《三江源国家公园总体规划》中指出，充分利用当地文化遗产，通过鼓励文学与影视作品创作、制作宣传图册等多种形式，挖掘、传承和弘扬传统文化中的生态保护理念。促进区域传统文化、手工艺等非物质文化遗产的活态保护，通过文化产品开发与文化展示促进国家公园文化资源价值转化，使园区生态环境保护与文化遗产保护相辅相成、相互促进，同时有助于形成各具特色的国家公园品牌。例如三江源国家公园努力打造三江源文化带或三江源文化长廊，将其作为三江源国家公园对外展示的一个“亮窗”（陈耀华和陈远笛，2016）。

三江源国家公园积极推进非物质文化遗产发掘与保护工作，同时将当地少数民族的非物质文化遗产与园区内丰富的自然景观相结合，以此为依托挖掘三江源国家公园的特色体验项目，同时结合现代市场需求进行宣传营销。三江源地区目前已开发了种类丰富的非遗项目，包括以赛马节为代表的传统民俗与传统体育节庆，以格萨尔史诗为代表的传统口头文学艺术表演，伊舞、卓舞等传统歌舞表演，藏族唐卡等传统艺术体验，以及藏黑陶、藏纸等传统手工艺体验。

第四节　国内外国家公园生态保护与游憩利用典型经验

一　美澳两国国家公园典型经验

（一）完善配套设施建设

为提升公园内旅游服务效率与质量，约瑟米蒂国家公园管理局投入资金，完善各种配套设施，满足游客需求，增强国家公园的服务能力。一是国家公园局在约瑟米蒂公园建成了一座水力发电站，保障电力能源供给；二是建造风格统一的公园设施，增强与特定空间环境的协调性，凸显场所感；三是在公园生态观光区附近设置公共停车点，并配备休息座椅和卫生间等公共服务设施，设计体现“以人为本”的理念；四是为游客提供使用清洁能源的公共交通设施；五是建立公园自行车交通系统，建立健全公园公共交通体系。

蓝山国家公园十分重视游憩服务设施和交通设施建设。游憩服务设施方面，公园内建有景区电影院，美食世界和露台咖啡馆，还有诺曼·林赛画廊和博物馆等多样的游憩服务设施。在交通设施建设方面，公园内依据各区域规模和地形地势等特征建有高架索道、风景索道、缆车、阶梯步行道、自然漫步通道等多种类型的特色交通廊道。除此之外，游客还可以乘坐山顶电动平衡车（Segway）观光。

（二）健全法律法规体系

美国国家公园处于较为完善的立法体系的规范下，总共分为纵向立法和横向立法，纵向立法根据针对主体的差异分为四层结构，分别为管理、类型、核心和区域性立法。在这样强有力的制度保障体系下，约瑟米蒂国家公园将生态保护理念融入相关政策的制定中，进一步推动可持续发展。

澳大利亚国家公园实施了“一园一法”，除联邦政府外，各州的州政府可以按照本州的地理位置和生物多样性分布对本州区域内的国家公园订立详细的法令文件和管理条例。澳大利亚联邦和州政府法律相互协作，对国家公园与当地人的法律关系、生态保护与公园利用等关键问题进行了立法引导。自 19 世纪末以来，尤其是在 20 世纪 50 年代后，澳大利亚陆续出台了一系列法律法规，为保护国家公园资源提供法律保障。在这些年持续总结和修整之下，澳大利亚逐步建立了相对健全的资源保护管理的法律体系，这有利于国家公园生态保护措施的有序实施。

（三）实施特许经营制度

1965 年，美国颁布了《特许经营法》，严格规范国家公园内的特许经营方式。美国约瑟米蒂国家公园与当地居民以及公园管理者达成多方合作模式，充分调动社会资本参与特许经营商业服务，通过公开招标方式严格选拔和考核特许经营准入企业。公园内特许经营项目包括住宿、餐饮、零售、节庆等综合性旅游服务项目和特定旅游体验项目两类，约瑟米蒂国家公园内部所有的商业服务几乎都在这些特许商业服务项目中有所体现，且每种特许商业服务项目包括多种具体经营形式。约瑟米蒂国家公园在追求游客服务专业化、经营项目多样化的同时，非常重视企业的环保责任，使企业在经营的同时致力于采取环保措施减少环境污染，保持与国家公园的使命相一致。

澳大利亚国家公园特许经营权限偏向当地原住民。澳大利亚蓝山国家公园特许经营充分体现可持续发展理念，其规定公园内企业经营权限期限一般不超过 12 个月，准入条件涉及公共责任保险、急救条件等多个方面，特许经营企业经营权期限与考核标准严格程度呈正相关。同时公园管理方基于联邦及州级法律和经营协议对特许经营项目实行监督权。此外，由于新南威尔士州政府的财政拨款满足了蓝山国家公园约80%的资金需求，大力度的财政支持有效规避了公园基于特许经营的过度开发风险。

(四) 推行志愿者保护服务

美国约瑟米蒂国家公园推行合作志愿者计划，由政府和非营利组织通过签订合作协议进行联合管理。根据合作协议规定，非营利组织与公园进行志愿者计划的联合管理。公园负责协调实习和长期的志愿者，约瑟米蒂保护协会提供短期的志愿机会，民间环保和户外游憩组织等非营利组织为志愿者群体的主要来源。约瑟米蒂国家公园志愿服务活动广泛，按照活动主体分为个人、团体、节事3种类型，每类志愿服务以项目为单位，主要包括建筑施工与维护、公园解说、环境教育、植被恢复、野生动物保护、露营地维护等服务内容（郭娜和蔡君，2017）。

澳大利亚国家公园采取社区参与和旅游者参与相结合的发展模式。一方面，蓝山国家公园专门设立大型非营利性环保志愿组织，志愿者保护力量为公园的环境保护做出了巨大的贡献；另一方面，公园设置了多样化的环境保护职位，包括“环保警察”执法队伍、护林员以及志愿者项目管理者等，并为工作人员提供培训计划，社区和旅游者均可申请参与。

(五) 加强游客管理

美国约瑟米蒂国家公园秉承荒野保护理念，通过VERP管理模式对游憩利用进行管理。约瑟米蒂国家公园实施荒野区域使用许可制度和预约系统对游客进入权限进行审核，并及时对游客管理、路径维护和园内生态信息监测，以及商业服务等内容进行科学化更新。此外，基于VERP模式，约瑟米蒂国家公园通过监测资源指标和环境指标等关键指标来衡量游憩活动对国家公园资源和游客体验的影响，将游客容量控制在合理范围内，实现生态保护与旅游发展的平衡。

澳大利亚国家公园严格遵循国家公园管理标准，竭尽全力提高接待能力和接待质量。蓝山国家公园对于可供游客参观的游览区，实行分区管理、开发限制等游客管理模式，并制定专门的游客战略，通过推进与社区、企业等的合作关系和开展特许经营活动来实现国家公园经济、社会和生态效益的总体目标。此外，为减少游客的不文明行为，蓝山国家公园建立奖励与处罚机制，并在景点摄像监控及护林员实时巡逻下及时制止游客的不良行为。

（六）鼓励公众参与

美国国会立法鼓励公众参与到国家公园部分事务的管理中，包括环境保护、设施建设等多个方面。国家公园管理中的重大事项需在征询民意的基础上进行决策，尤其是国家公园规划设计方案须广征民意并综合吸收合理意见后才能最终完成。与此同时，美国国家公园也会尽全力协调国家公园与周边社区的发展与权益。

澳大利亚政府在制定决策过程当中，通过公示制度鼓励原住民参与有关的决策制定和计划执行，并创新社区居民利益分配机制和激励机制，鼓励社区居民积极参与环境保护与特许经营活动，实现国家公园环境保护与社区发展的双赢。

表 3.4　**美澳两国国家公园生态保护与游憩利用措施比较**

	美国约瑟米蒂国家公园	澳大利亚蓝山国家公园
完善配套设施建设	①建设水力发电站，提供电力能源；②设置风格统一的公园设施，增强协调性与场所感；③完善公共服务设施与公共交通体系	①游憩服务设施方面，公园内建有景区电影院，美食世界和露台咖啡馆，诺曼·林赛画廊和博物馆等游憩服务设施；②交通设施建设方面，公园内建有高架索道、风景索道、缆车、山顶电动平衡车（Segway）、阶梯步行道、自然漫步通道等多种类型的特色交通廊道
健全法律法规体系	由核心立法、类型立法、管理立法和区域性立法组成的纵向立法和国家层面横向立法构成的制度保障结构	①“一园一法”；②澳大利亚联邦和州政府法律相互协作

续表

	美国约瑟米蒂国家公园	澳大利亚蓝山国家公园
实施特许经营制度	①与当地居民以及公园管理者多方合作；②关注企业环保责任，致力于采取环保措施	①特许经营权限偏向当地原住民；②公园内企业经营权限期限一般不超过12个月，经营权期限与考核标准严格程度呈正相关；③公园管理方实行特许经营监督权
推行志愿者保护服务	①政府和非营利组织通过签订合作协议进行联合管理；②志愿服务活动包括建筑施工与维护、解说教育、植被恢复、野生动物保护、露营地维护等服务内容	①设立大型非营利性环保志愿组织；②设置“环保警察”执法队伍、护林员以及志愿者项目管理者等环境保护职位
加强游客管理	①荒野区域使用许可制度；②荒野入场预约系统；③VERP 模式	①实行分区管理、门槛限制、游客空间分布限制等措施管理游览区；②游客不良行为处罚机制；③通过景点摄像头监控及护林员实时巡逻制止游客不良行为
鼓励公众参与	①公众参与涉及环境保护、设施建设等多个方面；②基于民意征询进行重大事项的决策；③重视周边社区发展与权益	①社区居民利益分配机制和利益激励机制；②通过公示制度鼓励原住民参与决策制定和计划执行

二 我国两个国家公园典型经验

（一）设置功能分区

2020 年 1 月，《武夷山国家公园总体规划及专项规划（2017—2025年)》发布，指出武夷山国家公园划分为核心保护区和一般控制区两个管控区，以及特别保护区、严格控制区、生态修复区和传统利用区四个功能区。公园在重视保护的基础上，兼顾生产、生活和发展需求，注重保护与利用之间的矛盾协调。尽管没有设置专门的游憩区域，但这种方式下的国家公园对人类活动的管控程度相对较低，为生态保护与游憩利用留有更大的协调空间。

2018 年 1 月发布的《三江源国家公园总体规划》指出，三江源国家公园划分为一级功能分区和二级功能分区，以一级功能分区明确空间管控目标，以二级功能分区落实管控措施，整体遵循生态系统整体保护、系统修复理念进行分区管理。在一级功能分区和二级功能分区的基础上，三江源国家公园采取兼顾生态环境保护与资源合理利用的功能分区，将其内部分为三个区域：核心保育区、生态保育修复区、传统利用区。根据不同功能分区，三江源国家公园实施差异化的生态保护和自然资源利用措施。

（二）数字化管理

武夷山国家公园科研监测平台以福建武夷山森林生态系统国家定位观测研究站为主体，借助航空拍摄技术开展森林资源二类调查，完善资源数字化档案，明确划分生态保护、永久基本农田和城镇开发边界三条红线，并运用卫星遥感等技术手段，搭建信息化巡护、智能化监控、智慧化旅游三个平台，构建集保护资源、监测生态、预警环境容量等功能一体化的立体式资源管理体系，在生态监测与管护、生态信息平台、游客管理等方面起到了巨大的作用。

三江源国家公园管理局秉持科技建园的理念，积极统筹安排全国重点科研院所和高等院校进入三江源开展科研考察活动，并与中国航天科技集团、中国科学院等建立战略合作关系，共同建设生态大数据中心、卫星通信系统和地面监测网络，充分应用最新卫星遥感技术开展全域生态监测，建立覆盖三江源国家公园的“天地空一体化”监测体系，实现了园区监测数据的高密度、多要素、全天候、全自动采集，在明确三江源国家公园自然本底、了解园区内人类活动状况等方面发挥了巨大的价值。

（三）建立生态补偿机制

武夷山国家公园生态补偿坚持“谁保护、谁得益，谁改善、谁得益，谁受益、谁补偿”原则，设立以资金补偿为主，实物补偿、技术培训、提供就业岗位等补偿形式为辅的生态补偿机制，涉及林权所有者补偿、商品林赎买、退茶还林补偿等 11 项内容，同时鼓励创新发展生态旅游业、特色现代农业等绿色产业。另外，公园统筹特许经营收入、门票收入、社会捐赠等资金来源，并建立了森林生态补偿基金，推动武夷山国家公园的可持续发展。

三江源国家公园的生态补偿机制包括直接和间接生态补偿两部分。直接生态补偿主要是依托天然林管护补助、退耕还林（草）政策等国家重大项目的生态补偿政策。间接生态补偿主要包括：①发展生态旅游等新兴产业项目；②建立野生动物伤害补偿制度，设置“人兽冲突保险基金”；③流域水资源保护生态补偿机制。这些生态补偿措施在生态振兴、保护原住民生命财产安全以及改善国家公园水环境等方面起到了积极作用。

（四）重视自然教育

武夷山国家公园科普教育、游憩展示功能主要集中在自然保护区和风景名胜区，区域内设有较为健全的解说系统，包括二维码标识牌、重点物种标识牌、方向标志牌、警示标志牌等，以满足游客的培训、科研等需求。以“保护第一”为原则，武夷山国家公园开设了青少年夏令营、科研考察、教学实习等多种形式的生态科普教育活动，通过编制自然教育教材、举办不定期培训班、设立自然教育宣传网站、制作自然教育宣传材料、博物馆科普活动等举措，武夷山国家公园已形成一定规模的自然教育基础（吴天雨和贾卫国，2021）。

三江源国家公园自然教育基于公园本底价值，着重进行生态伦理教育、生态科普教育、国家公园常识教育、法律法规和政策教育。三江源国家公园对不同功能区开展不同程度的生态体验与环境教育活动。此外为增强环境教育的趣味性，三江源国家公园与社区居民合作开发了环境教育主题节庆活动。

（五）丰富游憩产品

武夷山国家公园游憩产品以森林旅游和茶园特色旅游为主。公园的森林旅游产品主要包含自然观光游览、户外运动健身、主题旅游节庆以及原生态吃、住等服务，逐步形成原始森林探险、漂流观光、狩猎观马、避暑康养、森林观赏等一批独特的森林旅游产品。公园的特色旅游以茶文化为主题，包括茶园观光、种茶体验、茶商品购物等多方面内容的茶文化旅游体验项目。

三江源国家公园大力建设生态旅游示范村，并结合当地自然资源、非遗文化和民族文化元素，三江源国家公园开展了漂流等生态体验项目，藏民家庭入住体验、学习三江源传统工艺、参观三江源寺庙、民间民俗艺术展示展演等种类丰富的主题体验项目，这些项目由旅游公司开发、三江源村民参与，旅游公司负责对村民培训，有效推动了国家公园与社区的协调发展。

（六）开展特许经营

2020年，福建省政府出台《武夷山国家公园特许经营管理暂行办法》，由武夷山国家公园管理局负责对特许经营者依法依规实行合同管理。武夷山国家公园开展特许经营包括三部分：第一，鼓励和引导茶企、茶农建设生态茶园示范基地；第二，开发生态观光游和茶文化体验特许经营、旅游服务等；第三，为试点区内居民提供导游、环卫工、竹筏工等岗位，促进可持续生计（张天宇和乌恩，2019）。

表3.5　**国内代表性国家公园生态保护与游憩利用协调发展实践**

	武夷山国家公园	三江源国家公园
设置功能分区	①立足生态环境保护目标和资源利用之间的关系； ②两大管控区：核心保护区和一般控制区； ③四个功能分区：特别保护区、严格控制区、生态修复区和传统利用区	①遵循生态系统整体保护、系统修复理念； ②分为一级功能分区和二级功能分区，将其内部分为三个区域：核心保育区、生态保育修复区、传统利用区
数字化管理	①以福建武夷山森林生态系统国家定位观测研究站为主体； ②运用卫星遥感、视频监控等技术； ③重点在于智能化监控、信息化巡护和智慧化旅游； ④具有资源保护、生态监测、应急管理、环境容量预警等功能	①建设生态大数据中心和卫星通信系统和地面监测网络； ②应用最新卫星遥感技术； ③与中国航天科技集团、中国科学院等建立战略合作关系； ④具有园区环境、生态、资源等各类监测数据全自动采集功能

续表

	武夷山国家公园	三江源国家公园
实施生态补偿	①以资金补偿为主，技术、实物、提供就业岗位等补偿为辅； ②鼓励支持应用先进技术发展生态旅游业、特色现代农业等绿色产业生产项目； ③通过特许经营收入、门票收入、社会捐赠等方式获得生态补偿资源； ④建立森林生态补偿基金	①分为直接生态补偿与间接生态补偿； ②直接生态补偿主要依托国家级常规性重大项目； ③间接生态补偿主要包括发展生态旅游等新兴产业项目、建立野生动物伤害补偿制度，设置“人兽冲突保险基金”以及流域水资源保护生态补偿机制
重视自然教育	①开展以青少年夏令营、科研考察、教学实习为主的生态科普教育活动； ②编制自然教育教材、举办不定期培训班、设立自然教育宣传网站、制作自然教育宣传材料、博物馆科普教育	①生态伦理教育、生态科普教育、国家公园常识教育、法律法规教育； ②对不同功能区开展不同程度的生态体验与环境教育活动； ③环境教育主题节庆活动
丰富游憩产品	①森林旅游产品； ②具有武夷山特色的茶园观光、种茶体验、茶艺观赏、茶叶品鉴、茶商品购物等茶文化旅游项目	①建设生态旅游示范村； ②民族文化体验、民间民俗艺术展示展演等项目； ③非遗主题项目； ④生态体验项目
开展特许经营	①建设生态茶园示范基地； ②开发生态观光游和茶文化体验特许经营、旅游服务等； ③为试点区内居民提供导游、环卫工、竹筏工等岗位，促进可持续生计	①特许经营范围包括草原承包权、国家公园品牌、经营性项目及非营利性社会事业活动； ②经营性的项目多与有机养殖、畜产品、中藏药材相关，非营利性的项目多与生态治理、牧民培训、企业培训、智慧公园相关

通过以上对国内外国家公园典型案例的深入分析，为祁连山国家公园的生态保护与游憩利用协调发展带来有价值的启示，也为我国其他国家公园生态系统的完整性和原真性的保护、国家公园全民公益性的充分发挥提供重要借鉴，更为推动我国国家公园高质量发展和美丽中国建设提供重要参考。

第四章　祁连山国家公园建设进展及生态保护成效

第一节　祁连山生态环境

一　祁连山自然地理特征

（一）地理位置

祁连山位于青海省东北部与甘肃省西部交界地带，在甘肃境内地跨天祝、肃南、古浪、凉州、永昌、山丹、民乐、甘州八县（区）；在青海境内地跨海东市、西宁市以及海北州大部分。祁连山由多条西北—东南走向的平行山脉和宽谷组成，绵延于河西走廊南部，东起乌鞘岭，西至当金山口，北临河西走廊，南靠柴达木盆地，跨度为 200—400 千米①。

（二）地形地貌

祁连山特指祁连山区最北部的一支山岭，兼具高山、沟谷和盆地三种地貌，主要地貌为山地。祁连山整体地势呈西北高东南低，一般海拔 2000—4500 米，主山脉海拔可达到 4000—6000 米，相对高差超过 1000 米。其中，祁连山的最高峰为甘肃与青海省界的团结峰，其海拔 5808 米，域内沟谷地区最低点为民和县下川口地区，海拔 1650 米。祁连山的西段以巨大的山体为主，主要有土尔根达坂山、柴达木山、走廊南山、托勒山、托勒南山、疏勒南山，也有黑河、托勒河、疏勒河、喀

① 国家林业和草原局（国家公园管理局）：《祁连山国家公园总体规划（征求稿）》，https：//www. doc88. com/p－1478459005001. html，2019 年 3 月 30 日。

克吐郭勒谷地和哈拉湖盆地；祁连山东段主要有冷龙岭、大通山、大坂山、青海南山、日月山、拉脊山等一系列山脉和大通河、湟水谷地及青海湖盆地。

（三）气候特征

祁连山属半干旱高寒大陆性气候，冬长夏短，冬季干燥寒冷，夏季湿润凉爽。区域内全年降雨量差异较大，5—9月为集中降雨期；水平方向上呈东湿西干状态；垂直方向上，随海拔升高，气候类型主要包括大陆性荒漠气候、荒漠草原气候、大陆性草原气候、大陆性寒温带半湿润气候和大陆性高山气候。

（四）水文特征

祁连山区水资源丰富，海拔4000米以上终年积雪，共有冰川2815条，面积1931平方千米，当地水资源主要来源于降水和高海拔地区的冰雪融水。祁连山水系主要包括西北内陆河水系和黄河水系，其中西北内陆河水系主要包括柴达木水系、河西水系，呈辐射－格状分布。河西水系以托勒河、黑河、疏勒河、党河、石羊河为主，其中黑河是我国西北第二大内陆河，全长821千米，多年年均径流量34.60×10^{8}立方米，为河西地区的农业灌溉提供了充足的水源。

（五）动植物资源

祁连山是我国生物多样性保护优先区域，其生物多样性价值尤为突出。分布有野生脊椎动物9目63科294种，雪豹、白唇鹿等国家一级保护野生动物15种，国家二级保护野生动物39种，包括马鹿、棕熊、岩羊等。植被类型较为丰富，有森林、灌丛和草甸等。随海拔升高，主要植被类型包括山地荒漠草原带、山地草原带、山地森林草原带、高山灌丛草甸带、高山草甸带和高山寒漠草甸带等。

（六）人口特征

祁连山区分布有汉、藏、回、土、壮、满、东乡、蒙古、裕固等民族。区内大约有390万人，东南部人口较多，北部人口较少；海拔较低、气候温暖、土地肥沃的河谷和盆地是最宜居的区域。全区大部分地区为无人区，95.3%的区域人口密度仅为每平方千米0—50人，而人口密度大于每平方千米500人的区域不足1%。人口密度较大的区域主要分布在西宁市及周边地区，平均每平方千米居住着 26000 多人。

二　祁连山生态地位

（一）祁连山是西北地区重要的水源涵养生态功能区

祁连山是黑河、石羊河、疏勒河的发源地，也是黄河、青海湖的重要水源补给区。1980 年国务院确定祁连山水源涵养林为国家重点水源林区；1988 年甘肃省祁连山国家级自然保护区成立；2000 年甘肃省祁连山国家级自然保护区被确定为国家天然林保护工程区；2004 年甘肃省祁连山国家级自然保护区森林被认定为国家重点生态公益林；2008 年我国将祁连山区确定为水源涵养生态功能区和全国 50 个重要生态服务功能区之一；2012 年国家发展改革委批复《祁连山生态保护与综合治理规划（2012—2020）》在祁连山南坡和北坡开展林地保护和建设、草地保护和建设、湿地保护和建设、水土保持、冰川环境保护、生态保护支撑工程以及科技支撑工程等工作。《全国生态功能区划》还指出，祁连山是我国西北重要的水源涵养生态功能区的核心部分，是河西走廊、河湟地区、青海湖盆地和柴达木盆地最重要的淡水供应基地。祁连山是我国西北地区重要的水利生态功能区，蕴藏着以“丝绸之路”为代表的中华文明，孕育着甘肃“河西走廊”、青藏高原中心城市、青海北部和河湟流域以及额济纳旗、内蒙古自治区等地区的人民。

（二）祁连山是西部重要的生态安全屏障

祁连山是我国西北地区重要的生态安全屏障。祁连山自然保护区内森林、草原、湿地、沼泽、水域等纵横交错，形成山地复合生态系统，在维护青藏高原生态平衡的同时，形成了一道天然屏障，维护了河西走廊绿洲的稳定，有效保障了中国北方的生态安全。

祁连山水源涵养林是经过严酷自然选择生存下来的生物群落。森林能够有效截留降水、涵养水源，还可以减缓降雨对地表的直接冲刷和溅蚀，防止径流冲刷形成山体土壤的沟蚀、滑坡和泥石流，保持了水土的稳定性，保留了植被生长所需的营养成分；降水浇灌森林后，约 60% 渗入土壤，转化为地下径流，成为补给河流的重要水源，有效减少旱涝情况的出现，起到调节径流的作用，相当于一个巨型“绿色水库”。草

图 4.1 祁连山风光

地在防风固沙、水源涵养、水土保持等方面发挥着重要作用。湿地被誉为“地球之肾”，具有提供水源、补充地下水、调节径流、维持小气候以及为野生动物提供栖息地等生态功能。

（三）祁连山是西北地区可持续发展的保障

祁连山冰川、湿地、森林、草原等生态系统涵养的水源为河西走廊万物繁衍生息和社会经济发展奠定了根基。山区年均 300—700 毫米的降水量以及海拔 4400 米以上的终年积雪为河西干旱区提供了充足的水源，补给和调节着河西内陆河流的径流，是河西走廊的“天然水库”。祁连山区充沛的降水和冰川积雪融水，汇集形成了石羊河、黑河、疏勒河和哈尔腾河 4 个水系 56 条内陆河流，年出山径流量约 72.64 亿立方米，有效解决了河西走廊和额济纳旗 70 余万公顷农田的灌溉问题，滋润了 110 多万公顷林地和 800 多万公顷草场，孕育了武威、张掖、酒泉和敦煌等历史文化名城，保障了青海、内蒙古部分地区、甘肃河西等五地市人民的生存及社会经济的可持续发展。

（四）祁连山是西北地区重要的生物物种资源库和遗传基因库

祁连山区有陆生脊椎动物 19 目 48 科 286 种，高等植物 95 科 451 属 1311 种，昆虫 1541 种，大型真菌 52 种。其中，国家二级保护植物 4 种，三级保护植物 4 种，兰花植物 16 种；国家一级保护动物 14 种，二级保护动物39种，有益或具有重要经济科研价值的“三有”动物140种；有21种植被类型、87种群系和5种动物类型，冰川、湿地、森林、草原和沙漠等自然生态系统交错分布。因祁连山生物多样性丰富、自然生态系统和生物区系珍稀，它已成为我国生物多样性优先保护区域，2021年10月，《中国生物多样性保护》白皮书正式将祁连山列为具有代表性的生物多样性保护重点地区和典型地区、世界“高山种质资源库”和“遗传基因库”。

（五）祁连山具有维护国防安全、推动产业发展、发展科考教育等多方面的战略意义

第一，祁连山冰川和森林草原生态系统发挥着极其巨大的社会效益，保护了亚欧大陆桥、兰新铁路、312国道、核工业四零四厂、酒泉东风航天城及国家战略物资生产基地酒钢、镍都、玉门油田的生态安全与水资源供给，有利于保障国家战略物资供给稳定，为国家重大工程及建设工作的开展提供安定的环境，有效巩固国家的国防安全。

第二，祁连山作为西部地区的生态屏障，保护了河西走廊经济带的生态环境，尤其是区域内独具特色的森林草原与雪山冰川，这些优美的景观资源具有极高的游憩价值，推动了祁连山区旅游业的兴起与繁荣，同时带动了相关产业的发展，保障了区域内人民的可持续生计，增进百姓福祉。

第三，祁连山地貌类型复杂，物种资源稀少，自然景观资源多样以及具有完整性与原真性的自然生态系统，是科学研究、实践教学和道德教育的理想场所，该地区未来还将为人类生物、医药、化工、农业等行业提供丰富的信息资源开发。

三　祁连山生态环境问题

目前，全球变暖越来越严重。同时，祁连山地区生态脆弱，对人类活动敏感，这使得祁连山地区存在着气温上升和冰川湿地退缩、植被退化、沙漠化加剧、总水资源缺乏等生态环境问题。尤其是在2017年以前，祁连山国家公园尚未建立，人们保护祁连山区的意识不强，对过度开发所产生的环境问题没有给予足够的重视，当地人无节制开发矿产资

源，违法违规建设水电设施，相关管理部门对生态环境问题整改不力。加之当时祁连山区自然资源管理权责分配不明，使得保护区内自然资源与环境管理效率低下，进一步导致祁连山地区的草地、湿地、森林及冰川等资源以及生态环境退化，其主要表现及原因如下。

（一）冰川及多年冻土面积缩减

随着全球气候变暖日益加剧，我国祁连山区的冰川和多年冻土都出现了明显的消退。我国第一次冰川编目（2002 年）和第二次冰川编目（2014 年）结果对比表明，1956—2010 年期间，祁连山冰川面积共减少 420.81 平方千米。其中，有 509 条冰川消失，面积为 55.12 平方千米。在过去的 40 年里，冻土分布面积也在减少。研究表明，冻土分布范围缩减趋势较为明显，从 20 世纪 70 年代到 21 世纪，冻土的减少速率从 4.1% 加速到了 13.4%。近年来，由于山区修路、旅游、开矿等活动增加，导致冰川与冻土加速缩减。

（二）林地过密、土壤旱化导致水源涵养力下降

祁连山是西北干旱半干旱荒漠生态系统中以森林为主体的复合生态系统，森林、灌丛和草地景观在外界因素的作用下呈现出斑块镶嵌分布格局，森林多处于“冰源水库”和河川水系之间，对涵养调蓄水源起着巨大作用。祁连山国家级自然保护区建立以来，严格限制人工采伐活动，区内天然林和人工林得到有效保护，森林面积不断增加。虽然当地森林生态系统得到了很好的恢复，但森林面积的大幅增加意味着消耗更多的水资源，径流输出的减少将影响河流中下游的经济发展和生态稳定。此外，由于长期进行植树造林、退耕还林（草），在植被演替过程中，出现密度过大、林冠郁闭度过高的现象，导致深层土壤可能出现干燥，水源涵养能力下降。

（三）生物多样性面临严重威胁

受自然环境演变及人类活动影响，野生动物栖息地受到不同程度的破坏，其活动范围也在逐渐缩小，野生动物种群数量不断减少，雪豹、野牦牛、马鹿等珍稀动物濒临灭绝，以及冬虫夏草、黄芪、党参、雪莲、红景天等珍贵植物资源也明显减少，祁连山地区生物多样性面临严重威胁。

（四）超载过牧造成草地严重退化

祁连山区草地资源具有维持生物多样性、保持水土和维护生态平衡的重要作用。尽管草地退化既有环境因素，也有人为因素，但人类活动在草地退化中起主导作用。祁连山区居民以畜牧业为主，人口激增和畜牧业的发展给草地带来的压力日益沉重，草畜矛盾问题突出，特别是祁连山东段温性草原区处于农牧交错带，草地开垦率与畜牧业利用率均较高，如此压力造成区域出现生态退化的趋势。在导致草地退化的同时，过牧导致裸地面积扩大，鼠类入侵猖獗，因此又反过来加重了退化程度。

（五）掠夺式开发，导致局部生态破坏问题突出

20 世纪 60—70 年代，西北地区森林砍伐和非法采伐现象猖獗，对当地生态造成严重破坏。在祁连山自然保护区成立之后，由于大量探采矿、水电等项目实施，祁连山自然保护区内生态环境问题较为严重。一是违法违规开发矿产资源。其中在保护区内设立的 144 宗探矿权、采矿权中，有 14 宗是在 2014 年 10 月国务院明确保护区划界后审批设立的，包括核心区 3 宗、缓冲区 4 宗。对当地矿产资源大规模无节制地开采，造成祁连山区局部地面塌陷、植被破坏严重、水土流失等问题。二是部分水电设施违法建设、违规运行。祁连山区共有 150 多座水电站，其中 42 座位于祁连山自然保护区内，部分水电站由于违规审批、未批先建、手续不全等，导致下游水生态系统受到严重破坏。三是周边企业违规排放。一些企业环保意识不足，环保投入不达标，污染治理设施不完善，违规排放现象猖獗。

（六）超载放牧，打破草畜平衡

祁连山地区居民生计以畜牧业为主体，对草原的需求较强。长期以来，该地牧民进行大规模放牧活动，牲畜数量增长过快，以草定畜制度无法满足现实需要，过度放牧导致天然草地面积逐渐缩小，草地退化，土壤荒漠化和盐碱化，畜均草地占有量大幅减少，草畜资源严重失衡，已经远远超出草原生态承载力。这种粗放式的放牧行为会导致草地环境承载力不断下降，继而病虫害频发，鼠害肆虐，水源涵养功能减弱，水

土流失加剧，致使祁连山生态环境遭受严重破坏，生态安全风险程度增大。

图 4.2　祁连山生态保护标牌

（七）旅游项目无序开发，加剧生态环境破坏

祁连山高山沟谷相间，森林雪峰相伴，湿地荒漠相随，河流湖泊密布，草原农田毗邻，生物多样性较高，且存在独具特色的地方文化元素，珍贵的文化遗址遗迹以及多元的民族与民俗文化与优美的生态环境一道组成了祁连山地区独特的资源本底。依托丰富的旅游资源，祁连山的生态旅游业发展态势良好，大大拉动了当地的经济发展。然而，由于规划欠缺全局意识，项目建设不规范以及相关部门监管不到位等原因，祁连山自然保护区内人工设施和人工景观过多，开发过度，破坏了自然景区的真实性和完整性。一方面旅游资源的粗放式开发导致植被大面积破坏、生态系统失调；另一方面，对游客的管理欠缺带来超负荷的生产、生活资料消耗与能源使用，致使祁连山保护区的生活污水、固体废物，特别是游客随地乱扔的塑料瓶、塑料袋、易拉罐等各种垃圾随处可见，环境污染严重。另外，游客的践踏对区域原生性土壤土质造成一定破坏，加之部分游客的生态意识薄弱，忽视生态环境保护，加剧了自然景观和人文景观的破坏，导致祁连山局部生态环境和旅游资源受损。

第二节　祁连山国家公园体制建设进展

一　祁连山国家公园体制试点的提出

党中央对祁连山自然保护区的生态环境问题给予高度重视，习近平总书记多次做出重要批示，要求抓紧落实生态整改工作。2017 年 2 月，党中央、国务院有关部门成立中央督察组，对祁连山生态环境整改工作进行专项督查，并要求当地政府坚决贯彻落实我国生态系统整体保护和系统修复理念，为建设祁连山生态保护、生态文化、生态科研高地奠定良好基础。2017 年 3 月 13 日，中央经济体制和生态文明体制改革专项小组召开会议，决定在祁连山开展国家公园体制试点。2017 年 9 月 1 日《祁连山国家公园体制试点方案》正式印发，标志着祁连山国家公园体制试点工作全面启动和实施。2018 年 10 月 29 日，祁连山国家公园管理局在兰州揭牌，2018 年 11 月 1 日，祁连山国家公园甘肃省管理局在兰州挂牌，2018 年 11 月 30 日，祁连山国家公园青海省管理局在西宁挂牌。开展祁连山国家公园体制试点，重点突出生态系统的整体保护和系统修复，努力探索和解决跨地区、跨部门的制度性问题，建立完善祁连山生态保护长效机制，探索祁连山国家公园生态保护与社区协调发展的新模式。

图 4.3　祁连山国家公园体制试点标牌

二 祁连山国家公园建立的意义

祁连山国家公园的建立对加强祁连山生态系统的原真性和完整性、提升祁连山生态功能、促进民生福祉和保障河西走廊乃至西部地区的生态安全具有重大的战略意义。

（一）建立整体性保护机制，筑牢国家生态安全屏障

祁连山是国家重点生态功能区之一，对维护青藏高原生态平衡，防止腾格里、巴丹吉林、库木塔格三大沙漠南侵，保障黄河、河西走廊内陆河径流补给具有重要作用。虽然祁连山国家级自然保护区的建立在一定程度上加强了当地对生态环境保护的重视，但近年来，祁连山的局部生态问题依然存在。同时，祁连山被划分为多个保护区，各保护区的破碎化管理问题较为严重，保护管理效率较低，祁连山生态系统整体保护和系统修复成效甚微。通过开展祁连山国家公园体制试点，整合优化现有保护地体系，增强生态系统连通性，创新生态保护管理体制机制，建立健全整体性保护机制，统筹跨区域生态保护，实现整体保护、系统修复，更加有效地保护祁连山自然生态系统原真性、完整性，从而提高祁连山水源涵养能力，有力构筑国家生态安全屏障。

（二）促进生物多样性保护，维持生态系统完整性、原真性

祁连山是我国生物多样性保护优先区域，也是诸多珍稀濒危野生动植物的重要栖息地和分布区。受人口增长和生产发展的影响，人类活动对祁连山自然环境造成了巨大压力，雪豹、白唇鹿等濒危野生动物栖息地也受到不同程度的破坏，生物多样性遭到严重威胁。通过开展祁连山国家公园体制试点，整合相关区域和各类保护区，遵循山水林田湖草沙冰一体化保护和系统治理理念，维护生态系统的真实性和完整性，保护生物多样性；开辟动物活动迁徙通道，增强雪豹等珍稀动物栖息地的适宜性和连通性，为野生种群的稳定发展提供保障。

（三）增强祁连山生态功能，促进民生福祉和社会稳定

祁连山地区以传统农牧业和种植业为主要产业，对自然资源依赖性较大，农牧民群众增收渠道窄，而且造成巨大的资源消耗压力，生态保

护与经济发展、民生改善尚未形成良性的循环发展模式。通过开展国家公园体制试点，协调生态保护与资源利用，建立政府主导、社会参与的生态保护体系，加强生态环境保护，转变生产方式，推进绿色发展，对促进当地社区可持续生计和经济社会协调健康发展，实现祁连山长远保护、发展具有重要意义（马蓉蓉等，2019）。

三　祁连山国家公园体制试点目标

建立以水源涵养提升、自然生态修复及生物多样性保护为核心的综合性国家公园，探索区域协调和生态保护的新发展模式，筑牢西部重要生态安全屏障，形成人与自然和谐共生新局面。

（一）生态文明体制改革先行区域

初步建立统一的管理体制，有效解决生态环境历史遗留问题，健全生态文明体系，提升可持续发展能力。

（二）水源涵养和生物多样性保护示范区域

水源涵养功能和径流补给能力明显增强，全方位、多层次保护体系基本建立，野生种群得到有效保护和恢复。

（三）生态系统修复样板区

违法违规项目有序退出，草原过度放牧问题得到有效解决，森林覆盖率、草原植被覆盖度、湿地保护率明显提升，水土保持功能显著增强，祁连山生态系统实现良性循环，更好发挥生态服务功能。

四　祁连山国家公园所辖范围

祁连山国家公园试点区位于我国甘肃、青海两省交界处，青藏高原东北部。根据《祁连山国家公园体制试点方案》和《祁连山国家公园总体规划》，祁连山国家公园总面积 5.02 万平方千米，其中甘肃片区面积 3.44 万平方千米，占总面积的 68.5%；青海片区面积 1.58 万平方千米，占总面积的 31.5%。甘肃片区包括肃北蒙古族自治县、阿克塞哈萨克族自治县、肃南裕固族自治县、民乐县、永昌县、天祝藏族自治县、凉州区 7 县（区）以及中农发山丹马场、国营鱼儿红牧场、国营宝瓶河牧场。青海片区包括海北藏族自治州的门源回族自治县和祁连县，海西蒙古族藏族自治州的天峻县和德令哈市，共17个乡镇60个村4.1万人（见表4.1）。

表4.1 **祁连山国家公园面积统计汇总**

片区	县（市、区、场）	国家公园面积（公顷）	占国家公园比例（%）	占国土面积比例（%）
甘肃省	阿克塞县	298468	8.68	9.23
	肃北县	1303358	37.89	20.59
	肃南县	1203082	34.98	62.23
	民乐县	32096	0.93	8.71
	永昌县	33501	0.97	5.71
	武威市凉州区	17189	0.50	3.39
	天祝县	317104	9.22	44.75
	中农发山丹马场	115381	3.36	
	国营鱼儿红牧场	97874	2.85	58.95
	国营宝瓶河牧场	21429	0.62	94.82
	小计	3439482	100	
青海省	德令哈市	153906	9.72	5.56
	天峻县	608789	38.43	23.69
	祁连县	538669	34.01	38.47
	门源县	282585	17.84	40.98
	小计	1583949	100	

注：①中农发山丹马场行政边界存在争议，暂无国土面积数字；②国营鱼儿红牧场、国营宝瓶河牧场系甘肃省省属国有企业，位于肃北、肃南县境内，单独核算面积，未计入肃北、肃南县范围。

五　自然保护地情况

祁连山国家公园有各类自然保护地8处，其中包括2个国家级自然保护区和1个省级自然保护区；2个国家森林公园、2个省级森林公园；1个国家湿地公园。具体情况如表4.2所示。

表4.2　　祁连山国家公园涉及自然保护地概况

序号	名称	类型	级别	保护对象	成立时间	晋级时间	面积（公顷）
1	甘肃祁连山国家级自然保护区	自然保护区	国家级	典型森林、高寒草甸生态系统及雪豹、白唇鹿、马麝、野牦牛、金雕等国家重点保护野生动植物及栖息地	1987.10	1988.5	1990024
2	甘肃盐池湾国家级自然保护区	自然保护区	国家级	冰川及高原湿地生态系统、高寒灌丛、冰源植被等特有植被，雪豹、白唇鹿、野牦牛、黑颈鹤等珍稀动物	1982.4	2006.2	1358537
3	青海祁连山省级自然保护区	自然保护区	省级	冰川及高原湿地生态系统、高原森林生态系统及高寒灌丛、冰源植被等特有植被、高寒草甸、高寒草原生态系统。野牦牛、藏野驴、雪豹等珍稀濒危野生动植物物种及其栖息地	2005.12	/	807965
4	甘肃天祝三峡国家森林公园	森林公园	国家级	森林生态系统	2006.8	2002.12	129397
5	甘肃肃南马蹄寺省级森林公园	森林公园	省级	森林生态系统	1992.10	/	1335
6	甘肃冰沟河省级森林公园	森林公园	省级	森林生态系统	2002.7	/	9713
7	青海仙米国家森林公园	森林公园	国家级	森林生态系统	1998.5	2003.5	199876
8	青海祁连黑河源国家湿地公园	湿地公园	国家级	高原湿地生态系统	2014.11	2019.8	64943

注：各自然保护地面积数据来源于甘肃和青海两省提供的西安80坐标系下的矢量图层面积。
资料来源：《祁连山国家公园总体规划》试行印发稿。

六 祁连山国家公园分区管控内容

按照国土空间和自然资源用途管制要求，祁连山国家公园试点区按照分区原则划分为核心保护区和一般控制区，核心目标是稳步提升水源涵养、加大生物多样性保护等生态服务功能。

（一）核心保护区

核心保护区面积274.67万公顷，占国家公园总面积的54.68%，其中甘肃省片区180.98万公顷，青海省片区93.69万公顷（见表4.3）。祁连山国家公园核心保护区严格保护生态系统自然状态，维护生态系统的完整性、原真性；重视重要冰川雪山和多年冻土带的保护，维护固体水库功能；加大雪豹等野生动物重要栖息地的保护与修复力度，加强珍稀野生动物栖息地的完整性和连通性，促进珍稀濒危野生动物种群可持续发展。不开展大规模生态修复工程，特别是在现代冰川分布以上区域（西段海拔4500米以上、中段海拔3850米以上和东段海拔3600米以上区域）。

（二）一般控制区

一般控制区面积227.68万公顷，占国家公园总面积的45.32%，其中甘肃片区162.97万公顷，青海片区64.71万公顷。一般控制区是以生态空间为主，兼有居民传统生活和生产的区域，同时也是为公众提供亲近自然、体验自然游憩、科研及教育场所的区域。针对不同管理目标需求，实行差别化管控，实现生态、生产、生活空间的科学布局和资源的可持续利用。在不破坏生态系统功能的前提下，加强访客管理，适度建设必要公共设施（万艳芳，2017）。

表4.3 祁连山国家公园管控分区统计

管控分区	合计		甘肃省片区		青海省片区	
	面积（公顷）	比例（%）	面积（公顷）	比例（%）	面积（公顷）	比例（%）
核心保护区	2746659	54.68	1809800	52.62	936859	59.15
一般控制区	2276772	45.32	1629682	47.38	647090	40.85
合计	5023431	100	3439482	100	1583949	100

第三节　祁连山国家公园生态保护措施及成效

一　祁连山国家公园生态保护目标

（一）筑牢生态安全屏障

以保持山地森林、荒漠草原、高寒草甸和冰川雪山等自然生态系统的原真性和完整性为核心目标，增强祁连山水源涵养功能，保护祁连山生物多样性，实现自然资源为民众公共资产，并且可传承于后代，筑牢国家西部生态安全屏障，实现生态环境可持续发展。

（二）维护生态系统平衡

有效地修复和恢复高原山地生态系统，打通动物迁徙廊道，增强珍稀动物栖息地的宜存性，保护生物多样性，维护生态系统平衡。

（三）增强生态服务功能

促进生态移民，实行特许经营，发展生态经济，健全生态补偿，更加有效地增强祁连山生态服务功能，促进当地经济发展，实现祁连山的长远保护与发展，促进各民族更加团结，实现共同富裕。

二　祁连山国家公园生态保护措施

（一）“垂直管理”构建生态保护管理新体制

在甘肃、青海两省林业和草原局分别加挂省级祁连山国家公园管理局牌子，受国家林业和草原局与省政府双重领导，以省政府为主。甘肃片区建立省管理局、管理分局和保护站三级垂直管理体系，成立了祁连山国家公园甘肃省管理局酒泉分局和张掖分局。甘肃片区组建省国家公园监测中心，在原有酒泉分局 6 个保护站、张掖分局 22 个保护站的基础上规划增至 40 处（陈飞等，2019）。青海片区建立省管理局，并设立祁连山国家公园青海省管理局办公室和祁连山国家公园青海服务保障中心，以及德令哈、天峻、祁连、门源四县市管理分局，建立 9 个管护中心和 40 个管护站点（见表 4.4）。

表 4.4 祁连山国家公园自然保护站规划

片区	管护站
甘肃省（40）	盐池湾、疏勒、石包城、老虎沟、碱泉子、鱼儿红、祁丰、隆畅河、康乐、西水、寺大隆、东大山、龙首山、昌岭山、马蹄、西营河、大河口、马场、东大河、上房寺、祁连、哈溪、乌鞘岭、古城、华隆、大黄山、十八里堡、夏玛、扎子沟、党河湿地、野马河、乌呼图、哈尔腾、塔哈尔巴斯陶、心泉湾、野牛台、三角台、野马大泉、马米沟、宝瓶河
青海省（40）	八盘山、伊克拉、雪山牧场、老虎沟、金洞沟、一棵树、硫磺沟、寺沟、初麻院、野牛沟、央隆、油葫芦、扎麻什、黄藏寺、青羊沟、芒扎、加木沟、苏里、花儿地、瓦乎斯、龙门、木里弧山、哈拉湖、托勒河源、古古拉、塔里华、讨拉沟、宁缠、青阳河、扁都口、峨堡、陇孔、大拉洞、潘家峡、边麻、默勒滩、珂珂里、沙龙滩、阳康、尕河

（二）建立山水林田湖草系统保护综合治理新机制

根据国家公园功能区划和发展目标，在加强生态保护和修复基础上，重点提升祁连山水资源对土壤涵养功能以及物种多样性对生态系统调节能力的维持功能。注重自然恢复，避免大规模人工干预，加强退化草地治理、天然林保护、水土保持。严格控制天然草原放牧规模，有效解决草场承载压力过大的问题。开展重大生态修复工程，落实河长制要求，推进天然林保护、退耕还林还草、黑土滩治理、水土保持、湿地保护等工程建设，提高植被综合覆盖率，进一步实现生态系统可持续发展。实施生物多样性保护重大工程，对祁连山冰川、湿地、森林、草原等进行保护，保护天然乔灌草复合植被，提高荒漠草原植被覆盖度。加强以雪豹为核心的生物多样性监测与评估，进一步切实保护珍稀物种及其栖息环境（徐玲梅，2020）。

（三）探索生态保护与民生改善协调发展新模式

为使国家公园核心保护区内的农牧民自愿迁出核心区，甘肃省张掖市采用每户确定 1 名护林员、每户培训 1 名实用技能人员、每户扶持 1 项持续增收项目和确保每个家庭享受到一整套惠民政策的“四个一”措施，推动核心区农牧民搬迁安置。青海省片区以国家公园内社区村两委为依托，以社区群众为主体的“村两委 + 社区参与”共建共管共享工作机制，推动生态保护效益向社区发展和民生效益转化，寻求生态保护与社区发展间的平衡。引导原住民参与国家公园建设和管理，将生态管护公益岗位应用于区域草原、湿地、林地等生态空间的管护，优先考虑原住民特别是建档建卡的贫困人口，开展日常巡查和保护，宣传法律法规和政策，充分发挥群众管理和保护作用。在公园内设立相关社会志愿者岗位，引导原住民特别是建档建卡的贫困人口从事生态体验、环境教育服务、生态保护工程劳务、生态监测等工作，以确保他们的基本生计来源。在转变当地群众生产生活方式的基础上，在群众自主自愿的前提下，鼓励其参与国家公园核心区、重要生态节点和重要生态廊道的保护。同时，充分考虑移民安置能力和转移就业能力，积极稳妥推进重点区域生态移民（周国文等，2021）。

（四）健全资源开发管控和有序退出机制

进一步落实祁连山生态保护整改方案，逐一核定评估园区内现有探矿采矿、水电、旅游、基础设施建设等项目的成效进行实事求是地考察与评估，并提出相关意见，对不符合规定的项目必须进行整治。划定祁连山地区生态保护红线，对禁止开发区域进行严格管控，逐步搬离不符合国家公园功能定位的产业项目，严禁在国家公园内新批新建矿产资源、水电等项目。国家公园内从事矿产资源勘查开发和水电开发等的企业逐渐关闭和淘汰，并根据不同项目开展差异化退出策略，明确退出范围、时限、补偿标准、资金来源等具体政策。进一步加强对经严格研究论证确需保留的水电开发企业的监管，规范项目运行。对于违背国家公园建立目的的旅游开发项目，必须依规强制退出。

（五）建立生态保护长效机制

根据祁连山国家公园建设需要，加大资金投入，完善基础设施、生态搬迁、生态廊道、科研监测、生态保护补偿等方面投入机制。运用以奖代补、奖惩结合等方式，建立转移支付资金安排与绩效考评结果相结合的分配制度。加强公益林管护，合理安排停止天然林商业性采伐补助奖励资金。扩大退牧还草工程实施范围，实施新一轮草原生态保护补助奖励政策。建立社会捐赠制度，制定相关配套政策，吸收企业、公益组织和个人参与国家公园生态保护、建设与发展，支持社会资本开展生态恢复治理。推进志愿者招募、注册、培训、服务和激励制度进一步实施。完善社会监督机制，支持引导公众参与，逐步推进国家公园规范管理、科学发展。按照绿色、循环、低碳理念，设计生态体验和环境教育项目，把祁连山国家公园打造成自然生态体验区和环境教育展示平台，使公众在融入自然、享受自然过程中增强珍爱自然、保护自然意识（金崑，2021；张壮和赵红艳，2019）。

三 祁连山国家公园生态保护成效

试点以来，祁连山国家公园管理局和甘肃、青海分别建立运行良好的管理体制，成立综合执法机构或部门，建立国家主导区域联动、山水林田湖草系统保护综合治理、生态保护与民生改善协调发展的运行机制，建立健全协调推进机制；初步建立自然资源产权管理制度和用途管制制度，进一步夯实自然资源管理基础；建立较为完整的法律政策体系、规划体系、科研监测体系、综合执法体系、生态保护管理体系、自然教育体系、基础保障体系、信息化管控体系和教育培训体系；切实加强了生态保护，构建共建共治共享机制，不断提升生态保护与修复能力。根据有关统计，祁连山保护区共涉及 8 大类 31 项生态环境整改问题，其中有明确整改时限的 21 项已于 2020 年底全部完成，其余 10 项纳入日常工作持续推进。

（一）违规项目差别化退出关停

根据甘肃省政府制定印发祁连山保护区矿业权、水电站、旅游设施等分类退出办法及补偿方案，甘肃片区 144 宗矿业权已通过注销式、扣除式、补偿式等 3 种方式全部退出，并采取封堵探洞、回填矿坑、拆除建筑物以及种草植树等综合措施恢复生态环境。9 座在建水电站退出 7 座、保留 2 座，33 座已建成水电站退出 3 座，规范运营 30 座；25 个旅游设施项目完成差别化整改。在注销青海片区祁连山自然保护区 26 宗矿业权的基础上，2020 年 4 月青海省人民政府印发《祁连山国家公园（青海省片区）内矿业权退出分类处置意见》，明确 2022 年底前完成园区内 78 宗矿业权分类处置、有序退出，生态环境恢复治理工作全面到位，目前涉及祁连山国家公园范围内的 78 宗矿业权全部停止勘查开发活动。

（二）生态系统重建资金投入力度加大

2017年，甘肃省政府多渠道筹集生态保护资金195亿元。其中，祁连山生态保护与建设综合治理规划累计下达投资38.56亿元；张掖、武威两市规划实施的林草植被恢复、矿山环境治理等项目完成投资76.4亿元，建设任务全部完成。另外，2017—2020年财政部累计下达甘肃省祁连山地区转移支付补助资金31.41亿元。2017年以来，祁连山国家公园青海省管理局先后争取落实中央、省级投资3.69亿元。

（三）生态保护管理实现新方式

甘肃省片区综合运用卫星遥感、天空地一体化、对地观测、地面监测等技术，率先在张掖市建成“一库八网三平台”生态保护信息监控系统。目前，张掖市179个问题点位的卫星遥感定位及对比监测系统已基本建立，重点污染源、机动车尾气监测、水质监测及空气自动监测实时数据均接入智能环保平台。青海省片区着力构建规划体系建设，构建科研监测体系、社会参与体系、保护管理体系、自然教育体系、基础保障体系、信息化管控体系、志愿服务体系和教育培训体系等八大支撑体系，不断提升国家公园生态保护管理综合能力。另外，建立综合执法机制，建立协调统一、分工明确的国家公园生态监管体系，整合海西州、海北州两州政府以及省直有关部门执法力量，全面组织开展国家公园综合执法和专项督查检查行动，构建综合执法长效机制。

（四）“多管齐下”推动祁连山生态环境修复

国家公园体制试点以来，以提升祁连山保护管理能力为目标，甘肃、青海两省不断完善国家公园管理体制，严格保护措施，强化监督管控，大力开展祁连山生态环境修复和保护工作。同时，引入祁连山山水林田湖草生态保护修复试点项目，采用“多管齐下”方式开展祁连山生态环境治理工作，恢复祁连山国家公园生态环境。2017—2019年中央和省级财政部门拨付专项资金，用于祁连山生态环境整治和保护修复。目前，祁连山国家级自然保护区实现了森林面积和蓄积量的双重增长，森林蓄积量比建区初期增长27.78%，森林覆盖率达到22.56%。

青海省以山水林田湖草系统保护修复为核心，开展过森林、草原、湿地、荒漠生态系统保护与修复，2019年底草原植被盖度提高到57.2%，森林覆盖率提高到7.26%，青海省湿地面积达5.1万平方千米，位居中国第一。

第五章　祁连山国家公园游憩资源禀赋及利用状况

第一节　祁连山国家公园游憩资源禀赋

祁连山国家公园地理位置特殊，地貌复杂多样。国家公园峻美挺拔的山脉体系、茂盛葳蕤的森林灌丛、广袤无垠的草原风光、雄浑壮阔的冰川雪山、景色秀丽的湖泊湿地，以及别具特色的人文景观、绚烂多彩的民族风情，无不蕴含着巨大的游憩鉴赏价值、科学考察价值和历史文化挖掘价值。祁连山国家公园生态价值高，游憩资源具有独特性、多样性、垄断性等鲜明特征，是开展观光体验、自然教育和生态游憩的绝佳区域。

经过广泛调研，发现祁连山国家公园规划区内游憩资源及周边景区共40余处。按其属性和成因，我们将其分为自然游憩资源和人文游憩资源两类，具体名称见表5.1。这些游憩资源主要分布在甘肃省的天祝藏族自治县、肃南裕固族自治县、肃北蒙古族自治县、阿克赛哈萨克族自治县、临泽县和民乐县等；青海省的海北藏族自治州门源回族自治县、祁连县以及海西蒙古族藏族自治州的天峻县等，具体区位如图5.1所示。

表5.1　**祁连山国家公园游憩资源汇总**

分类	景区名称
自然游憩资源	甘肃片区：冰沟河森林公园、抓喜秀龙草原、马蹄寺风景名胜区、巴尔斯雪山、扁都口生态休闲旅游景区、夏日塔拉皇城草原、悬堂寺丹霞景区、外星谷星际主题地质公园、中华裕固风情走廊、鸾鸟湖、柴尔龙湖、张掖丹霞地质公园景区、山丹皇家马场
	青海片区：仙米国家森林公园、寺沟东海大峡谷、百里油菜花海景区、皇城大草原、岗什卡雪峰、祁连黑河源国家湿地公园、祁连黑河大峡谷、油葫芦自然保护区、牛心山－卓尔山景区、拉洞峡、岗格尔肖合勒雪山

续表

分类	景区名称
人文游憩资源	甘肃片区：下塘台遗址、马蹄寺石窟、金塔寺、长沟寺景区、肃南裕固族民俗度假区、祁丰文殊寺石窟群、石包城遗址、肃北五个庙石窟
	青海片区：峨堡古方城、寺沟口遗址、下塘台遗址、克图古城
关停景区	天祝三峡国家森林公园、马牙雪山、大野口森林公园、七一冰川、透明梦柯冰川、盐池湾自然保护区、海潮湖生态度假区、八一冰川

祁连山国家公园体制试点区自2017年建设以来，甘肃及青海两省高度重视祁连山地区的生态环境整治工作，对祁连山暴露出的生态环境问题进行了重点整改。甘肃省武威、张掖两市的相关县区对天祝三峡国家森林公园景区、冰沟河、雪山瀑布风景区、石门森林公园、文殊山滑雪场、中华裕固风情走廊景区（原康乐草原）、海潮湖生态度假区、山丹马场、七一冰川等25个旅游景区景点项目，实施了关、停、退出或拆除旅游设施等整改措施。整改后，包括七一冰川、透明梦柯冰川、八一冰川、盐池湾自然保护区、海潮湖生态度假区、马牙雪山等部分处于核心保护区和缓冲区内的景区景点已经关闭，禁止向游人开放。其他如冰沟河森林公园、马蹄寺风景名胜区、康乐草原等位于国家公园一般控制区的景区，均已有序开放，继续开展旅游接待活动。

一　甘肃片区游憩资源简介

（一）冰沟河森林公园

冰沟河森林公园地处甘肃省武威市天祝藏族自治县祁连镇，占地面积为97.13平方千米，属国家4A级生态旅游景区。公园区位条件优越，距武威市约40千米，被称为武威市民的后花园。公园夏季平均温度在25℃以下，是盛夏避暑首选之地，享有“一日过三季、十里不同天”的美誉。公园以马兰花大草原、柴尔龙海天池、弘化牧场、阿尼岗噶尔雪山、尼美拉大峡谷、祁连山冰川等自然景观为主，以雪山观池和寺庙古迹为辅，并有冰沟老街、藏文化广场、半亩方塘等休闲购物场所，以及特色餐饮小吃和锅庄舞表演等各类娱乐项目，可以满足游客的多元化需求，是一处集休闲观光、避暑纳凉、度假疗养、民俗体验和原野探险为一体的旅游景区。

图 5.1　祁连山风景

（二）天祝三峡国家森林公园

天祝三峡国家森林公园地处天祝县城西南，总面积达 1387.06 平方千米，其森林面积在甘肃省内位列第一，是国家 3A 级旅游景区。园内拥有森林、草原、雪山、冰川、天堂寺和引大入秦水利工程等自然景观及人文景观。整个园区包括了石门沟景区、金沙峡景区、朱岔峡景区、先明峡景区、本康丹霞地貌景区、马牙雪山天池景区和藏传佛教文化景区天堂寺等，公园还设有滑草、赛马、漂流等娱乐项目。

因生态保护的要求，该森林公园目前已关停，不再对游人开放。公园内处于缓冲区的石门沟药水神泉景区和马牙雪山天池景区内所有旅游基础设施和服务设施已拆除，并对景区植被和生态环境进行了有效修复。

（三）抓喜秀龙草原

抓喜秀龙草原位于天祝县境内的乌鞘岭、歪巴郎山、代乾山和马牙雪山之间金强河谷和分流的狭窄区域，面积为 510.89 平方千米。该草原地形较为平缓，草场面积辽阔，牧草资源充足，风景宜人。藏语“抓喜秀龙”为吉祥富饶的草原之意。夏天的草原晴空万里，草长莺飞，游人行走其间定会沉醉于山花烂漫、忘情于牧歌悠扬。

（四）马蹄寺风景名胜区

马蹄寺风景名胜区地处甘肃省张掖市肃南县马蹄乡，总面积1908平方千米，其中林区面积为13.85平方千米，属国家4A级旅游景区。景区内有马蹄寺省级森林公园、全国重点文物保护单位马蹄寺石窟，还有胜果寺，普光寺，千佛洞，上、中、下观音洞，金塔寺，三十三天石窟，藏佛洞等名胜古迹。马蹄寺石窟与甘肃河西的敦煌莫高窟、安西榆林窟并称为“河西三大佛教艺术宝窟”。风景区千峰百嶂，松柏常青，溪涧交错，风景迤逦，气候宜人，裕固族民俗风情醇厚，是集自然观光、民俗体验、艺术欣赏、佛教文化于一体的绝佳游览胜地。

（五）夏日塔拉皇城草原

夏日塔拉皇城草原地处肃南县皇城镇，总面积达6840平方千米，被《中国国家地理》杂志评选为“中国最美六大草原之一”。景区内有夏季草场、高山草原、皇城遗址、皇城滩、河谷等著名景观，该地大部分的草原、湖泊和森林等自然环境都保留着生态原始风貌，有“绿色净土”“天然氧吧”的美称。除了丰富的自然资源，节庆活动和民族民俗等人文资源也都异彩纷呈，如裕固族赛马节、民族旅游艺术节，使美丽的夏日塔拉皇城草原更加生机盎然。

（六）中华裕固风情走廊

中华裕固风情走廊地处肃南县康乐乡榆木庄村，走廊总长度约27千米，总面积约880平方千米，属国家4A级旅游景区。景区堪称地貌集锦，其中汇集了天然草原、原始森林、瀑布溪流、湖泊湿地、冰川雪山、丹霞地貌等各类地貌景观。风情走廊沿祁连山腹地榆康公路，连接高车穹庐、丹霞地质风光区、康乐草原、万佛峡、红西路军纪念碑、裕固歌舞表演场、裕固民俗文化传承地等，最后到达终点裕固部落。景区集领略自然风光、体验民族风情于一体，游憩功能齐全。

（七）外星谷星际主题地质公园

外星谷星际主题地质公园地处肃南县康白集镇及白银蒙古族乡交界处。景区面积17.34平方千米，周边有冰川、雪山、森林、沙漠和湿地等优质地貌景观。景区内层峦叠嶂、悬崖峭壁、奇石嶙峋、地势广袤、色泽绚烂，给游客带来多重的视觉享受和无尽的外星想象。

（八）巴尔斯雪山

巴尔斯雪山地处肃南县大河乡西岔河村境内。景区内六座雪山呈东西走向，主峰巴尔斯雪山海拔高达5118米，被当地人奉为“神山圣地”，是集雪山观光、生态体验、自然教育、科普考察为一体的游憩景区。景区内既有壮美圣洁的雪山，大气磅礴的冰川，绚丽多彩的森林，广阔无垠的草原，还有清澈无瑕的河流湖泊和神圣清透的雪山天池，高原最美的景色几乎都汇聚于此，拥有“祁连山秘境”“丝绸之路璀璨耀眼的明珠”“户外运动天堂”的美名，这里不仅是冰雪运动爱好者的理想运动场，还是摄影爱好者的拍照圣地。

（九）祁丰文殊寺石窟群

祁丰文殊寺石窟群地处肃南县祁丰藏族乡，是国家4A级旅游景区，全国重点文物保护单位，被世人称为“小西天”。祁丰文殊寺石窟群最早建于东晋明帝太宁时期，在魏、晋时期不断修葺完善，唐宋时期实现兴盛，距今有1700多年的历史。景区内有文殊山石窟、古佛洞、红钧洞、文殊洞、古佛塔、睡佛殿、五百罗汉堂等主要景观。

（十）肃南裕固族民俗度假区

肃南裕固族民俗度假区地处肃南县红湾寺镇，总面积10平方千米，属国家4A级旅游景区，是一处拥有自然风光、民族民俗风情和宗教文化的综合度假区。景区以裕固风情苑和裕固族特色村寨两个节点为核心，还包括裕固族非物质文化遗产传承保护中心、游牧文化中心、裕固族歌舞保护中心、中国裕固族博物馆、裕固民俗博物馆、红湾寺、索朗格赛马场等重要景观点，并由隆畅河风情线各个景观节点连接起来，充分展现了裕固族人民的民族民俗文化、歌舞、传统体育和生产生活方式。

（十一）长沟寺景区

长沟寺景区地处肃南县大河乡西岭村夏秋牧场，是一个四面环山的小盆地。长沟寺为裕固族亚拉格部落的寺院，最初建立于清雍正十一年（1733）。景区资源类型丰富，周围聚集了冰川、雪山、溪流、草原、丹霞地貌等景观，除了丰富的自然景观之外，还拥有着独具特色的裕固族民俗风情和人文景观。

（十二）悬堂寺丹霞景区

悬堂寺丹霞景区位于肃南县祁丰藏族乡青稞地村境内。景区主要由红色砂砾岩构成，并间有灰白、酪黄、赭石、深红等多种色彩，属未被开发的红色砂岩风化怪石地貌。景区有层峦叠嶂、千山万壑、怪石嶙峋、壁立千仞的奇观，形似熔炼后凝结，状似戏剧脸谱，变化无常，有“鬼脸丹霞”之称。其“色”艳、“形”奇、“貌”怪、“态”神，姿态万千，或左倚右靠，或一跃而起，或高耸入云，形似雄狮、银蛇、大鹏、金蟾，大自然的精雕细琢尽显其中，堪称一幅幅巧夺天工的绝世之作。

（十三）七一冰川

七一冰川地处肃南县祁丰藏族乡境内，冰川可游览区域约为 4 平方千米，是亚洲距离城市最近的可游览高原冰川。冰川因 1958 年 7 月 1 日由中科院兰州分院的科研人员及苏联专家所发现，遂以发现日期而命名。七一冰川景观恢宏别致，远望如一条白练悬垂而下、水花似银；近观似冰舌斜出，冰帘垂挂，冰墙耸立，神奇壮观。为保护冰川所在地生态环境，该景区已于 2017 年关闭。

（十四）透明梦柯冰川

透明梦柯冰川地处甘肃省肃北蒙古族自治县大雪山北坡老虎沟内，又名“老虎沟 12 号冰川”。冰川有被称为姊妹峰的东南两峰，总面积 21.9 平方千米，长度为 10.1 千米，冰储量为 2.63 立方千米，属祁连山最大的山谷冰川，同时也是中国西北地区可开发的最大的极大陆型山谷冰川。为保护冰川所在地生态环境，该景区已于 2017 年关闭。

（十五）盐池湾自然保护区

盐池湾自然保护区地处肃北县盐池湾乡境内，总面积约 1.36 万平方千米，其中核心区为 0.42 万平方千米，实验区为 0.65 万平方千米，缓冲区为 0.28 万平方千米。保护区内有疏勒河谷地、野马河谷地和党河谷地三大谷地，有石包城南滩盆地、野马滩盆地和盐池湾盆地，还有因河流的长期侵蚀而形成的疏勒河峡谷、石油河峡谷、党河峡谷和榆林河峡谷，以及冰川冻土、高原寒漠、高山草原、河流湿地等自然景观资源。除此之外，保护区的天腾温泉、野牛沟岩刻、哈什哈尔国际狩猎场等资源，也极具游憩体验价值。

盐池湾自然保护区还有其他文化遗址遗迹类景点。例如，石包城遗址：地处肃北县石包城乡政府西南方向约 3 千米处的一个小山岗上，属省级文物保护单位。在古代，石包城又名雍归镇，与新乡镇、紫亭镇（党城遗址）一同为当时守卫丝绸之路、防御吐蕃侵袭的边陲要塞。五个庙石窟：位于肃北县西北 20 千米，因在党河西岸崖壁上开凿有 5 个洞窟得名，各窟造像均已毁坏，仅余壁画，也已漶漫不清。石窟内仅有始建于北朝的 1 号窟保存较好，为中心方柱式建筑。窟内壁画与莫高窟、榆林窟及其他敦煌石窟绘制内容相差无几，具有极高的文化艺术价值。

（十六）扁都口生态休闲旅游景区

扁都口生态休闲旅游景区地处祁连山腹地的张掖市民乐县东南部，属国家级 4A 级景区。总面积约为 60 平方千米，其中有 9 平方千米处于国家公园核心区，禁止向游人开放。景区内有油菜花海、高原牧场、大斗拔谷、石佛岩画、娘娘坟、黑风洞、诸葛碑等景观。扁都口生态休闲旅游景区是集自然观光、人文体验、休闲度假、避暑纳凉于一体的综合景区。

（十七）海潮湖生态度假区

海潮湖生态度假区地处民乐县境内海潮坝河流域，距民乐县约 15 千米，属省级水利风景区。生态度假区依海潮坝水库而建设，又因这里松林一眼望不到边，层层叠叠，声犹浪喧雷吼，如海似潮，故得名海潮湖。生态度假区的主要旅游资源有原始森林、海潮湖、海潮溪，同时还包括水上游乐小区、沙沟度假村小区、野生动物驯养狩猎场、干石河原始林探幽小区、犁铧山北坡冰川景观游览区及海潮音寺等诸多景点。为保护流域生态环境，该景区在 2017 年已关闭。

（十八）张掖丹霞地质公园景区

张掖丹霞地质公园景区地处甘肃省张掖市临泽县境内，祁连山主脉北坡的中段，总面积达 1289.71 平方千米，属国家 5A 级景区。2011 年 11 月张掖丹霞地质公园景区被原国土资源部批准为“国家级地质公园”，2020 年 7 月被联合国教科文组织授予“世界地质公园”称号。景区内虹落千山，色着万壑，构成一幅浓墨重彩的绝美油画，铺展在浩瀚碧空与无垠沙石间，那份绚丽给荒野带来了勃勃生机。景区内红层地貌地质遗迹具有较高的科考和游憩价值。

（十九）山丹皇家马场

山丹皇家马场横跨甘青两省，地处祁连山冷龙岭北麓，河西走廊中部，草原总面积329.5万亩，处于祁连山国家公园一般控制区的范围有1154平方千米，是亚洲规模最大的军马繁育基地，有“世界第一马场”“中国马都”等称号。早在西汉时期，大将军霍去病为给汉王朝代骑兵供应良种战马，便下令建立了山丹马场。直到清朝，山丹马场一直是皇家马场，在20世纪70年代马匹存栏数已超2万匹，军马繁育达到兴盛时期。马场周围旅游资源富集，包括大黄沟峡谷森林景区、将军石、鸾鸟湖、窟窿峡等景点。马场的夏季草色青青、祁连晴雪、旷野群马等原生态自然风光，无不吸引游客纷至沓来。

二 青海片区游憩资源简介

（一）仙米国家森林公园

仙米国家森林公园地处海北藏族自治州门源回族自治县（以下简称门源县）东川、仙米、珠固三个镇交界处，总面积1480.25平方千米，是青海省面积最大的原始森林。公园森林景观呈现分异性，山地寒凉湿润，谷地温暖干燥，崇山峻岭、奇峰怪石、峡谷沟壑、熔岩剑洞、冰川雪岭与蓝色的大通河、妩媚的五色神湖、甘醇的珠牡灵泉、飘落的玉龙瀑布共同构成了复杂的地貌群，形成集雄、奇、险、幽于一体的壮美景观。

其核心景区之一的寺沟东海大峡谷，位于门源县珠固镇，面积为268.41平方千米，是青藏高原连通河西走廊的交通要道，省级文物保护单位。峡谷内旅游资源主要分布在一道峡、二道峡、三道峡、直沟、夏季牧场、东海等六块区域，共有景点80余处，具有域大、林丰、景美、水秀等特点。峡谷地貌巍峨，山明水秀，森林草原镶嵌、层次结构复杂，是青海最大的高山草甸峡谷公园。周边有人文景点仙米寺（原“赛尼寺”），是当地著名的黄教寺院。仙米寺建筑宏大雄伟，佛殿金碧辉煌、雕梁画栋，以风景秀丽和建筑精湛闻名遐迩。

（二）百里油菜花海景区

百里油菜花海景区地处门源县、祁连山与大坂山之间的盆地，面积达50万亩，是国内乃至全世界面积最大的小油菜种植区，属国家4A级景区，被评为“中国最美油菜花海”。每年盛夏7月，门源的油菜花华丽绽放，远远望去，漫山遍野一片金黄，极具震撼力。景区内还有回族风味小吃、回族宴席曲、回族刺绣等回族文化民族特色及产品，深受游客青睐。

花海景区西北方向37千米有一处人文景点——永安古城，是1725年年羹尧镇压罗卜藏丹增叛乱后，为进一步巩固西北边陲而营建在通往甘肃与青海必经之路上的城池。夏季的古城风景分外惬意迷人，牧场上健步如飞的大通马，正是古代驰骋中原战场的名驹“青海骢”。

（三）皇城大草原

皇城大草原位于门源县北部，与甘肃省肃南县皇城镇接壤，与肃南夏日塔拉皇城草原为同一景区。被誉为门源古八景之一的“花海鸳鸯湖”就在此大草原。花海鸳鸯湖由108处泉眼汇集而成，被八瓣莲花似的山包环绕，这里也是高山珍稀水禽自然保护区，常有众多鸳鸯在此嬉戏玩闹。草原、湖泊、山丘、禽鸟交相辉映，景色美不胜收，羡煞游人。

（四）岗什卡雪峰

岗什卡雪峰地处门源县青石嘴镇以北，海拔高达5254.5米，又名“冷龙岭主峰”。岗什卡雪峰既有壮丽的现代冰川，又拥有完整的植被带，是科普考察、高山探险和旅游观光的绝佳之地。峰顶终年积雪，天气瞬息万变。每当夕阳西下，雪峰闪闪发光，色彩缤纷，傍晚薄雾上升，像玉龙遨游在花海中，所以该处又被称为“龙岭夕照”。

（五）牛心山—卓尔山景区

牛心山—卓尔山景区地处祁连县八宝镇，属国家4A级景区。牛心山，也称为阿咪东索神山，主峰海拔4667米，与祁连县城形成1880米的相对高差，是祁连的象征，被誉为“众山之神”。牛心山的西北部是姿态万千的祁连石林，内有109座佛，又叫佛爷崖。牛心山的中部，挺拔苍翠、碧波万顷的青松圆柏如同绿色的大海，与蓝天白云的背景、终年积雪的山峰和红顶白墙的现代建筑构成一幅美不胜收的天然画卷。牛心山脚下的卓尔山，属丹霞地貌，由红色砂砾岩组成，藏语称为“宗穆玛釉玛”，意为美丽的红润皇后。卓尔山与牛心山遥相对望，好似一对不离不弃的情侣，静静相守在八宝河两岸，共同护佑着祁连的神山圣水。卓尔山两旁是卓尔山拉洞峡和白羊沟景区，山脚下的八宝河像一条白色的哈达围绕在县城周边。牛心山－卓尔山景区处处是美景，宛如仙境，令人心旷神怡。

（六）祁连黑河大峡谷

祁连黑河大峡谷位于祁连县黄藏村，总长度达800多千米，平均海拔在4200米以上，其中有70千米为“无人区”，峡谷中有800处冰川，覆盖了300多平方千米的面积，是世界第三大峡谷景区。峡谷中自然资源极为丰富、物华天宝，直入云端的山峰与耀眼的冰川形成了独特的高原风景，大峡谷周边还有新石器时代、青铜器时期和卡约文化时期的遗址，分别是拉洞元山遗址、扎麻什寺沟遗址、铜矿山等丰富的文化资源。所以，祁连黑河大峡谷集采矿、水利、林业、畜牧业和旅游业为一体，被称为中国的“乌拉尔”和“天然聚宝盆”。

（七）祁连黑河源国家湿地公园

祁连黑河源国家湿地公园位于青海省祁连县，是祁连县及其中下游地区重要水源地和野生动物栖息地，具有明显的生态文化特征。公园以河流湿地和沼泽湿地为主体，总面积为639.36平方千米，整个公园由湿地保育区、湿地恢复区、合理利用区和管理服务区4个功能分区组成。祁连黑河源国家湿地公园是以高寒湿地生态保护为主体，兼具科研监测和宣传教育功能的湿地公园。

（八）油葫芦自然保护区

油葫芦自然保护区地处祁连县野牛沟乡，距祁连县城60千米，海拔3300—4800米，东西长约27千米，南北宽约13千米。保护区内有皑皑的雪山、巍峨秀丽的山峦、锯齿状的岩石、狭长的河沟，各种景观交相辉映。沟内奇花异草苍翠欲滴，澄澈的小溪蜿蜒穿梭其中，瀑布犹如一匹飘在山间的白绢，苍劲挺拔的云杉圆柏林立山涧，直入云霄，构成独特而壮美的风景。

（九）拉洞峡

拉洞峡位于祁连县八宝镇境内，全长约 10 千米，海拔 2750 米以上。山谷植被保护完好，生态系统物种丰富。峡谷内有青海云杉、祁连圆柏、金露梅、雪莲、冬虫夏草等植物，还栖息着珍稀濒危的野生动物，如狍鹿、白唇鹿、雪豹、盘羊、岩羊、棕熊、蓝马鸡、雪鸡等。另外还有海洋古生物化石遗址、神仙洞等许多引人入胜的旅游景点，能够给游客带来难忘的游憩体验。

（十）八一冰川

八一冰川地处祁连县野牛沟乡，是青藏高原第四纪冰期形成的冰冠冰川，发育在平缓的山顶上。冰川长度 2. 2 千米，面积 2. 81 平方千米，是黑河干流河源区最大的冰帽型冰川，海拔 4520—4828 米，储水量 570 亿立方米。这里常年蓝天白云、冰川山陵，是四季皆宜的旅游探险及摄影创作的绝佳境地。

图 5. 2　青海祁连八一冰川

（十一）岗格尔肖合勒雪山

岗格尔肖合勒雪山地处天峻县苏里乡。苏里和尕河之间横亘着许多巨大山脉，在海拔 4000 米到 4500 米之间形成了许多雪山和冰川。自古以来，众多冰川一直往荒野和山区运送着淡水，哺育着在这片区域生活的万千生物，有天然“固体水库”之称。地理学家确认，岗格尔肖合勒是我国最大的现代冰川区之一，具有极高的科学考察价值和游憩价值。

（十二）其他文化遗址遗迹类景点

其他文化遗址遗迹类景点峨堡古方城：地处祁连县峨堡镇，呈梯形，东西长约150米，中部宽约120米，夯土筑城墙最高残高5米左右，南北城垣各有5个马面，西城垣有两个马面，内有建筑基址5处，据考证为汉代时期所筑。

寺沟口遗址：共有两处，一处位于祁连县扎麻什乡河北村，东西长60米，南北宽20米，属于卡约文化与齐家文化并存遗址；另一处位于祁连县扎麻什乡郭米村东700米处，属于卡约文化遗址。

下塘台遗址：位于祁连县扎麻什乡鸽子洞村。东西宽60米，南北长80米，遗址保存良好，属于卡约文化遗址。

克图古城：位于门源县浩门镇东29里的克图口村，又称宋古骨龙城、震武城。城垣依照地形呈三角形，当地人称之为三角城。据考证建于公元1116年，遗址保存基本完好。

第二节　祁连山国家公园游憩利用基本情况

《建立国家公园体制总体方案》指出，国家公园最重要的任务是对自然生态系统的保护。在此前提下，允许在国家公园的一般控制区内，依托已有道路体系组织生态体验和自然教育类游憩项目，还可以适度开展民族民俗文化体验、休闲观光等游憩项目。并通过打造入口社区、特色小镇和文化村等形式，为国民提供了解自然、亲近自然以及体验自然的机会。政府还应当帮助本地农牧民发展多种经营，积极探索生态体验、休闲服务和自然教育等旅游利用方法；指导农村社区村民以及私营企业，在祁连山国家公园的一般控制区以及附近范围内发展第三产业，并积极引导和支持广大农牧民群体以资本入股、合伙、劳务合作等形式，发展民宿、牧家乐、民俗文化表演、交通保障等服务项目。通过采取以上举措，除了推动国家公园旅游发展外，更关键的是使广大民众共享国家公园建设与发展所带来的最大福祉。

近年来，祁连山国家公园所辖市县，在保护好生态环境的基础上，借助得天独厚的自然风光和生态资源、独具特色的民族民俗文化，不断完善旅游基础要素、拓展自驾游线路，适时举办特色民俗节庆活动，开展生态体验游。努力打造国家公园入口社区和特色小镇，不断探索实践自然教育和研学旅游。在满足广大民众游憩需求的同时，构建了当地旅游热、百姓富的新格局。

一　稳步开展入口社区生态体验游

（一）甘肃片区

甘肃省根据社区的区位条件和周边品牌旅游资源优势，规划建设了肃南县康乐镇、皇城镇、马蹄乡、天祝县抓喜秀龙乡、天堂镇等入口社区20余个，建立阿克塞县阿勒腾乡、丹霞口旅游度假小镇、肃南康白旅游集镇等12个特色小镇。积极依托入口社区和特色小镇优良的旅游资源和交通区位优势开展生态旅游与自然教育，为公众提供特色访客接待服务。

例如，临泽县借助毗邻七彩丹霞的区位优势，积极推动文旅新业态发展，全力打造集生态观光、休闲娱乐、康养研学、民族风情体验于一体的特色旅游活动。2016—2019年，丹霞景区接待游客量分别为：141.31万人、192.18万人、232.68万人、260万人，年均增长率达40%以上。2021年，景区克服新冠病毒带来的负面影响，聚力打造硬核竞争力，持续刷新品牌热度，荣获“最美中国旅游景区奖”等多项殊荣。紧邻丹霞景区的临泽县南台村，凭借得天独厚的区位条件，不断发展壮大乡村旅游业。2018年，有286户共1033人参与到旅游产业中，通过开办农家客栈，从事餐饮、住宿服务，或为游客提供特产销售、驼队观光、动力三角翼、热气球等服务，切实提高了村民收入，当年人均可支配收入为14082元。[①] 现如今，南台村已焕然一新，展现出自然美、百姓富、产业优的景象，并在2015年被授予“中国乡村旅游

① 张掖文族局：《张掖国家地质公园建设推动区域经济发展纪实》，https://baijiahao.baidu.com/s?id=1635556003529248160&wfr=spider&for=pc，2019年6月6日。

模范村”的称号。

肃南县广阔无垠的草原风光和独有的民族文化，蕴藏着巨大的美学鉴赏价值、历史文化价值和旅游观赏价值。肃南康乐镇榆木庄村凭借优越的地理区位条件，依托富饶的自然资源和中华裕固风情走廊景区丰富的人文资源，全力打造生态休闲与民族风情体验相融相辅的特色旅游品牌，打造美丽乡村。建成了1.4万平方米集住宿、餐饮、娱乐、采摘、垂钓为一体的裕固族民俗旅游度假区，年接待游客量达1万人以上，带动群众开办农牧家乐、商业门店35个，年集体经济收入增加50万元以上，农牧民收入发生翻天覆地的变化。肃南县大河乡立足当地民族风情和自然风光，依托巴尔斯雪山景区品牌，积极打造巴尔斯文旅小镇。在凸显裕固特色和自然风光的同时，充分调动当地农牧民群众参与旅游发展的积极性，把原住民融入文旅小镇的发展之中，帮助农牧民群众增加收入、走向富裕，推动乡村振兴。①

天祝县祁连镇凭借冰沟河森林公园群山环抱、峰峦叠嶂、森林雪山、湖泊草原造就的奇绝自然风光，着力打造入口社区乡村旅游。积极开展国家公园+“生态观光”“研学旅行”“户外拓展”，乡村旅游+“康养休闲”“民俗体验”等旅游产品的宣传推广，开发亲子游、自驾游、自助游等新的细分市场，并进一步挖掘短途游和周末游市场，不断提升本地及周边市场份额。真正让公众感受到祁连山国家公园整体的生态环境之美及原乡文化中所蕴含的美学价值；真正让乡村旅游带动当地群众增收致富。大红沟镇凭借得天独厚的雪域草原、万亩改造梯田和漫山遍野的油菜花，为广大游客提供了难得的避暑休闲、徒步探险、游山玩水、赏花观景的游览胜景。大红沟镇以花海、徒步比赛、篝火晚会等项目为特色活动，将生态观光作为乡村旅游发展的着力点，吸引游客纷至沓来。天堂镇天堂村凭借青山绿水、碧空万里的生态优势和藏传佛教寺院天堂寺宗教文化以及藏族民俗文化优势，着力打造“雪域藏乡，避暑天堂”的旅游品牌，把天堂村建设成为集休闲观光、民俗风情、

---

① 《甘肃肃南：打造“巴尔斯”文旅小镇》，中国日报网，https://cn.chinadaily.com.cn/a/202106/09/WS60c0cbe9a3101e7ce9754378.html，2021年6月9日。

宗教文化、消夏避暑于一体的旅游村。目前，天堂村被评为“中国乡村旅游模范村”“中国少数民族特色村寨”。截至 2018 年底，天堂村在诸多政策红利的驱动下，建设了 51 家集餐饮、住宿、休闲于一体的特色民宿，该村近一半的居民从事旅游接待及相关产业，实现了年均游客接待量突破 30 万人（次），旅游综合收入达 6000 多万元。

（二）青海片区

青海省在基于《祁连山国家公园总体规划》建设苏里乡、野牛沟乡、仙米乡等入口社区的同时，积极推动一批特色古镇村落、游牧小镇、景区建设、自驾旅游基地等项目的有效落地，努力提升祁连山国家公园青海片区游憩价值。

例如，门源县依托百里油菜花海景区、皇城大草原、牛心山－卓尔山景区等游憩资源，充分挖掘自然与文化资源特色，积极为游客打造数条以生态体验、休闲观光、文化探秘为主的旅游线路，并且成功探索出了旅游引领下的乡村振兴之路。门源县骆驼脖子社着力打造“高原桃花源”的乡村旅游品牌，居民衣着藏族服饰，经营着藏族特色牧家乐，游客来这里既可以感受藏族文化，品尝藏族美食，还可以体验藏族人民的生活。此外，青海省百里油菜花海观花台景区为周边社区群众无偿提供木质摊位 80 个，使得门源县青石嘴镇 200 多家贫困户可以通过销售酸奶、奶皮、蜂蜜、青油等土特产品解决基本生计问题，并帮助 800 余人在乡村旅游发展中找到了新的工作，人均年收入增加 6000 余元。

祁连县大力打造“天境祁连”的旅游品牌，以卓尔山景区带动周边乡村社区大力发展乡村旅游，用旅游扶贫、人才引领等方式引导社区居民通过经营农家乐、牧家乐、特色餐饮等投身当地旅游业发展。截至 2022 年 3 月，祁连县累计培育“农家乐”“牧家乐”乡村旅游经营户达 141 家，文旅商品经营户达 180 家，使得当地乡村旅游经济快速发展。并且，祁连县借助资源优势和品牌效能，开发极具市场潜力的旅游商品，如牦牛藏羊肉及奶制品、鹿麝系列、青稞系列、祁连玉、黄菇、虫草等，并不断拓宽推介渠道和优化包装。

祁连县郭米村，以黑河大峡谷的自然资源为基础发展生态旅游业，实现园内生态体验，村里购物消费。同时，祁连县充分利用当地原生态自然资源与民族文化资源，依托区位优势，推出草原驿站式原生态旅游发展新模式。目前，祁连县累计培育草原驿站4家，峨堡草原驿站就是其中之一。经过近几年的发展，峨堡草原驿站现已发展成为集藏族餐饮、旅游住宿、草原观光、草原露营、锅庄舞、篝火晚会、骑马射箭等为一体的原生态民俗体验式草原驿站，为游客提供了一站式藏文化体验，着力打造“祁连山国家公园第一村”。

2019年以来，祁连山国家公园青海片区开展了“村两委+生态服务型经济”示范项目，作为试点村门源县老龙湾村和祁连县郭米村参与其中。两地结合乡村振兴战略，依托当地居民，探索国家公园特许经营，完善生态体验路线设施体系，培育生态旅游运营管理人才，规范建设牧家乐、农家乐等乡村生态旅游业态，打造具有地方特色的国家公园入口社区，进而充分发挥国家公园“园内体验、园外服务”的生态服务价值，推动绿色发展，促进人与自然和谐共生。

二 适时举办特色节庆游

祁连山国家公园试点区为藏、蒙古、裕固、哈萨克族等少数民族聚居区，有汉、藏、回、蒙古、哈萨克、土、裕固、撒拉族等30多个民族，独特的民族民俗文化是祁连山生态文化的重要组成部分，民俗旅游也以此为基底得以发展。节庆活动具有独特的地方性魅力和区域经济带动作用，是祁连山国家公园游憩活动的重要组成部分，也是祁连山国家公园扩大影响力的重要途径，有助于产生可持续的社会效益、经济效益和生态效益。

张掖肃南裕固族自治县马蹄乡，借助马蹄寺风景名胜区等优势旅游资源，每年都会精心举办文化旅游艺术节、嘉吾拉日、踏雪节、赛马、民俗文化展等各类节会活动，将各类民俗民族体验、休闲度假、体育赛事、美食康养、研学旅行、摄影采风等专项旅游产品串联延伸，打造一批主题突出、内涵丰富的乡村旅游节会品牌，使旅游者感受到祁连山国家公园所在地独具地方性的民族文化。每年七月底是裕固族传统文化艺术节，康乐乡榆木庄村的中华裕固风情走廊景区会举行声势浩大的草原盛会，牧民们齐聚一堂，举办赛马、摔跤、射箭、顶杠子等各类民族体育活动，更有异彩纷呈的文艺表演供大家欣赏，一幅绚丽生动的草原画卷展现在人们眼前。

此外，自祁连山国家公园体制试点开启后，周边地区抓住发展机遇，开发特色节庆活动，既有效宣传了祁连山国家公园生态保护的理念，又打响了当地的旅游品牌。2020 年 1 月 10 日，在青海门源举办了祁连山国家公园冬季文化旅游节活动的开幕仪式，活动深入发掘了门源县冬季冰雪奇景、历史文化、民族民俗风情等旅游资源，着力打造独具特色的门源冬季旅游产品，提升了祁连山国家公园冬季游憩利用价值。同时，进一步把该活动培育成本土特色节庆品牌，向省内外传播文化、旅游、民俗等各方面的“好声音”。① 同年 9 月 21 日，在青海门源启动了第一届祁连山国家公园自然观察节暨野生动物宣传月活动，为公众提供了亲近自然的机会。一批专家学者、艺术家和新闻媒体记者等按照既定线路在祁连山国家公园青海片区进行自由观察和集中采访，在生物多样性、生态景观、地质地理、人文资源、地域文化等领域形成了一大批形式多样的科学、美学研究成果，并在祁连山国家公园自然观察节暨野生动物宣传月活动期间予以展示。

三　探索实践自然教育研学游

《祁连山国家公园体制试点方案》提出，要积极开展环境教育展示活动，精心设计生态体验和自然环境教育项目，全力打造自然生态体验区和环境教育展示空间，让公众在接触自然、享受自然的同时尊重自然、顺应自然，树立保护生态环境的理念。祁连山国家公园拥有珍贵的自然资源、优美的自然景观、丰富的生态系统、重要的生态地位，具有开展自然教育的独特优势。2019 年 3 月，国家林业和草原局授予祁连山国家公园“国家长期科研基地”称号，主要开展科研与教育活动。②

---

① 《祁连山国家公园（青海·门源）冬季文化旅游节开幕》，青海新闻网，http：//news. cctv. com/2020/01/10/VIDEFiJGhwEaMwDUVKynTPm8200110. shtml，2020 年 1 月 10 日。

② 杜静：《青海省首个长期科研基地落户祁连山国家公园》，央广网，http：//news. cnr. cn/native/city/20190317/t20190317_ 524545699. shtml，2019 年 3 月 17 日。

（一）青海片区

祁连山国家公园体制试点以来，青海省管理局十分重视对生态保护知识与理念的普及、宣传和自然教育，要求高标准建设科普教育馆、自然教育基地等设施，持续开展生物多样性调查，并将其成果进行科学普及，充分发挥示范引领作用。2018 年 11 月，青海启动祁连山国家公园青海片区青少年自然教育项目。2019 年 12 月，祁连山生态教育基地在青海设立，以祁连山国家公园自然资源和基础设施为依托，向青少年科普野生动植物常识，打造特色公众自然教育体系。[①] 青海省相关部门相继建设了祁连山国家公园展陈中心、自然教育基地、生态科普馆等。为大力推动祁连山国家公园自然教育体系的建设，进一步增强自然教育功能，青海省第一所祁连山国家公园（青海片区）生态学校于 2020 年 6 月在西宁市行知小学挂牌成立。[②] 随后，祁连山国家公园（青海片区）第一所自然学校在黄藏寺管护站挂牌成立。自学校挂牌成立后，便以本辖区内的师生为主开展自然教育，并带动周边学校师生陆续参与其中，使学生全方位、多角度地了解祁连山国家公园内生态多样性和生物多样性。同时摸索出“课程研发—教材编制—师资培育—学校应用”从讲解体系构建到自然教育的全过程链条。近年来，祁连山国家公园青海省管理局通过建立生态学校，开展生态课堂，带领学生直观地了解祁连山国家公园生态保护的意义和取得的成效，力争实现通过教育一个孩子，从而带动一个家庭，进而影响整个社会发展的目标。2020 年 6 月，祁连山国家公园青海省管理局详细部署建设师资队伍、开发自然教育课程、协助互动、建设基础服务设施、制度规范和管理标准等相关工作。2020 年 6 月 27 日至 28 日在青海德令哈市，祁连山国家公园青海片区青少年自然教育科考营——“花儿与少年守护祁连山”中小学生夏令营正式启动，通过此次活动，青少年见识了祁连山国家公园生物的多样性、纷繁多样的地质地貌，也看到了近些年对祁连山保护取得的积极保

---

① 罗云鹏：《祁连山国家公园设立生态教育基地》，中国新闻网，http：//www. forestry. gov. cn/main/72/20191216/174312408587193. html，2019 年 12 月 16 日。

② 王瑞欣：《我省首个自然教育生态学校落户西宁》，青海省监狱管理局，http：//www. haidong. gov. cn/html/42/82307. html，2020 年 6 月 21 日。

护成效，并将合力打造“祁连山大讲堂”“讲好祁连山故事”“花儿与少年”等一系列自然教育品牌。[①] 同年，祁连山国家公园（青海）被评定为青海省科普教育基地，标志着规范、现代、专业的国家公园自然教育体系正在加速构建。

（二）甘肃片区

祁连山国家公园甘肃片区自然教育体系建设尚处于初步发展阶段。近几年，焉支山景区大力推动研学旅行基地创建工作，景区将针对不同的群体提供各种研学定制方案，包括课程设计、线路规划、实践活动、素质拓展及餐饮住宿等。2021 年，祁连山国家公园甘肃省管理局酒泉分局在甘肃盐池湾国家级自然保护区管护中心规划建设自然教育与生态体验馆，通过互动多媒体、仿真标本、图文等形式全面体现祁连山国家公园的自然生态与当地生态保护成效，该体验馆建成后将有效提升祁连山国家公园甘肃片区的自然教育影响力。2022 年 3 月，祁连山国家公园张掖分局组织召开 2022 年自然教育与生态体验项目启动会，进一步推动祁连山国家公园自然教育和生态体验基地建设，积极引导公众参与自然教育与生态保护活动，致力于打造具有鲜明文化特色和综合互动性的祁连山自然教育与生态体验基地，并配套自然教育活动相关设施及工作人员，对外打造展现祁连山生态图景的宣传窗口。[②]

四　着力完善游憩服务设施

国家公园游憩设施是发挥国家公园游憩功能的重要载体，设施的健全程度与舒适程度直接影响着游憩者的体验感。祁连山国家公园不断优化游憩设施的空间布局，结合国家公园建设目标与市场需求不断完善游憩设施，在一般控制区内建设自然教育中心、自然解说步道、生态科普馆、野外科普标识等自然教育设施，设置生态文化村、生态

---

① 《从青海片区看祁连山国家公园体制试点》，https：//lcj. qinghai. gov. cn/xwdt/snxw/content_ 7355，2020 年 12 月 9 日。

② 《祁连山国家公园甘肃省管理局张掖分局召开 2022 年自然教育与生态体验项目启动会》，中国林业网，http：//www. forestry. gov. cn/qls/1/20220324/145822062174167. html，2022 年 3 月 24 日。

徒步道、露营地等生态体验设施，促进国家公园生态系统服务的优化，为游客在祁连山的生态体验提供便利，努力实现国家公园生态产品价值最大化。

在自然教育设施建设方面，祁连山国家公园积极招标建设自然教育设施，政府与市场联合推进国家公园环境教育功能的实现。2009 年 9 月 10 日甘肃祁连山国家级自然保护区展览馆隆重开馆。① 展览馆总面积 1323 平方米，内设有综合厅、资源厅和成果厅。展馆通过多种形式向游客展示了祁连山自然保护区的生物物种、生态系统结构与功能与自然环境，详细阐释了保护区的发展成就，同时深刻分析了祁连山存在的生态问题，并重点强调了总体治理规划、发展思路和奋斗目标。

在生态体验设施建设方面，祁连山国家公园内各景区依托自身资源优势与市场需求，探索建设独具特色的游憩设施，打造独有的生态体验品牌。位于甘肃张掖的扁都口生态休闲旅游景区有万顷油菜花和牧场，是游客短途游和周末自驾游的最佳选择。为此，景区内已建有国际自驾游营地，配备 100 多个停车位，可满足 500 人的露营需求。自驾游营地还设有旅馆、露营基地、生态马道等游憩设施，可满足游客餐饮住宿、运动休闲以及田园观光等需求。

此外，随着自驾旅游逐渐成为广受欢迎的祁连山区域游憩方式，甘肃省与青海省联合优化国家公园区域交通设施，打通祁连山国家公园跨省游憩通道及省域内不同的自驾游线路。2021 年 9 月，连接祁连山南北两麓的最便捷通道 G213 线，张掖肃南至青海祁连二级公路已通车，南北纵贯祁连山国家公园。国道沿线可以近距离欣赏巍峨秀丽的祁连雪山、拥抱广袤的原始森林，感受草原的广阔无垠，探秘中国最美丹霞地貌，体味独有的裕固风情，因此被称为“最美自驾风景线”。

总之，近年来祁连山国家公园在生态保护与修复方面成效显著，游憩资源禀赋得到多元化利用，这已成为深入研究祁连山国家公园游憩利用与生态保护协调发展的本底数据和基本依据。这些基础研究，将为进一步厘清祁连山国家公园游憩利用与生态保护及当地社区生计之间的协

① 甘肃祁连山国家级自然保护区展览馆开馆：《甘肃林业》，2010 年 3 月。

调关系，为祁连山国家公园“在发展中保护，在保护中发展”提供实践参考。

第三节　祁连山马蹄寺森林公园游憩价值感知评估及优化

森林资源无论是对气候调节，抑或是经济发展，都发挥着举足轻重的作用。森林资源在国家公园的保护与利用中，可为人们提供森林康养、登山运动、避暑度假、自然教育等各种休闲游憩机会。祁连山国家公园作为西部重要生态的安全屏障，如何在保护生态的前提下实现游憩功能，如何科学评估森林游憩资源的价值，是推进当下国家公园体制建设及高质量发展过程中亟待解决的问题。

马蹄寺森林公园位于祁连山北麓，属于祁连山国家公园试点区的一般控制区范围，距离张掖市 65 千米。森林公园内主要有森林、草原、草甸等植被群落；平均海拔 2400—3000 米，属于湿润山地草原气候。公园原始森林资源丰富，是祁连山水源涵养林不可或缺的组成部分。位于森林公园旁边的马蹄寺石窟，历史上曾是甘肃省丝绸之路西线的佛教圣地，石窟群开凿于十六国北凉时期，距今约 1600 年的历史，由马蹄南寺、马蹄北寺、千佛洞，上、中、下观音洞和金塔寺七个单元组成，尚存有文物遗迹的洞窟 37 个，佛雕舍利塔 100 多个，窟群分布在长约二十千米的山崖或近水的岩壁上。窟内保存有北凉、北魏、西魏、隋、唐、元、明、清历代珍贵塑像 500 余身，壁画 2500 多平方米。马蹄寺石窟与马蹄寺森林公园共同造就了甘肃河西走廊著名的马蹄寺旅游景区。景区于 1992 年被省林业厅批准为省级森林公园，1996 年 11 月马蹄寺石窟群被国务院公布为全国重点文物保护单位，2004 年 10 月景区被省政府公布为省级风景名胜区，2005 年 12 月被全国旅游景区质量等级评定委员会公布为集自然风光、人文景观、民族风情、佛教文化为一体的国家 AAAA 级旅游区。景区规划面积 109. 78 平方千米，森林公园核心区面积 13. 85 平方千米。马蹄寺森林公园在祁连山国家公园内是具有较强代表性的林地型自然保护地，是能够体现祁连山国家公园游憩价值的主要游憩区域之一（李兰莉等，2022）。

图 5.3　张掖肃南县马蹄寺森林公园风景区

本书基于游客感知视角，通过构建游憩价值感知评估体系，对马蹄寺森林公园游憩价值进行评估，从而发现游憩利用中存在的问题并提出建议，以期更好地发挥马蹄寺森林公园的游憩功能，实现全民公益性价值，不断推动祁连山国家公园高质量发展。

一　游憩价值评估研究进展

游憩是人们在闲暇时间进行的以自我满足、休闲娱乐为目的的具有生态、文化、康养或娱乐等功能的活动的总和。游憩价值是游憩资源所能提供的能够满足旅游者个人偏好与需求的价值总和，游憩价值由经济、生态、社会价值等构成。对游憩价值评估的研究，国外学者开始于20世纪60年代，最早由Bultena，G. L. 等（1961）提出，最早的实证研究始于Driver，B. L. 等（2019）。2000年，游憩服务价值被联合国千年生态系统评估纳入生态系统服务价值中，学术界对游憩价值评估的关注日益增强。国外游憩价值评估研究较为成熟，已形成一套较为完整的研究理论体系，评价体系构建与公共需求测度是国外近年研究的热点领域（Hu YingChun，2014）；国内关于游憩价值评估的研究进展相对较晚一些，大部分研究集中引用国外现有的理论与统计方法进行游憩价值评估，旅行成本法、选择实验法以及 GIS 空间技术等定量方法的应用成为研究的前沿思路。近年来，国内学者的研究重点也逐渐由游憩服务供给的单维度价值转向游憩需求感知与游憩服务供给双维度影响下的游憩价值，但基于国家公园全民公益性这一新兴语境下的游憩价值评估研究尚处于起步阶段。因此，有必要通过国家公园试点区游憩价值评估，探析国家公园游憩利用中需重点关注的问题，为实现游憩价值最大化和彰显国家公园公益性提供思路与参考。

游客感知的概念起源于心理学，是游客基于在目的地获得的刺激与经验，对旅游目的地属性中超出既定旅游期望部分的认知、反馈与评估过程，包含不同倾向的态度与总体评价。国内关于游客感知的研究主要是对游客感知影响因素以及游客感知评价范式的探索，并将游客感知的研究拓展到不同的语境下进行测算与探讨。不同语境下游客感知维度既存在共通之处，也因情境的独特性而存在感知维度的差异。在国家公园全民公益性语境下，游客作为国家公园重要的利益相关者，其感知成为明晰国家公园游憩利用可持续发展的重要视角。

二　森林公园游憩价值评估研究设计

（一）指标体系建构

关于游憩价值评估，国内学者已进行了较充分的研究，如：亢楠楠等（2019）在探讨仙人台国家森林公园时，构建了由景区资源、可进入性、基础设施、社会管理构成的属性指标体系；敬峰瑞和孙虎（2016）针对西安灞桥湿地公园构建了由景观体验、生态体验、服务体验、设施体验、娱乐体验 5 个维度构成的公园游憩价值指标；李双容（2020）基于游客凝视提出的由自然环境游憩价值、历史文化游憩价值、基础设施游憩价值、服务设施游憩价值 4 个因子构成的湿地公园游憩价值评价体系。通过借鉴学者们关于游憩价值评估的研究成果（如表 5.2 所示），结合祁连山国家公园试点建立后，肃南裕固族自治县马蹄寺森林公园所提供的游憩服务的实际情况，构建了马蹄寺森林公园游憩价值评估体系，如表 5.3 所示。本书构建的马蹄寺森林公园游憩价值

表 5.2 马蹄寺森林公园游憩价值感知评价指标选取参考体系汇总

准则层	作者	评价指标层	文献
资源赋存游憩价值	Raymond 等	美学、游憩、知识、文化	Raymond，C. & Brown，G.（2006）
	陈幺等	风景价值、游憩价值、文化价值、经济价值、成就价值、精神价值	陈幺等（2015）
	李伯华等	自然景观、文化内涵、宜居价值、环境价值	李伯华等（2018）
	李双容	动植物资源、空气、水体、风景优美	李双容（2020）
	周璨	植被覆盖率、水资源质量、古建筑保护情况、动植物多样性	周璨（2018）
	张晓利等	精神享受、文化底蕴、改善思维、素养提升	张晓利等（2011）
生态系统游憩价值	缪雯纬	气体、气候、水文、水质、生物多样性及其保护价值	缪雯纬（2019）
交通网络游憩价值	周璨	景区拥挤程度、休息区拥挤程度、进园等待时间	周璨（2018）
基础设施游憩价值	李双容	景区内外交通、解说牌与标志系统、游览路线、服务设施、商品种类、服务态度、餐饮	李双容（2020）
	周璨	垃圾数量、厕所数量、休息区数量、指示牌数量	周璨（2018）
	邓宗敏	卫生间数量、休息区面积、游憩设施数量	邓宗敏（2017）
	张晓利等	饮食、住宿、景区交通、游乐设施、购物及其他服务	张晓利等（2011）
公园管理游憩价值	邓宗敏	服务态度、经营管理、景区秩序、卫生条件	邓宗敏（2017）

表 5.3 马蹄寺森林公园游憩价值评价指标体系

目标层	准则层	评价指标层	含义
马蹄寺森林公园游憩价值	资源赋存游憩价值	文化资源与品牌	文化内涵、文化资源禀赋、品牌知名度与影响力
		植被覆盖	覆盖面积、植被种类等
		水文条件	河流湖泊数量、水质等
		视觉美感	景观观赏价值
	生态系统游憩价值	生物多样性	动植物种类及珍稀程度
		公园生态保护工作	生态保护价值、生态保护理念、生态保护举措、环境保护教育
	交通网络游憩价值	交通区位条件	地理位置、在交通领域的重要性、与周边省市的交通关联
		到达公园所耗时间	时间长短、相关时间管制等
		公园可达性与可进入性	景区外部交通网与景区内部道路网
	基础设施游憩价值	餐饮设施	卫生、特色、价格等
		住宿设施	卫生、配套设施、价格、服务质量等
		游憩设施	椅凳、亭廊、休息室等
		便民设施	无障碍设施、ATM、雨伞、手机充电设备等
		公共卫生	卫生间、垃圾箱等分布情况、便利度
		标示牌	分布、清晰度
		环保设施	污水处理、环境绿化等
	公园管理游憩价值	信息咨询服务	信息发布与更新、信息完整度等
		智慧旅游	自助导览、Wi-Fi、线上预约、支付等
		公共安全	安保、游客秩序
		服务质量	工作人员仪容仪表、服务态度

评价指标体系，包括资源赋存游憩价值、生态系统游憩价值、交通网络游憩价值、基础设施游憩价值、公园管理游憩价值 5 个价值因子，并细化出共 20 个评价指标，以供游客对其进行游憩价值感知评价。

（二）问卷设计与发放

基于游憩价值评估体系进行问卷设计，以在马蹄寺森林公园进行游憩活动的游客为调查对象。问卷总体架构包括两个部分，具体如下。第一部分为调查对象基本信息，涉及性别、年龄、受教育程度等。第二部分为游憩价值感知李克特量表，量表设置了20个题项，分别与游憩价值评估指标体系评价指标层的20个因子相对应；游客根据自身实际感知情况对量表进行打分，游客感知赋分表示游客感知到的马蹄寺森林公园的游憩价值；量表赋值范围为1—5分，分别对应游憩价值非常低、较低、中立、较高、非常高。

调研为期5天（2021年7月16日—2021年7月20日），以实地调查面对面问卷发放形式展开。发放调查问卷共计150份，回收150份，问卷回收率100%。经过筛查，剔除填写不完整、答案存在逻辑问题的问卷，最终获得有效问卷119份，问卷的有效回收率79.33%。调查对象基本情况如表5.4所示。

表5.4　**样本人口社会学统计**

项目	类别	比例/%	项目	类别	比例/%
性别	男	54.62	职业	学生	31.09
	女	45.38		政府公务人员	2.52
年龄	18岁以下	12.61		企事业单位人员	27.73
	18—30岁	44.54		自由职业	18.49
	31—50岁	32.77		工人	2.52
	51—60岁	2.52		其他	17.65
	60岁以上	7.56	客源地	本地	22.69
受教育程度	小学及以下	10.08		外地	77.31
	初中	12.61	家庭人均年收入	5000元以下	21.9
	高中/中专	27.73		5000—10000元	30.2
	本科/大专	29.41		10001—30000元	10.92
	研究生及以上	20.17		30001—50000元	12.61
				50001元及以上	24.37

在调查样本中，男性占比为54.62%，女性占比为45.38%；受教育程度集中分布在高中学历及以上类别，且分布较均匀，对应占比分别为27.73%、29.41%和20.17%；旅游者遍布各行各业，以学生和企事业单位人员居多，分别占到31.09%和27.73%。可见，此次调查样本数据一定程度上能够代表总体游客情况。

（三）信度与效度分析

在分析样本人口社会学基本特征基础上，运用SPSS Statistics 17.0对游客游憩价值感知评估数据进行进一步信效度分析。

运用克朗巴哈α系数（Cronbach's alpha）进行信度检验，结果如表5.5所示。各游憩价值评价指标的克朗巴哈α系数为0.968（>0.7），题项一致性高，能够客观真实地反映游客感知情况。

表5.5　**克朗巴哈α系数信度检验**

克朗巴哈α系数	基于标准化项的克朗巴哈α系数	项数
0.968	0.970	20

对李克特量表选取的20个评价指标进行KMO和Bartlett球形检验，以验证量表中游憩价值评价指标和调查数据的结构效度。如表5.6所示，检验指标KMO的数值为0.823；Bartlett球形检验显示显著性数值（Sig.）为0.000，低于显著性水平值0.05，结构效度达标，表明量表所选取的指标间的相关性较强，量表能够系统性反映马蹄寺森林公园的游憩价值。

表5.6　**KMO和Bartlett的检验**

取样足够度的Kaiser-Meyer-Olkin度量	Bartlett的球形度检验		
	近似卡方	df	Sig.
0.823	3088.152	190	0.000

三　马蹄寺森林公园游憩价值评估结果分析

（一）游憩价值评估权重分析

运用主成分分析法将李克特量表评估结果数据集标准化，对标准化后的数据进行因子分析。得出累计方差贡献率为76.187%，超过60%。因此，本书设置的5个维度20个指标能够准确反映马蹄寺森林公园的游憩价值，能达到整体游憩价值评估要求。

使用方差最大化旋转，得到各评价指标层的因子得分系数，如表5.7所示。评价指标层的因子得分系数表示评价指标层因子对目标层指标的影响程度。将得分系数归一化，得到评价指标层和准则层各因子在目标层因子中所占权重 ω_i、H_i；而评价指标层因子在准则层所占权重 P_i 为 ω_i 与 H_i 的比值。

如表5.7所示，准则层因子在整体游憩价值中所占比重 H_i 由大到小排列依次为基础设施游憩价值（0.3492）、资源赋存游憩价值（0.2037）、公园管理游憩价值（0.1769）、交通网络游憩价值（0.1589）和生态系统游憩价值（0.1113）。这反映了准则层因子对马蹄寺森林公园游憩价值的影响程度。由此，得到马蹄寺森林公园的游憩价值（Y）与准则层5个因子价值（F_i，$i=1,2,3,4,5$）之间的关系式（5-1）：

$$Y=0.2037F_1+0.1113F_2+0.1589F_3+0.3492F_4+0.1769F_5 \tag{5-1}$$

表5.7 **游憩价值评估指标权重**

目标层	准则层	准则层因子在目标层所占权重（Hi）	评价指标层	得分系数	评价指标层因子在准则层所占权重（P_i）	评价指标层因子在目标层所占权重（ω_i）
马蹄寺森林公园游憩价值	资源赋存游憩价值（F_1）	0.2037	文化资源与品牌（X_1）	0.193	0.2518	0.0513
			植被覆盖（X_2）	0.200	0.2602	0.0530
			水文条件（X_3）	0.223	0.2906	0.0592
			视觉美感（X_4）	0.151	0.1974	0.0402
	生态系统游憩价值（F_2）	0.1113	生物多样性（X_5）	0.228	0.5436	0.0605
			公园生态保护工作（X_6）	0.191	0.4564	0.0508

续表

目标层	准则层	准则层因子在目标层所占权重（Hi）	评价指标层	得分系数	评价指标层因子在准则层所占权重（P_i）	评价指标层因子在目标层所占权重（ω_i）
马蹄寺森林公园游憩价值	交通网络游憩价值（F_3）	0.1589	交通区位条件（X_7）	0.213	0.3568	0.0567
			到达公园所耗时间（X_8）	0.203	0.3386	0.0538
			公园可达性与可进入性（X_9）	0.182	0.3046	0.0484
	基础设施游憩价值（F_4）	0.3492	餐饮设施（X_{10}）	0.194	0.1478	0.0516
			住宿设施（X_{11}）	0.157	0.1194	0.0417
			游憩设施（X_{12}）	0.194	0.1475	0.0515
			便民设施（X_{13}）	0.188	0.1429	0.0499
			公共卫生（X_{14}）	0.185	0.1403	0.0490
			标示牌（X_{15}）	0.202	0.1532	0.0535
			环保设施（X_{16}）	0.196	0.1489	0.0520
	公园管理游憩价值（F_5）	0.1769	信息咨询服务（X_{17}）	0.194	0.2917	0.0516
			智慧旅游（X_{18}）	0.177	0.2663	0.0471
			公共安全（X_{19}）	0.139	0.2091	0.0370
			服务质量（X_{20}）	0.155	0.2329	0.0412

（二）游憩价值感知得分分析

在确定准则层因子和评价指标层因子所占权重后，对各维度游憩价值得分进行测算。根据问卷样本数据计算，可得各评价指标得分平均值，结合评价指标层因子在准则层所占权重 P_i，最终得到游客对各维度游憩价值感知综合得分。

李克特量表的指标得分均值为 1.0—2.4 负面感知，2.5—3.4 为中立感知，3.5—5.0 为正面感知。如表 5.8 所示，游客感知下，马蹄寺森林公园生态系统游憩价值(4.071) > 资源赋存游憩价值（4.032）> 基础设施游憩价值（3.557）>公园管理游憩价值（3.503），且均处于3.5—5.0范围内，属正面感知；交通网络游憩价值（3.427）居于末位，且趋向于中立感知。

表5.8　　**游憩价值感知评分**

目标层	准则层	评价指标层	因子得分	综合得分	排名
马蹄寺森林公园游憩价值	资源赋存游憩价值（F_1）	文化资源与品牌（X_1）	4.000	4.032	2
		植被覆盖（X_2）	3.639		
		水文条件（X_3）	4.118		
		视觉美感（X_4）	4.462		
	生态系统游憩价值（F_2）	生物多样性（X_5）	3.941	4.071	1
		公园生态保护工作（X_6）	4.227		
	交通网络游憩价值（F_3）	交通区位条件（X_7）	3.403	3.427	5
		到达公园所耗时间（X_8）	3.899		
		公园可达性与可进入性（X_9）	2.933		
	基础设施游憩价值（F_4）	餐饮设施（X_{10}）	2.941	3.557	3
		住宿设施（X_{11}）	2.882		
		游憩设施（X_{12}）	4.034		
		便民设施（X_{13}）	3.193		
		公共卫生（X_{14}）	3.311		
		标示牌（X_{15}）	4.185		
		环保设施（X_{16}）	4.168		
马蹄寺森林公园游憩价值	公园管理游憩价值（F_5）	信息咨询服务（X_{17}）	3.496	3.503	4
		智慧旅游（X_{18}）	3.277		
		公共安全（X_{19}）	2.924		
		服务质量（X_{20}）	4.286		

将游客各准则层游憩价值感知综合得分值（F_i，i=1，2，3，4，5）代入（1）式，计算可得马蹄寺森林公园综合游憩价值得分3.681分，由此可知游客对于马蹄寺森林公园整体游憩价值为正面感知。

（三）游憩价值感知特征分析

1. 资源赋存游憩价值

从表 5.8 中可以看出，游客们对资源赋存游憩价值的评分相对较高（4.032），这反映了游客对马蹄寺森林公园的自然与文化资源的强烈需求。马蹄寺森林公园拥有独具特色的民族民俗风情和得天独厚的自然游憩资源，同时，公园着力打造“祈福圣地 灵秀马蹄寺”旅游品牌，这都使游客对于公园的资源赋存游憩价值的各个指标趋向于正面感知。

2. 生态系统游憩价值

数据显示，游客对生态系统游憩价值的评分为 4.071。其中，游客对森林公园生物多样性和公园生态保护工作的单项评分均较高，分别为 3.941 和 4.227。国家公园试点成立后，当地生态系统对游客有了更高的吸引力，而落实到细节的生态保护举措也让游客对于马蹄寺森林公园的生态系统有了更高的期待与评价。

3. 交通网络游憩价值

交通网络游憩价值方面，游客整体感知评分为 3.427，游客对于公园可达性与可进入性为中立感知，仅有 2.933。这反映了马蹄寺森林公园在可达性与可进入性方面存在的问题。公园周边交通道路以国道、省道为主，自驾游会比较方便，但是公交车等公共交通尚未建设完善；公园内日常禁止车辆进入，步行道漫长且狭窄等问题都会使游客游憩活动受限，游客对景区可达性与可进入性的评分较低。马蹄寺森林公园距离张掖市甘州区 65 千米，张掖市是河西走廊重要的旅游城市和物流枢纽，对外交通建设较为完善，但限于外地游客对当地的认知程度较低，游客对马蹄寺森林公园交通区位条件的评价趋于中立感知，为 3.403。

4. 基础设施游憩价值

游客对基础设施游憩价值的感知评分为 3.557，总体趋于正面感知。调研发现，游憩设施、标示牌和环保设施的游客感知价值较高，分别为 4.034、4.185、4.168，均为正面感知；而对于餐饮设施、住宿设施、便民设施等的评分仅为 2.941、2.882、3.193，均为中立感知。公园一些基础设施的建设正处在不断完善中，但是仅限于一般意义上的游憩活动，餐饮、住宿等配套设施的建设尚处于初始阶段，造成游憩价值转化效率低下，游客游憩体验单一。

5. 公园管理游憩价值

游客对公园管理游憩价值的感知评分为3.503。游客对森林公园智慧旅游和公共安全的价值感知评分较低，仅为3.277、2.924，为中立感知。这反映了森林公园智慧旅游建设方面的欠缺和游客秩序管理方面的问题。马蹄寺森林公园游憩活动具有明显的季节性，5—10月为旺季，游憩人数较多时，森林公园管理人员紧缺以及环境承载力较低的问题就会格外突出。

四 马蹄寺森林公园游憩利用优化建议

国家公园作为提供国民游憩服务的国家级公共开放性区域，其游憩价值受到各方利益相关者的关注。作为祁连山国家公园重要游憩区域，马蹄寺森林公园应坚持“保护优先，合理开发，永续利用”的原则，科学制定规划，严格环境监测，加大对当地濒危珍稀物种和生物多样性保护。大力宣传人与自然和谐相处，加强当地居民对森林公园的归属感，引导居民参与到森林公园的餐饮、住宿、交通、购物等经营中，并通过学习培训、宣讲宣传，不断增强当地居民的环保意识，大力支持和激励当地居民自觉加入森林公园的环境保护中，实现社区与旅游区协同管理。在游憩利用活动的开展中，马蹄寺森林公园需重点关注以下问题。

第一，要始终坚持国家代表性、全民公益性和最严格保护的国家公园理念，高度重视马蹄寺森林公园山水林田湖草生态系统与民族文化、石窟文化、宗教文化等文化类游憩资源的监测、保护与修复工作，让游客可以共享更丰富、更具原真性的游憩资源。

第二，要厘清国家公园与周边社区关系，合理布局马蹄寺森林公园与肃南裕固族自治县，乃至周边省市的交通网络、数字网络，为游客提供更加便捷的区域空间互通网络与更加高效的信息交流平台。

第三，要加快完善国家公园基础设施建设专项方案，完善马蹄寺森林公园内餐饮、住宿等的配套基础设施，提升国家公园局部游憩服务质量，让游客在公园有更好、更多样化的游憩体验。

第四，要探索创新马蹄寺森林公园特许经营体制机制，在政府主导下促进各利益主体规范有序地协同管理经营，高质量满足游憩者丰富的游憩需求。

第六章　祁连山国家公园游憩利用生态风险评价及预警

第一节　国内外游憩利用活动生态风险评价研究进展

1995 年联合国环境规划署与世界旅游组织制定的《可持续旅游发展宪章》明确指出："旅游业的发展，一方面可以促进社会经济和文化的发展；另一方面会给旅游目的地生态环境构成一定的破坏，甚至可能会加剧环境损耗。"进入 21 世纪以来，随着我国各级政府的大力支持，区域旅游开发逐渐升温。凭借天然的自然风光和众多的文物古迹以及浓郁的少数民族风情，祁连山国家公园所辖区域生态旅游产业逐年快速增长。但由于受气候变化和人为活动的影响，加之旅游开发过度与保护不力，祁连山保护区面临着巨大的自然和文化生态危机。2015 年 9 月至 2017 年 1 月，媒体对祁连山生态问题的连续曝光，使祁连山因探矿开矿、修建电站、过度放牧导致的生态破坏引起全社会的高度关注。但长期以来，对于防范和解决旅游资源开发和游客休闲活动所引发的生态风险问题，社会各界的重视程度还远远不够。"一带一路"倡议构想，给西北地区尤其是祁连山所辖的甘肃、青海两省区域旅游业跨越式发展带来了难得的机遇。深入研究在促进祁连山保护区经济发展的同时，有效防范生态环境中的各类风险、做好生态资源保护与旅游经济的和谐发展，已成为当下亟须解决的重要课题。

本书通过对祁连山国家公园甘肃片区生态旅游发展中出现的生态破坏问题进行深入调研，并在全面了解国内外生态风险评价方法的基础上结合祁连山实际，构建了祁连山国家公园游憩利用生态风险评价指标体系，对旅游活动造成的生态风险进行精准识别和科学评估，最后基于生态风险评价结果提出生态风险预警机制，以期为祁连山国家公园游憩利用所产生的生态风险的评估体系及其科学防范提供实践指导，并为实现我国国家公园旅游经济和生态环境协调发展提供借鉴和参考。

一　生态风险评价研究进展

（一）国外生态风险评价研究进展

19 世纪工业革命之后，世界各国经济便进入了迅速发展阶段，经济的快速发展必然伴生了诸多严重的生态环境问题，这给人类的生活质量及其社会经济活动的持续发展造成了很多负面影响。为实现生态资源的永续保护与人类生存环境质量的持续提高，学者们开展了许多生态风险评价（Ecological risk assessment）方面的研究。不同学者以及研究机构分别从不同视角对生态风险及其评价进行界定。生态风险含义除了具备“风险”的一般意义外，还具有破坏性、内在价值性、客观性以及不确定性等特征。Barnthouse（1986）认为生态风险是指针对除人类以外的所有生物体、群落以及生态系统造成的风险。另有学者认为生态风险是生态系统及其组分在自然或人类活动的干扰下所承受的风险，指一定区域内具有不确定性的事故或灾害对生态系统的结构和功能可能产生的不利影响。

20 世纪 70 年代，一些工业化国家以工程上意外事故等为风险源、以减小环境危害为风险管理目标进行了生态风险评价。学者 Barnthouse（1986）指出：生态风险评价是确定人类活动（或自然灾害）引起的负面效应的大小和概率的过程，评价的根本目的在于分析和判断因自然灾害或人为活动而引起的生态系统发生不利改变的可能性，从而为生态风险管理提供决策依据。此时的风险评估方法是评估单一风险来源对某一地区生态系统的强制性影响。如基于生态毒理学方法，主要以环境中化学污染物为风险来源，对其生态系统结构及其功能带来的负面影响进行评价。

自 20 世纪 80 年代以来，“风险管理”引入了新的环境政策，主要是衡量风险水平，计算风险降低的成本，并给出风险管理机制和风险水平与社会可接受的一般风险之间的关系。此阶段主要针对小尺度的评价对象，风险受体主要为湖泊、水生物以及人体健康等，风险评价方法从定性发展到定量评价。90 年代之后，生态风险评估方法及其理论，因其以保护好生态环境与管理风险提出技术支持和提供科学依据而发展迅猛。生态风险评估开始着眼于多元化的生态风险来源以及风险受体，研究视角涉及生活以及工业污染物、土地利用、快速发展的城市化、土地覆盖率变化等人类活动，不断重视人类活动所引起的污染区域的生态风险评价模型、方法体系的应用；从单一风险受体衍生到更大尺度的研究规模，诸如景观、景点和景区等；研究对象从陆地生态系统转而研究陆地、海洋等整个生态系统，主要围绕区域、流域、沿海等研究范围；由单一研究方法逐步转向定量定性相结合的阶段。Hunsaker 等（1990）在景观生态学理论基础上详细从区域生态风险评价内容、路线、不确定性等方面描述了区域生态风险评价。Wiegers 等（1998）在阿拉斯加中南部瓦尔迪兹港海洋生态风险评估中，使用相对风险评估方法进行评估。Walker，R. 等（2001）在对澳大利亚塔斯马尼亚岛山区流域区域性生态风险的评价中运用了相对风险评价模型法。

（二）国内生态风险评价研究进展

我国生态风险评价始于 20 世纪 90 年代中后期，研究领域既包括对单一有毒污染物产生风险进行的评价，也包括大尺度范围内包括流域、景观、区域等进行的生态风险评价。刘文新、栾兆坤（1999）运用风险因素以及风险指数法对长安江河流域中河流沉积物中重金属污染所带来的潜在生态风险进行评价。贾振邦等（2000）利用次生相富集系数法评价了辽宁柴河流域重金属污染的风险。李自珍（1999）基于干旱区生态系统的特征构建了河西走廊荒漠绿洲地区水土资源综合开发利用的生态风险评价与风险决策耦合模型，对该地区农田盐渍化的生态风险进行了科学的评估。孙洪波等（2010）评价了长江三角洲南京沿江地区土地利用生态风险。景观生态风险研究主要运用景观生态学方法构建景观损失指数和综合风险指数，以景观结构和生态风险空间范围为重点，借助生态风险指标抽样结果的半方差分析与空间差异分析，展现区域生态风险特征的空间分布。此外，我国原国家环保总局于 2004 年出台《建设项目环境风险评价技术导则》，国家水利部2010年颁布《生态风险评价导则》，均明晰了生态风险评价的程序、方法、内容等，以适应项目规划环评的需要。

二　游憩利用生态风险评价研究进展

随着环境问题的不断涌现，旅游业发展面临巨大考验，游憩利用正成为当前解决旅游生态风险的研究重点。20世纪80年代，国外旅游风险研究逐渐兴起，以规避各类旅游危机及其隐患、有效解决旅游环境退化问题为研究目的。研究方向主要从社会不安全因素对旅游造成的影响发展到90年代对旅游风险的关注，研究内容从战争、恐怖主义、犯罪等对旅游造成的风险转移到旅游自身风险研究上，主要从旅游风险认知和旅游风险影响评价等4个方面进行小尺度的实证案例研究。其中旅游风险认知研究着重侧重于旅游风险因素、风险感知、风险类型和风险行为等几方面；旅游风险影响评价主要基于自然风险要素例如气候、噪声、水体、固体等；社会文化风险要素主要涉及恐怖主义、示范效应、殖民主义、经济危机等；生态环境风险主要集中于自然环境、景区容量、社会文化环境几个方面。国外比较重视系统化的理论研究，用定性与定量相结合的方法探讨了旅游业对生态环境产生的风险及其影响。国内关于旅游风险的研究起步较晚，研究内容主要集中在旅游开发生态风险源研究、旅游开发生态风险终点研究、旅游开发生态风险评价方法、评价指标体系与框架以及生态风险防控机制及管理几个方面。

（一）游憩利用生态风险源与生态风险终点识别研究进展

关于旅游活动的生态风险源，文军（2004）最先对千岛湖国家森林公园区域生态风险源进行研究；李淑娟和隋玉正（2010）对崇明岛旅游开发的生态风险进行评价研究；钟林生等（2014）对甘肃省阿万仓湿地旅游开发的生态风险进行评价并提出管理对策；赵健（2015）对旅游资源开发规划生态风险评价技术进行探讨。这些学者均指出：游憩利用的生态风险源大体包括旅游服务企业、旅游建设项目、旅游者活动以及旅游从业者等。关于生态风险的识别，Louks（1985）将识别步骤分为危害评估、暴露评估、受体分析和风险表征4个部分。暴露评估主要探讨风险受体接触风险源所暴露出的问题，危害评估是分析风险源对生态系统及其风险受体的破坏程度。

旅游开发生态风险受体主要包括土地、大气、生物、河流、农业、森林、草地等。例如 Nogue，S. 等在 2004 年研究了旅游业的发展对红海沿岸珊瑚生态的影响；Thiel，D. 等（2008）的研究认为，很多国家发展旅游业所带来的过度能源消耗，在一定程度上导致了温室效应，对生态环境可持续发展构成威胁。Zahedi，S.（2008）通过抽样调查的方法，揭示旅游活动对野生动物栖息环境的影响。尚天成（2008）指出风险受体通常是指更敏感的风险要素，或者是在生态系统中发挥重要作用的关键物种或群落等，用受体对风险的响应程度来推测、研究旅游开发对整个旅游地的生态风险。

生态终点是指风险受体对风险源做出反应的程度，也就是说，在潜在或确定的风险源的作用下，风险受体可能遭到的破坏。关于游憩利用生态评价的生态终点，国内外学者观点大致相同，主要表现为森林火灾、水质下降、空气质量降低、噪声污染、固体废弃物增加、植被破坏、土壤退化、水体流失、视觉污染、生境碎片化、景区城镇化加速、旅游承载力下降、土地利用方式改变、资源的过度消耗、自然景观原始风貌被破坏、生物多样性减少、外来动植物入侵、其他系统结构破坏等方面。在游憩利用生态风险评价中，不仅要将因游憩利用导致风险受体受到的危害与生态影响结合在一起，又要具有可研究性、可操作性、可评价度量性，所以选择具有重要生态学意义的指标作为游憩利用生态风险评价的终点是游憩利用生态风险评价体系构建的关键之处。

（二）游憩利用生态风险评价方法研究进展

国内外学者主要沿用生态风险评价方法。由 Barnthouse（1986）等提出的生态风险评价方法的一般程序包括生态终点选取、定性定量描述风险源，识别和剖析生态环境受到的影响、使用合适的环境转变模型评估时间和空间的暴露模式、量化危害水平和生物效应之间的关系。这个方法也适用于游憩利用生态风险评价，得到了大量学者的认可。Fu-Liu Xu 等（2015）运用几何平方方法、ACT 方法以及 Burr Ⅲ模型研究了自然保护区物种敏感度分布的生态风险评价指标模型。尚天成和赵黎明

（2003）首次将生态风险分析方法运用到生态管理中，指出生态旅游风险分析可按生态风险识别、生态风险估计和生态风险评价的过程来完成。万芸等（2019）运用层次分析法（AHP）和模糊综合评价法（FUZZY）相结合的方法对游憩利用项目风险进行了评价研究。张广海和王佳（2013）采用生态梯度评价方法对海南省游憩利用生态风险进行了评价研究。钟林生等（2014）以阿万仓湿地为例，利用德尔菲法和风险评估指数法对游憩利用的生态风险进行综合评价。

三　国内外研究述评

综上所述，关于生态风险评价研究，国外早于国内，研究领域涉及自然灾害、污染、生态事件、人类活动等生态风险的多个领域。我国的研究主要集中在毒理学生态风险研究、区域生态风险和生态事件风险等方面。为解决各类旅游危机及其隐患、防止旅游生态环境退化，游憩利用生态风险研究成为主要研究方向。由于旅游活动的复杂性，旅游风险影响因素具有多重性和内生性特征，因此，旅游生态风险研究亦变得愈加复杂。分析国内外学者的诸多研究成果，发现在四方面具有共识：①游憩利用生态风险评价是预测风险事件的不确定性、后果的严重性；②旅游环境易受到多方面风险源的影响；③风险受体具有多个生态终点特征；④游憩利用生态风险程度具有可量化、可预测、可预警与可管控的性质。

目前，对于构建游憩利用生态风险评价模型及其指标体系，还没有统一的方法，在不同地区难以比较。对此可从两个方面来着手：一是制定相对标准，即层层扩大评价范围。不同地区可以作为一个目的地，新的目的地可以通过扩大规模的方法来研究，这样相对容易实施；二是制定绝对标准。该方法实现起来比较困难，需要做大量的前期工作和实验来梳理，如风险源对风险受体的影响标准、一定风险受体可能面对的生态效应标准等。

国内外既有研究为本书提供了重要的理论依据和参考。但由于国家公园游憩利用的生态胁迫因素不仅包括自然方面的生态风险因素，还包括那些人为干扰下的非自然因素，具有明显的不确定性，因而传统的生态风险识别与评估的方法很难适应这一情况，并且对生态风险评价对象主要围绕特定受体，难以用于以旅游系统为对象的风险评估研究。因此，当务之急是要建立起能够整体考量旅游开发生态系统风险、环境风险、旅游发展风险的可量化的识别体系与评估体系。本书运用 AHP 与模糊综合评判法相结合的方法，以祁连山国家公园游憩利用对生态环境影响的现状调查为切入点，建立适合于祁连山生态实际的游憩利用生态风险评估指标体系，以期对祁连山游憩活动引发的生态风险进行科学评估，并构建相应的生态风险预警机制（仲鑫和杨阿莉，2018）。

第二节 祁连山国家公园游憩利用生态风险识别与评价

一 游憩利用生态风险源与生态风险识别

2017 年祁连山生态环境整治之前，由于存在旅游项目建设未批先建，旅游规划不到位，一些基础设施建设对旅游区植被土壤造成一定的干扰，对生态环境产生了负面影响。同时由于旅游经营监管不力，部分经营户和游客的环保意识淡薄，忽视生态环境保护，导致祁连山局部生态环境受到破坏。调研组多次深入祁连山腹地开展了实地考察、现场观察、与当地政府及旅游从业人员的非正式访谈、查阅相关文件及网络报道资料等，对祁连山国家公园所辖区域旅游景区的生态问题有了较深入的了解，发现诸多旅游生态风险的产生主要来源于四方面：一是旅游项目建设，二是旅游服务企业，三是旅游从业人员，四是旅游者。

（一）游憩利用生态风险源识别

1. 旅游项目建设

旅游项目建设造成的生态破坏主要包括以下几点。

①不当的规划或项目建设，使生态环境遭到破坏。旅游开发初期，项目施工建设产生了废气、废水、固体废弃物以及噪声污染，更有甚者带来植被覆盖率下降、水土流失严重等负面影响。同时，一些未批先建、无序开发的旅游项目，也带来了不合理的土地利用以及景观城镇化等问题；或者因用地需要而大量砍伐树林，大面积占用草地，致使植被

覆盖率下降。调查显示，祁连山保护区生态旅游景区各类旅游设施占地2万多平方米，近3万平方米的植被被完全破坏或受到严重破坏。李宗省等（2021）的研究表明，2010—2015年，祁连山自然保护区旅游区植被覆盖度大部分均有所降低，植被覆盖度下降的旅游区有16个，占所调查旅游区总数的64%，其中，植被覆盖度下降较明显的是天祝三峡国家森林公园游客服务中心办公区、石门沟景区金沙湾基础设施建设项目和天祝县民族风情度假村。其主要原因是：2010—2015年，祁连山保护区旅游开发过程中，基础设施和违规建筑的建设对旅游区植被群落造成一定的人为干预，对生态环境产生了负面影响。

②因处理不当，项目建设中产生大量的土方石、塑料、木屑等进入水体、土地，从而带来严重的生态问题。例如水体富营养化致使藻类植物迅速繁殖，土地板结。

③项目建设可能干扰和破坏野生动物栖息地，影响野生动物生活习性和生活环境，使得适应能力较差的动物成为旅游建设开发的牺牲品，长此以往会导致动物种类减少，甚至生物多样性锐减。

2. 旅游服务企业

旅游住宿业、餐饮业、娱乐部门、车船公司等旅游企业，在其生产经营和服务过程中，时常会带来一定程度的生态污染。这些污染主要包括以下方面。

①废气污染。旅游饭店、旅游交通是废气产生的源头。游客增多，随之增加的机动车辆会带来大量的尾气排放，直接影响环境质量；旅游饭店废气主要来源于锅炉的煤炭燃烧产生烟尘造成废气污染。研究表明，祁连山保护区各景区每年燃烧煤炭、烟尘排放量、二氧化碳以及二氧化硫分别约为500吨、25吨、13吨以及6.4吨，造成了一定程度上的大气污染。

②废水污染。旅游景区的污水排放是废水产生的源头。污染物主要包括各种尘埃、废水、废渣、固体悬浮物、致病微生物、油类以及有毒重金属化合物等。比如小型宾馆、饭店等的生活污水未经规划随意排放，日积月累将大大加重当地水体的污染负荷。研究表明旅游景区水面大肠杆菌密度在1.1个/ml—4.7个/ml，地表径流中全磷、全氮含量增

加了 12%—34%。

③垃圾污染。旅游服务业产生的固体污染主要源于固体垃圾，塑料袋、玻璃瓶、瓜皮以及剩饭菜等。固体垃圾的随意堆放、丢弃，不仅破坏景观整体美感，而且土壤、植被也会因此被污染，垃圾随着雨水冲刷进入水体，不仅破坏水体质量而且会导致水体生物死亡或疯狂生长。

④噪声污染。旅游饭店和旅游娱乐场所是景区噪声污染的主要来源。部分旅游娱乐场所如酒吧、KTV 等音响设备因隔音条件差，打扰到与之毗邻的住户，噪声污染同时给居民的生活以及工作带来很多负面影响。

3. 旅游从业人员

旅游从业人员带来的生态破坏主要来源于自身社会责任感薄弱、思想意识差等。一些旅游开发者因缺少科学的统筹规划意识，往往按照利益优先为主，只想着尽可能更多地规划山林、湖泊等，并不考虑自然资源的可持续利用，同时在景区内大建特建，修山门、修公路，有些景区圈地之后，就会建设别墅、饭店、招待所以及娱乐设施等进行商业化的运作，这些以经济利益为主的运营，对景区的生态景观会造成毁灭性的破坏，而且对一些具有特殊性和不可恢复性的自然景观所导致的损害可能是无法弥补的。部分经营者只顾追求自身利益，在固体垃圾处理、废水处理以及噪声污染等方面思想意识薄弱，将旅游接待产生的污染物直接丢弃在景区或旅游目的地，这些行为有意无意地引起环境变化，导致生态系统的结构和功能受到影响或损伤（杨阿莉，2009）。

4. 旅游者

调查发现，对旅游者游憩行为的管理已经成为景区管理必须重视的一部分。部分游客因缺乏环保意识，在旅游过程中随意攀折、践踏、刻画、采摘和损伤景区植被、猎捕小动物等行为极易对旅游目的地原始风貌造成破坏。部分游客将携带的食品袋、塑料瓶等随意丢弃，可能会带来大量难以处理的“白色污染物”。除此之外，在人类进行旅游活动中，旅游者常常成为外来生物的传播媒介。由于旅游目的地旅游业的发展，许多外来生物同游客一起进入旅游目的地，增加了外来生物入侵保护区的生物风险，使野生动物的生存环境受到破坏。大量游客将增加旅游目的地水质、土壤、空气的污染负荷，甚至扰乱部分野生动物生活习惯，使旅游目的地整体生态情况受到破坏、发生改变。

研究发现，游客数量和景区植被受影响程度成正比关系，游客数量多，对景区植被的影响程度就大；游客数量少，对景区植被的影响程度就小。大量游客的来访，对植被可能造成的影响及后果主要表现为：一是影响植被的生理代谢及形态；二是影响植被种子的发芽及苗木的成活；三是影响植被的生长高度，并阻碍其生长；四是影响植被的健康与活力；五是影响植被的开花及结实；六是影响植被的更新及侵移；七是影响植被种类的多样性及群落结构。

（二）游憩利用的风险源、风险受体、生态终点之间的递进传导关系

一般生态风险评价从危害评价、暴露评价、受体剖析和风险表征四个方面进行（U. S. EPA，1998）。危害评价指的是生态系统中，生态风险源对风险受体的破坏程度。暴露评价主要研究风险源暴露于该区域的与风险受体之间的接触暴露关系。结合上面分析的四大类生态风险源——旅游建设项目、旅游服务企业、旅游从业人员、旅游者，表明游憩利用的风险受体，主要为土壤、大气、水体（河流、湖泊）、动植物、草原、冰川、雪山等。生态风险终点表现为：对土壤、水体、大气等带来污染，固体污染物增多，植被覆盖度下降，水土流失，土地沙漠化，生境破碎化，生物多样性破坏，等等。在对祁连山旅游地游憩利用"风险源—生境—生态终点"的暴露及危害反应路线进行概括的基础上，可以用生态递推关系图（如图6.1所示）来直观地描述祁连山国家公园游憩利用风险源、风险受体、暴露与危害分析、整合风险受体、生态终点之间的生态效应递进传导关系（杨阿莉，2009）。

二　祁连山大野口森林公园游憩利用生态风险识别专题调研

祁连山大野口森林公园位于甘肃省张掖市肃南裕固族自治县马蹄乡境内，距离张掖市区50千米，交通、通信便利，区位优势明显。东以酥油口河为界与马蹄林场接壤，西北以黑河为界与康乐林场相望，西南以魏拉大板分水岭为界与寺大隆林场相连，北至西武当山与甘州区龙渠、花寨、安阳乡毗邻。该景区有一水库，即大野口水库，水库流域面

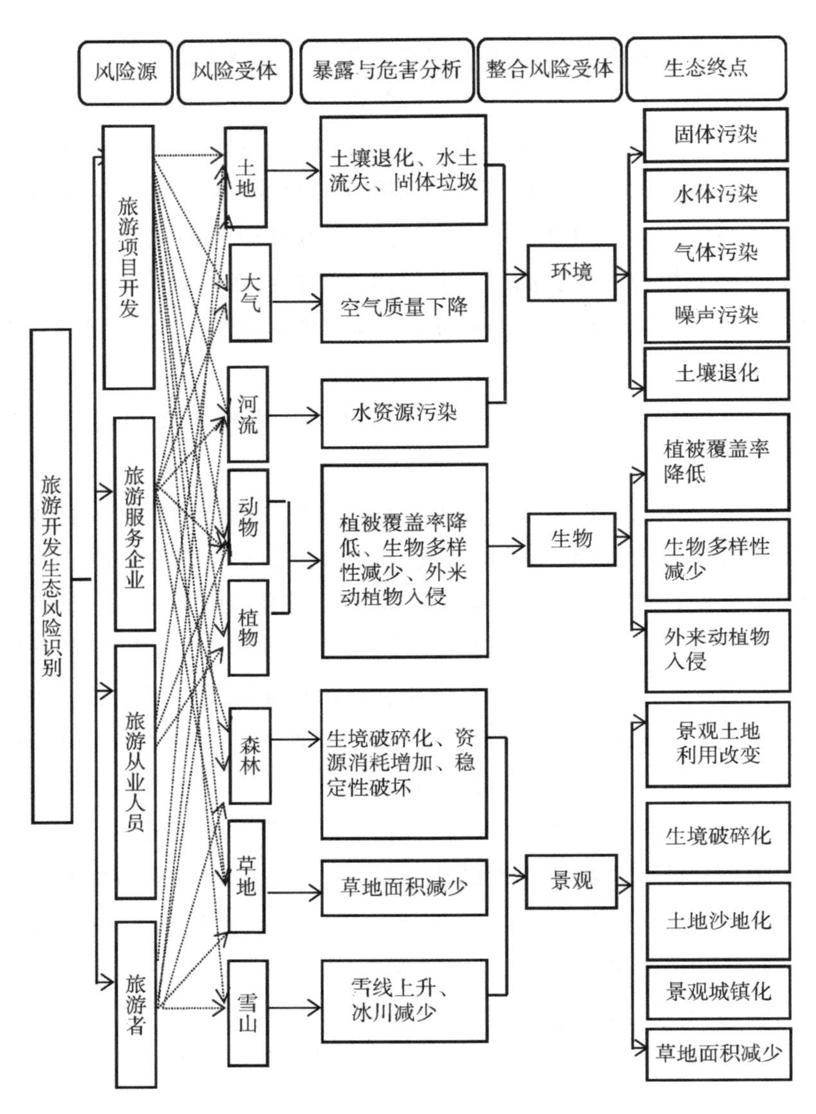

图 6.1 游憩利用风险源、风险受体、生态效应之间的递进传导关系

积 80 平方千米，其中库区水域面积 0.3 平方千米。水库周边植被丰富，草场茂密，是黑河和大野口河重要的水源涵养地。整个森林公园景区风景资源独特，生态环境良好，有雪山冰川、森林草原，也有幽谷深涧、河流瀑布，自然景观雄浑大气又秀美动人。公园内生物种类繁多，独特的自然环境和珍稀物种在科学研究方面具有极为重要的价值。景区周边聚居有裕固、藏、汉、土、回等多种民族，其多彩的民族风情和传统习俗、民间艺术构成了独具特色的民族风情旅游资源。

图 6.2　祁连山大野口森林公园风光

（一）祁连山大野口森林公园旅游垃圾的生态风险及管理研究

长期以来，大野口森林公园凭借秀丽迷人的自然风光、夏季凉爽宜人的气候条件以及全国独有的裕固族草原风情，吸引了众多的游客前往登山赏景、避暑休闲、野炊娱乐等。随着祁连山周边区域经济的快速发展与旅游业的不断兴旺，大野口森林公园的旅游人数逐年大幅增加，这使大野口旅游区产生了大量垃圾。那么，大野口景区的旅游垃圾特征及其危害情况如何？调研组就此进行了深入调研。

为了深入了解游客游憩活动对祁连山生态环境所造成的影响，调研组曾于 2015 年及 2016 年的 5—9 月夏秋季节，对地处祁连山腹地的大野口森林公园景区的旅游垃圾及游憩活动中可能产生的生态风险展开调研。这一研究将为祁连山旅游生态风险的精准识别及其评价提供科学依据，同时也为在祁连山国家公园更深入地开展生态整治与游憩利用研究，奠定坚实的理论基础。

1. 大野口旅游垃圾特征及其生态风险

调研组通过多次前往大野口进行实地考察以及在部分牧民和景区管理人员中开展深度访谈，就景区旅游垃圾的现状及其影响和后续处理问题进行实地调查统计，并在6、7、8月旅游高峰期视旅游情况增加观测频率。根据游客在祁连山大野口森林公园内的涉足范围和活动频率差异选择调研样地，设置8块20m×20m的标准样地开展实证调查分析。

调查发现，自春末开始至深秋季节，大野口以其茂密的森林风光吸引着无数游客前来观光游憩，尽享原生态山林美景。尤其在盛夏时节，相比较大多数地方的酷暑难耐，大野口森林公园的气温较为适宜，是游客避暑、休闲、登山、野营、野餐、娱乐等的绝佳去处。大野口垃圾来源主要包括建设垃圾、游客旅游活动垃圾、生活（居住、厕所）垃圾等三类，如表6.1所示。因为游客的大量到来，旅游活动产生的垃圾比较多。但景区垃圾桶的设置数量较少，加上部分游客的环保意识欠缺，所以森林公园随处都有散落的各种垃圾。由于祁连山大野口森林距离市区相对较远，交通较为不便，且沿途服务站点较少，游客对食物、饮水的补给需要一般难以满足，因此游客常常使用大量的袋装食品、瓶装水、方便面等，从而导致景区塑料类垃圾数量增加，加之游客对于物质消费追求一定的便利性，因此产生的垃圾主要为矿泉水瓶、玻璃酒瓶、易拉罐、饮料瓶、塑料袋等。这些垃圾的特征主要表现为：成分较为简单，以无机物成分为主，可回收成分比例相对较高。

表6.1 **旅游垃圾分类**

来源	内容
建设垃圾	公用设施、道路、牧民房屋修建的砖瓦、木屑、弃土等
游客旅游活动垃圾	矿泉水瓶、玻璃酒瓶、塑料袋、易拉罐、食物残渣、纸杯等
生活（居住、厕所）垃圾	生活污水、炉灰、破布、卫生纸等

旅游垃圾对生态环境产生的潜在风险相对较大。一方面旅游活动产生的垃圾对空气、土壤、水体、动植物生长等均会产生一定的不良影响，游客的频繁活动也给景区植被和土壤带来很大负面影响。这不但损

害了景区的旅游形象、降低了游客体验，而且给祁连山脆弱的生态环境造成严重破坏，导致生态功能的严重退化；另一方面，对于没有及时清理的垃圾（如残渣剩饭、剩菜等），由于长时间暴露在空气中，其所产生的病原体将会通过老鼠、蚊蝇等生物渠道传播疾病，这将对人体健康造成一定的危害。

2. 旅游垃圾存在的问题

经过走访调查，发现旅游垃圾问题主要体现在以下几方面。①景区缺乏对“旅游垃圾”的有效管理。环保、旅游、水利、住房城乡建设、卫生健康等有关部门，在旅游区的建设、保护、监督中缺乏对游客旅游行为的有效管理以及旅游垃圾的有效处置。另外在景区管理方面，除了收取门票的工作人员之外，其他管理人员配备严重不足。②进入旅游区的人员较复杂，有外来游客也有当地农牧民等，环保意识参差不齐，旅游区简单的环保宣传难以奏效。③旅游区相应生态保护设施不完善，从而使得新废弃物不断出现，造成恶性循环。④目前旅游垃圾的收集设施十分简陋、数量较少且收集方式极为简单粗放，完全不能进行垃圾的收集和分类，更谈不上应该遵循的“减量化”“资源化”“无害化”等垃圾处理“三化”原则。

3. 旅游垃圾管理建议

①政府牵头，完善法规并加强部门协作。政府需要建立、健全有关旅游开发建设中环境保护方面的法律法规，使旅游垃圾的处理有法可依、有法必依，同时应加强环保、旅游、国土等部门在旅游开发建设和环境监督管理等方面的协作，制定统一严格的环保规范，明确在开发建设和经营管理中应采取的垃圾处理措施。

②加强旅游环境保护的宣传教育，提高民众的环保意识。旅游垃圾多来源于旅游者，如能提高旅游者的环保意识，积极开展各种方式宣传教育活动，将会达到事半功倍的效果。在宣传教育的过程中少一些标语式的宣传牌，多一些人性化的提示牌；利用旅游者能接触到的各种媒介，使旅游者接受到多渠道的环保教育，营造保护环境的气氛，倡导绿色文明旅游，以提高民众的环保意识。

③加强对旅游垃圾的管理。一是从源头上减少旅游垃圾的产生，

提倡建立符合生态环保要求的经营和管理方式，最大限度地减少一次性产品的使用，倡导使用清洁能源、重复使用耐用品等方式。二是提升对旅游垃圾管理水平，加大力度分析旅游区的旅游环境容量，正确估计可容纳的最大游客数量，对产生的垃圾进行全面收集、密闭清运和完全无害化处理。三是提高旅游垃圾循环利用体系，把可回收、可利用的垃圾分离出来，再次使用，这样既可降低垃圾的处理成本，又可节约资源。

（二）游憩活动对祁连山大野口森林公园土壤性质的影响研究

土壤是人类活动直接干扰风景区的主要对象，土壤状况的优劣对旅游地生态系统的健康与稳定有着重要的作用。随着景区游客的与日俱增，旅游活动主要区域存在植被被破坏、表层土壤损失严重等现象，对生态环境带来极大威胁。本书在野外调查、采样和室内分析的基础上，研究在不同旅游干扰强度下土壤 pH 值、容重、含水量、有机质和大量养分元素、微量元素的变化，探讨旅游干扰对土壤性质的影响，并提出相关建议意见，以期为祁连山生态环境保护措施的制定提供科学依据。

1. 土壤样地选择与土壤样品采样分析

试验区设在祁连山中段西水林区的大野口流域，流域面积 68.06km²，海拔 2650—4600m，平均海拔为 3330m，低山地带坡度均在 20°—30°，高山地带坡度在 40°左右。该区属大陆性高寒半湿润山地森林草原气候，据祁连山生态系统定位研究站长期定位观测结果，该区年平均气温 0.5℃，最高气温 28.0℃，极端最低气温 -36.0℃；年均降水量 359.2mm，5—9 月降水占全年的 83.11%，年均空气相对湿度 60%，年蒸发量 1052mm，年均日照时数 2130h。试验区土壤和植被随山地地形和气候差异而形成明显的垂直分布带，土壤主要类型为山地森林灰褐土、山地栗钙土以及亚高山灌丛草甸土 3 个类型，总体特征是土层薄、质地粗，以粉沙块为主。

通过在祁连山大野口森林公园的走访、踏查和景区相关人员的介绍，在祁连山大野口流域观台旅游区，依据游客在旅游区内涉足范围和活动频率的差异，将旅游活动区域划分为：游客密集区（旅游活动主要使用空间，有明显的活动足迹，污染物较多，水土流失严重）、游客稀疏区（旅游活动相对较少，污染物较少）和无游客区（无游客活动，无污染物，干扰不明显，植被生长旺盛）。由于该区游客旅游活动比较复杂，活动范围集中于道路一侧，考虑到山地地形的特殊性以及植被、土壤空间异质性，因此在同一区域内选择群落类型、海拔、坡度等相同，立地条件相似的地区设立样地。根据旅游活动情况在游客密集区、游客稀疏区和无游客区分别设置 20m×20m 标准样地共 3 块。

在每个样地内随机布设 5 个点，分别取 50g 左右 0—10cm 和 10—20cm 土层土样，将同土层土样混合均匀后用四分法取 1kg 左右装入密封袋。采集的土样带回实验室分拣石块、枯枝烂叶等杂质，自然风干，用于测定土壤理化性质。其中，土壤含水量采用烘干法测定，土壤容重采用环刀法测定，土壤有机质采用重铬酸钾氧化外加热法测定，土壤全氮采用半微量凯氏定氮法测定，土壤全磷采用氢氧化钠熔融—钼锑抗比色法测定，土壤全钾采用氢氟酸—高氯酸消煮法测定；土壤 pH 值采用电位法（土水比为5：1）测定，土壤速效磷采用碳酸氢钠浸提—钼锑抗比色法测定；土壤速效钾采用醋酸铵浸提—火焰亮度法测定（马剑等，2016）。

2. 游憩活动对土壤性质的影响

试验数据统计分析采用 DPS 11.0 软件，其中方差分析采用两因素完全随机设计，多重比较选择 LSD 法。

①对土壤 pH 值的影响

随着旅游活动干扰程度的降低，0—10cm 土层土壤 pH 值逐渐上升，游客密集区土壤 pH 值明显低于游客稀疏区和无游客区，而游客稀疏区 pH 值较接近于无游客区土壤 pH 值，二者相差不大（见图 6.3），说明旅游活动明显地影响到了土壤 pH 值。三个区域 10—20cm 土层的 pH 值变化不大，说明旅游活动对深层次土壤 pH 值影响不大。祁连山游客到访时间大多集中在夏季，而此时也正是祁连山植被生长的中后期，大量的游客所产生的垃圾堆积于山坡、草地及林下，大量喝剩的啤酒饮料随处乱倒，严重影响了游客密集区植被的生长及地被枯落物的分解，从而影响了表层土壤的 pH 值。

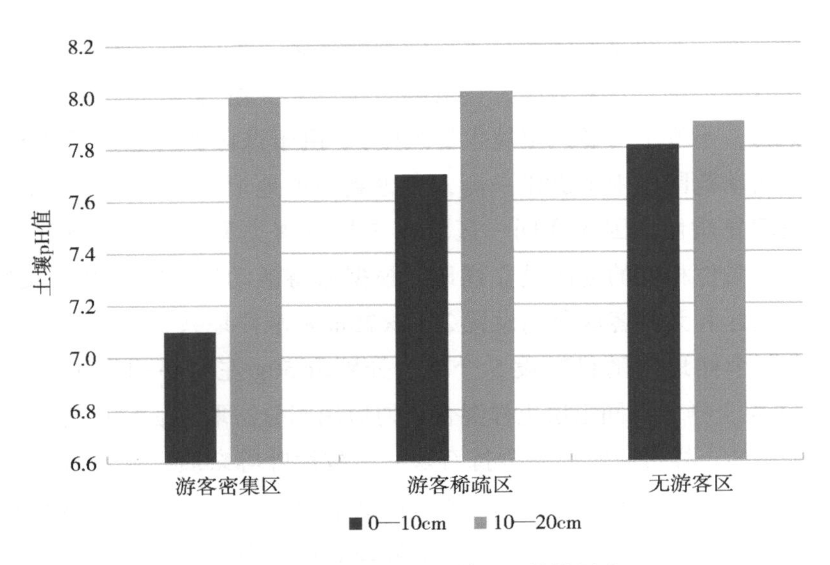

图 6.3 旅游活动对土壤 pH 值的影响

②对土壤容重的影响

由于祁连山大野口风景区 66% 的游客自驾游，所以车辆碾压对土壤容重的影响不容忽视。研究结果显示，不同区域同土层土壤容重均表现出：游客密集区 > 游客稀疏区 > 无游客区，随着土层加深容重增大（见图 6.4）。0—10cm 土层容重，游客密集区显著高于游客稀疏区和无游客区，其容重是未受人为干扰的无游客区的 2.2 倍。10—20cm 土层容重，也是随人为干扰强度的降低而减小，游客密集区显著高于其他两个区，而游客稀疏区和无游客区差异并不显著。主要是由于游客密集区踩踏严重，土壤孔隙度下降，大量地被物被压实，土壤容重增大。游客稀疏区和无游客区 10—20cm 土层的土壤容重显著高于 0—10cm 土层，主要是由于距游客密集区越远地带受游客践踏强度越弱，植被覆盖度增加，上层土体较为疏松，下层土体相对紧实。

③对土壤含水量的影响

研究发现，土壤含水量变化范围在 44%—92%，不同土层土壤含水量均为：无游客区 > 游客稀疏区 > 游客密集区。但不同区域及各土层间显著性差异不同，0—10cm 土层游客密集区显著低于无游客区，其土壤含水量仅占无游客区的 52.2%，而游客稀疏区为一个过渡区，

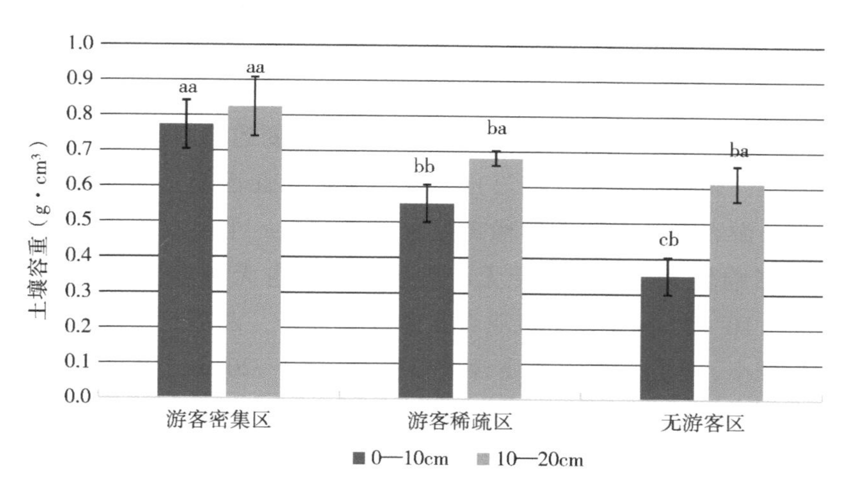

图 6.4　旅游活动对土壤容重的影响

与其他两个区差异不显著，10—20cm 土层由于受到表层土壤的保护差异不显著。游客密集区和游客稀疏区受人为影响，各土层间水分含量差异不显著，加之游客活动及车辆碾压致使地表植被受到一定程度的破坏，表层土壤裸露面积和板结面积增大，容重增大，土层水分含量明显较少。

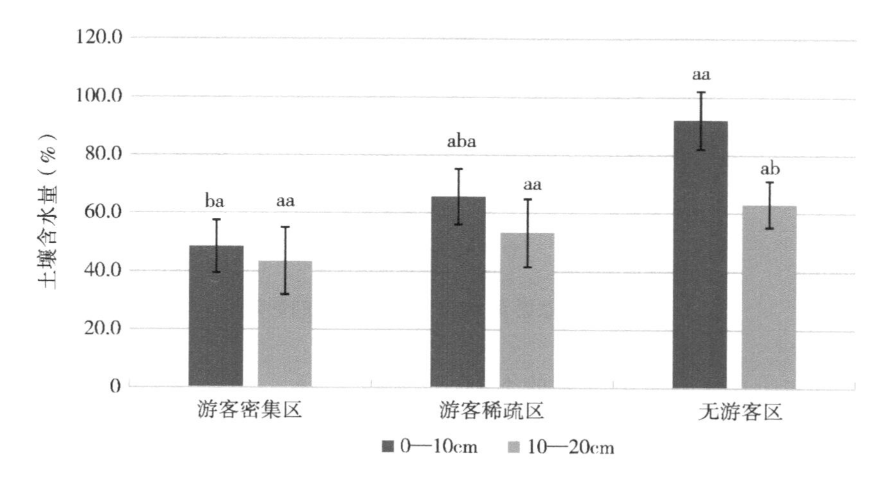

图 6.5　旅游活动对土壤含水量的影响

④对土壤有机质的影响

旅游活动对土壤有机质的影响主要从以下方面进行：践踏对地被物的破坏，固体垃圾的随意堆放，废水（包括喝剩的啤酒饮料，煮肉汤，清洗水果、碗具的废水，等等）撒倒，搭炉起灶活动，等等。研究结果表明，游客密集区和游客稀疏区土壤0—10cm土层有机质含量受游客活动影响较大，显著低于无游客区，分别占无游客区的63.6%和60.1%，10—20cm土层有机质含量差异不显著，说明此土层受游客活动影响较小。表层土壤有机质含量整体高于10—20cm土层，游客密集区和游客稀疏区差异不明显，而无游客区差异明显，表层含量是下层含量的1.8倍。这主要是因为游客密集区受人为影响最大，游客稀疏区次之，表层植被受到破坏，影响枯落物分解，有机质主要自然来源枯竭；而无游客区基本上没有游客到达，原始状态保持很好，枯枝落叶层较厚，分解量大，使表层有机质含量丰富（马剑等，2016）。

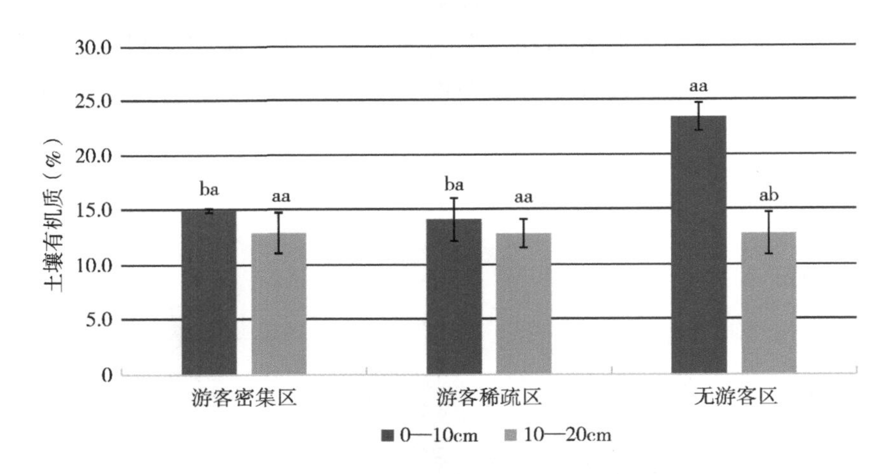

图6.6 旅游活动对土壤有机质的影响

⑤对土壤大量养分元素的影响

随着人为干扰强度逐渐增大，地表植被遭受破坏，表层土壤裸露面积增大，水土流失程度增加，带走一部分养分，致使表层土壤全氮、全磷、全钾含量均表现出（见表6.2）：无游客区 > 游客稀疏区 > 游客密集区，而10—20cm土层受人为影响相对较小，全氮、全磷、全钾含量差异不大。游客密集区0—10cm土层含量普遍低于10—20cm土层含量，说明踩踏、碾压等人为活动因素的影响可以降低土壤表层的全氮、全磷、全钾含量。不同区域土壤速效养分表层含量均高于10—20cm土层，0—10cm土层速效磷含量表现出：游客稀疏区 > 游客密集区 > 无游客区。速效钾含量则表现为：游客密集区 > 游客稀疏区 > 无游客区。10—20cm土层水解氮和速效钾含量表现为：无游客区 > 游客稀疏区 > 游客密集区。速效磷含量表现出：游客密集区 > 游客稀疏区 > 无游客区。这可能是由于旅游产生的垃圾分解、表层土壤损失、有机质含量、水分含量以及植物根系分泌物等一系列因素综合作用而成。

表6.2　　旅游活动对土壤大量养分元素的影响

土层	旅游活动影响区域	全氮 g/kg	全磷 g/kg	全钾 g/kg	水解氮 mg/kg	速效磷 mg/kg	速效钾 mg/kg
0—10cm	游客密集区	4.90 ±0.20	0.61 ±0.00	20.96 ±0.50	421.55 ± 37.61	22.01 ± 2.00	150.57 ± 15.00
	游客稀疏区	5.94 ±0.47	0.63 ±0.06	21.09 ±0.00	421.97 ± 20.84	18.31 ± 0.20	177.58 ± 10.00
	无游客区	7.13 ±1.11	0.69 ±0.03	21.19 ±0.00	424.88 ± 31.84	14.53 ± 4.80	143.56 ± 11.00
10—20cm	游客密集区	5.55 ±0.54	0.62 ±0.03	23.34 ±0.58	342.41 ± 22.52	20.56 ± 0.55	122.56 ± 6.03
	游客稀疏区	5.04 ±0.20	0.65 ±0.03	23.85 ±0.88	375.41 ± 7.10	16.64 ± 0.57	131.71 ± 1.50
	无游客区	4.56 ±0.45	0.61 ±0.03	25.25 ±1.00	385.46 ± 32.70	10.86 ± 1.15	133.06 ± 22.50

⑥对土壤微量元素的影响

研究结果表明，有效微量元素在游客密集区含量均较高，其中有效铁游客密集区和游客稀疏区0—10cm土层含量分别是无游客区的2.2倍和2.5倍，10—20cm土层含量分别是无游客区的1.5倍和1.1倍。各个有效微量元素在0—10cm土层含量普遍高于10—20cm土层含量（见

表6.3)。游客密集区由于路况较好车辆可直接到达，在旅游旺季游客密集区旁边停放大量的机动车，大量的废气和烟尘等颗粒污染物降落量较大，加之游客丢弃的大量塑料、电池等废弃物，致使游客密集区土壤表层微量元素整体含量较大。另外，铁、锰、铜、锌、硼等阳离子在土壤中主要生成氢氧化物、碳酸盐、硫化物及少量磷酸盐、硅酸盐等难溶解的沉淀。而这些沉淀物均会随pH值降低而趋于溶解，随pH值升高迅速降低平衡液相中离子的浓度。

表6.3 **旅游活动对土壤微量元素的影响**

土层	旅游活动影响区域	有效铁 mg/kg	有效锰 mg/kg	有效铜 mg/kg	有效锌 mg/kg	有效硼 mg/kg
0—10cm	游客密集区	153.18 ±20.63	13.56 ±4.35	3.29 ±0.40	0.70 ±0.09	2.95 ±0.15
	游客稀疏区	175.33 ±2.40	12.19 ±1.00	2.99 ±0.33	0.73 ±0.10	2.98 ±0.80
	无游客区	70.15 ±1.55	10.86 ±0.62	3.15 ±0.15	0.52 ±0.22	2.87 ±0.16
10—20cm	游客密集区	119.96 ±18.15	6.32 ±1.12	2.07 ±0.08	0.45 ±0.06	1.85 ±0.68
	游客稀疏区	89.66 ±16.41	5.50 ±0.35	2.02 ±0.14	0.39 ±0.05	1.75 ±0.54
	无游客区	78.16 ±8.28	5.52 ±0.50	2.02 ±0.21	0.47 ±0.12	2.12 ±0.29

3. 结论与建议

(1) 研究结论

总体来看，游客的活动已经对土壤pH值、容重、含水量、有机质及各类养分造成严重影响。游客密集区表层土壤pH值明显低于游客稀疏区和无游客区，10—20cm土层的pH值变化不大，说明旅游活动主要影响表层土壤pH值，对深层次土壤pH值影响不大。土壤容重大小均表现出，游客密集区 > 游客稀疏区 > 无游客区，而含水量则表现出相反的规律：无游客区 > 游客稀疏区 > 游客密集区。随着土层加深容重增大，含水量减小。游客密集区和游客稀疏区土壤0—10cm土层有机质含量受游客活动影响较大，显著低于无游客区，而10—20cm土层有机质含量差异不显著。旅游活动对游客密集区表层土壤全氮、全磷、全钾影响较大，其含量均低于游客稀疏区和无游客区，且0—10cm土层含量普遍低于10—20cm土层含量，说明踩踏、碾压等人为活动因素的影响可以降低土壤表层的全氮、全磷、全钾含量。游客密集区表层土壤水解氮、速效磷偏高，而深层土壤速效磷含量较高，不同区域土壤速效养分表层含量均高于10—20cm土层。各个有效微量元素在0—10cm土层含量普遍高于10—20cm土层含量，且在游客密集区含量均较高。旅游活动对土壤养分的影响是较复杂的过程，表层土壤养分受垃圾、废水、废气等影响较大，各区养分的含量大小也有可能取决于垃圾种类。

游客到访祁连山风景区的时间主要集中在5—8月，旅游方式大多选择家庭或者跟朋友结伴自驾游，以进行赏景、避暑、野炊、烧烤为主要旅游目的。游客到来产生的大量生活垃圾、废水废气及碾压踩踏行为等，给祁连山旅游区生态环境带来了较大的环境压力，原有的森林景观、土壤环境受到威胁，特别是旅游活动对土壤容重、含水量、pH值等理化性质产生了严重的影响，表层土壤尤为严重。而表层土壤环境的破坏必然会引起植被的退化和演变，严重时极易引发生态环境的逆向演替。在不同程度的游客干扰下，祁连山保护区生态旅游景区土壤的物理性状与化学性状呈现出不同的变化。游客干扰强烈的区域，游客对土壤严重践踏，土壤孔隙度减低，含水量和有机质含量减少，土壤肥力下降，同时使土壤透气、透水性变弱，地表径流增加，水土流失加剧。土壤板结会造成许多植物无法正常从土地吸收水分以及需要的营养物质，导致生态自我调节能力变差，加剧植被死亡，造成植物群落、物种结构改变。

（2）对策建议

①控制游客数量，合理分散客流量，使之与景区承载力相匹配。大力开展资源保护及旅游景区环境承载力方面的研究，为后续旅游开发活动和管理提供理论依据。目前，关于本研究区旅游活动干扰对环境因子影响的研究较为缺乏，可大量开展关于植被、大气和水体方面的研究。

②加强景区环境监督管理，加派管理巡视人员，加大监察力度。例如在景区内修建垃圾集中处理区，同时严禁游客携带锅灶、烧烤炉、打火机等危险工具进入林区旅游，坚决杜绝在景区内搭锅起灶、烧烤等对

森林生态安全构成严重危险的活动。加强植被保护及恢复，在植被破坏严重区可人工种植灌木、草本，保证生态群落的良性发展。

③加大景区环境保护宣传力度。可通过悬挂各种与环境保护相关的宣传标语，让游客了解保护生态环境的重大意义，养成良好旅游行为习惯，倡导游客将产生的垃圾废弃物自觉带出景区，避免乱扔乱倒。强化森林公园旅游景区环境解说设计，健全环境解说相关内容的软硬件建设，重视景区生态系统特性及群落特征的解说。同时要高度重视旅游从业人员环保素质的培养，通过导游员或讲解员向游客传递环境保护知识与关爱自然的理念，塑造游客价值取向、道德与行为。

第三节　祁连山国家公园游憩利用生态风险评价

一　基于 AHP 方法的生态风险评价指标体系构建

层次分析法（Analytic Hierarchy Process，AHP）是将一个目标问题分解成具有包含关系的若干层次，通过专家打分将定性问题定量化，为无结构的决策问题提供清晰的思路和解决过程。层次分析法的实践运用包括四个步骤：①构架递阶层次结构模型；②构造各层次的成对比较矩阵；③计算单层次权向量，并进行一致性检验；④计算总权重向量，进行组合一致性检验。AHP 层次递延结构要求确定旅游开发生态风险指标层次体系，并采用九级标度法，通过德尔菲法获取反映各指标重要性的数据，在此基础上建立判别矩阵并进行一致性检验，再计算各层次指标最终权重。

进行生态风险评价，既要遵循生态变化的客观规律，又要充分考虑游憩地生态环境、经济发展现状、社区参与程度、社会保障体系等，同时必须遵循科学性与实用性相结合、系统性与层次性相结合、可操作性与目标导向性相结合的评价原则，以此设计适用于游憩地的生态风险评价指标体系。通过对既有研究文献和现有政策性文件的学习以及到祁连山国家公园的实地调研考察，基于 AHP 法建立了祁连山国家公园游憩利用生态风险评价指标体系，并在此基础上，通过模糊综合评判法对祁连山国家公园游憩利用生态风险进行评价。

（一）评价指标选取依据

1. 生态系统结构及区域景观角度

考虑生态风险的评价指标，首先应从受到直接损坏的生态因子着手，也就是从生态系统的结构组成成分考虑，提炼出生态风险评价指标。生态系统由生物和生境组成，生物主要包括动植物和微生物；生境包括水、土壤、大气、光、声环境等。通过游憩利用生态风险源的分析，可知生态风险的结果，一方面是直接影响动植物的成长、破坏植被环境，改变生物多样性；另一方面是通过对水环境、声环境、土壤环境等的影响间接对生态系统造成破坏，导致生态系统发生改变。

景观是高于生态系统的评价尺度，是多个生态系统交融、相互连接的一个整体，对于景观尺度的评价指标选取，应在生态系统指标选取基础上，把多个生态系统视为一个整体，选出可以从宏观上反映多个生态系统风险的评价指标。游憩利用项目对景观土地的不合理应用可能改变景观的格局，部分人造景观使原本淳朴的乡村原始风貌逐渐城镇化，旅游活动会对景观生态系统，如草地、植被等造成影响，导致生境破碎化、草地面积减少，从而出现水土流失、土地荒漠化等一系列问题。

2. 既有研究文献的指标选取

关于游憩利用的生态风险，既有研究主要从景观风险、动物风险、植物风险、环境风险、旅游可持续发展风险等方面进行分析。本书在综合前人研究的基础上，将“动物风险、植物风险”综合为“生物风险”；考虑到“旅游可持续发展风险”属于游憩利用发展的综合考量要素，不属于本书生态风险受体及终点的指标体系因而去除。因此，本书最后的指标选取主要包括“景观风险、生物风险、环境风险”三个维度进行生态风险的评价。

基于以上分析，结合祁连山生态系统的特点，本书认为，祁连山国家公园游憩利用生态风险评价指标体系可以从“环境风险、生物风险、景观风险”三个维度进行构建。

（二）评价指标体系构建

本书基于 AHP 方法，参考已有学者如李淑娟和隋玉正（2010）、张广海和王佳（2013）、韩晨霞等（2013）、钟林生和李萍（2014）等对具体案例地风险源产生的风险危害构建的评价指标，结合游憩利用风险源、风险受体、生态效应之间的递进传导关系，构建了祁连山国家公园游憩利用的生态风险评价指标体系。

指标体系共分为三层（如图 6.7 所示），第一层为目标层（U），即游憩利用导致的生态风险评价；第二层为准则层，由环境风险（U_1）、生物风险（U_2）、景观风险（U_3）三个子系统构成；第三层为指标层，由从属于准则层每个指标的具体因素构成。根据前文游憩利用生态风险源识别的分析，指标层包括固体污染（U_{11}）、气体污染（U_{12}）、水体污染（U_{13}）、噪声污染（U_{14}）、土壤污染（U_{15}）；植被覆盖率下降（U_{21}）、生物多样性破坏（U_{22}）、外来动植物入侵（U_{23}）；景观土地利用（U_{31}）、生境破碎化（U_{32}）、土地沙地化（U_{33}）、景观城镇化（U_{34}）、草地面积退化（U_{35}）、水土流失（U_{36}）14 项。各指标所指含义如表 6.4 所示。

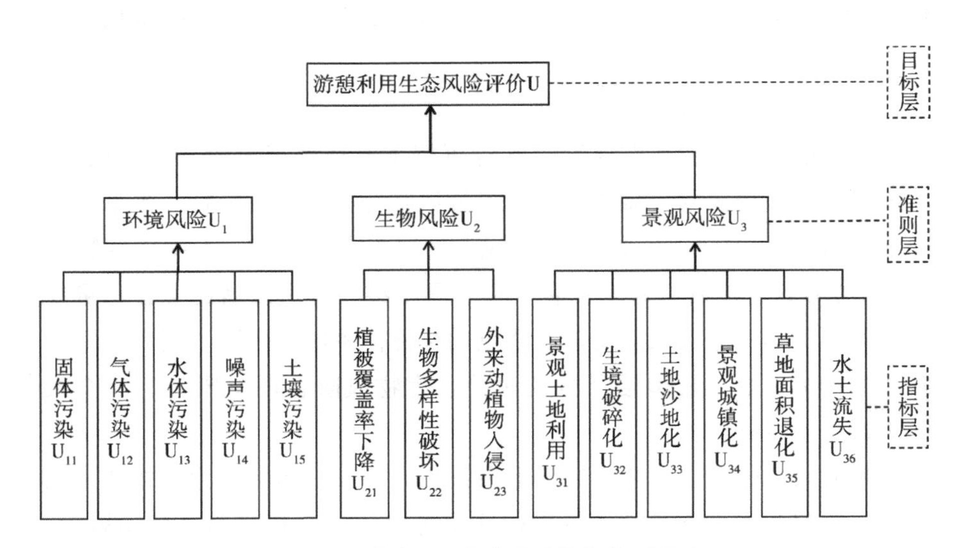

图 6.7 游憩利用生态风险指标体系层次

表 6.4　具体指标说明

总目标层 U	
环境风险 U_1 指标说明	
固体污染 U_{11}	设施建设垃圾量、游客固体垃圾量对环境造成的破坏
气体污染 U_{12}	设施建设中的废气以及汽车尾气排放在大气中，导致大气中危害物质过量对人或物造成危害
水体污染 U_{13}	游憩利用带来大量的污水排放对流域水体造成污染
噪声污染 U_{14}	游客交通工具的分贝、游客分贝、娱乐广播分贝对当地居民、动物等产生的影响
土壤污染 U_{15}	游憩利用过程中带来的垃圾、污水等污染对土壤造成的破坏
生物风险 U_2 指标说明	
植被覆盖率下降 U_{21}	游憩利用给植被、绿洲和人工防护林带来的破坏
生物多样性破坏 U_{22}	游憩利用对动植物物种的丰富程度造成的影响
外来动植物入侵 U_{23}	游憩利用活动带来的非保护区本土的动植物物种在保护区内大量生活繁殖，抢占生态位，导致生态系统改变
景观风险 U_3 指标说明	
景观土地利用 U_{31}	游憩利用中对土地的不合理规划和利用改变景观格局
生境破碎化 U_{32}	原来连续成片的生境，由于人类建设活动的破坏和干扰，被分割、破碎，形成分散、孤立的岛状生境或生境破碎化的现象
土地沙地化 U_{33}	人类不合理的经济活动等因素，使干旱、半干旱和具有干旱灾害的半湿润地区的土地发生了退化，也叫沙漠化
景观城镇化 U_{34}	游憩利用中人工程度和自然景观融合度不高，破坏景观的自然风貌
草地面积退化 U_{35}	游憩利用对草地布局不合理的开发和经营导致草地受到破坏或损失
水土流失 U_{36}	游憩利用对水土资源布局不合理的开发和经营导致土地的生产力受到破坏或损失

（三）评价指标判断矩阵

设计“游憩利用生态风险评价指标权重专家意见咨询表”（以下简称“咨询表”），对每项指标的含义充分解释说明，请专家对评价指标的重要性进行判断。层次分析法中，为了使决策判断定量化，一般采用1—9标度法，将同一层次中的因素进行两两比较，构成如下判断矩阵

A，判断矩阵表示这一层与前一层（元素）的相对重要性程度以及该层与它相对层次之间重要性的比较。

$$A = \begin{bmatrix} 1 \ a_{12} \cdots \ a_{1m} \\ a_{21} 1 \cdots \ a_{2m} \\ \vdots \quad 1 \quad \vdots \\ a_{n1} \ a_{n2} \cdots 1 \end{bmatrix}$$

其中，$a_{ij} = a_i / a_j$，a_{ij} 表示第 i 个元素和第 j 个元素重要性之比。

“咨询表”面向生态旅游、自然地理、人文地理等相关研究领域的教授、副教授以及博士研究生发放。共计发放问卷 25 份，收回有效问卷 20 份。

评价指标判断矩阵的确定方法分为两步：首先对同类专家的判断矩阵进行算术平均，依次求出每一专家类别的平均矩阵；其次对不同专家类别的平均矩阵进行加权平均，得到最终的判断矩阵，如表 6.5—表 6.8 所示。

表 6.5 **准则层的判断矩阵**

i \ j	环境 U_1	生物 U_2	景观 U_3
环境 U_1	1	2.72	3.71
生物 U_2	—	1	2.59
景观 U_3	—	—	1

表 6.6 **隶属于环境准则 U_1 的指标判断矩阵**

i \ j	固体污染 U_{11}	气体污染 U_{12}	水体污染 U_{13}	噪声污染 U_{14}	土壤污染 U_{15}
固体污染 U_{11}	1	2.888	1.703	4.542	2.42
气体污染 U_{12}	—	1	0.906	2.752	1.423
水体污染 U_{13}	—	—	1	4.314	2.736
噪声污染 U_{14}	—	—	—	1	0.965
土壤污染 U_{15}	—	—	—	—	1

表 6.7　**隶属于生物准则 U_2 的指标判断矩阵**

j / i	植被覆盖率 U_{21}	生物多样性 U_{22}	外来动植物入侵 U_{23}
植被覆盖率 U_{21}	1	1.886	3.218
生物多样性 U_{22}	—	1	2.88
外来动植物入侵 U_{23}	—	—	1

表 6.8　**隶属于景观准则 U_3 的指标判断矩阵**

j / i	景观土地利用 U_{31}	生境破碎化 U_{32}	土地沙地化 U_{33}	景观城镇化 U_{34}	草地面积退化 U_{35}	水土流失 U_{36}
景观土地利用 U_{31}	1	2.677	2.312	2.444	2.238	2.101
生境破碎化 U_{32}	—	1	2.605	2.250	1.697	1.890
土地沙地化 U_{33}	—	—	1	3.319	1.643	1.255
景观城镇化 U_{34}	—	—	—	1	1.557	1.469
草地面积退化 U_{35}	—	—	—	—	1	1.107
水土流失 U_{36}	—	—	—	—	—	1

（四）生态风险评价指标体系单层次排序及一致性检验

计算旅游开发生态风险评价各项指标单层次排序结果，基于篇幅原因，本书只给出准则层 U_1、U_2、U_3 的判断矩阵，通过计算可知，U_1—U_3 的权重为（0.5980，0.2720，0.1299），如表 6.9 所示。

表 6.9　**准则层的判断矩阵**

U	U_1	U_2	U_3	wi
U_1	1.0000	2.7200	3.7100	0.5980
U_2	0.3676	1.0000	2.5900	0.2720
U_3	0.2688	0.3861	1.0000	0.1299

计算得出最大特征根 $\lambda max = 3.0455$；一致性比例 $CR = 0.0437 < 0.10$，通过一致性检验。

基于上述方法，给出各指标层的判断矩阵，并计算出其权重向量：U_{11}—U_{15}的权重为（0.3793，0.1780，0.2565，0.0764，0.1098），U_{21}—U_{23}的权重为（0.5285，0.3336，0.1379），U_{31}—U_{36}的权重为（0.3108，0.2113，0.1560，0.1080，0.1063，0.1077）。然后求出各指标间的一致性检验，结果如表6.10所示。

表6.10 各指标间的一致性检验结果

矩阵	λmax	CR	是否通过
U_1—U_3	3.0455	0.0437	是
U_{11}—U_{15}	5.1123	0.0251	是
U_{21}—U_{23}	3.0305	0.0294	是
U_{31}—U_{36}	6.3655	0.0580	是

从表6.10看出，各单层次指标判断矩阵一致性检验CR值都小于0.10，说明单层次指标重要性排序结果合理，可以接受。

（五）生态风险评价指标体系层次总排序及一致性检验

经过计算，得到游憩利用生态风险评价各指标权重，如表6.11所示。

表6.11 各指标权重分布

指标层 \ U	U_1	U_2	U_3	总层次权重
	0.5980	0.2720	0.1299	
U_{11}	0.3793			0.2268
U_{12}	0.1780			0.1064
U_{13}	0.2565			0.1534
U_{14}	0.0764			0.0457
U_{15}	0.1098			0.0657
U_{21}		0.5285		0.1438
U_{22}		0.3336		0.0908
U_{23}		0.1379		0.0375

续表

U 指标层	U_1	U_2	U_3	总层次权重
	0.5980	0.2720	0.1299	
U_{31}			0.3108	0.0404
U_{32}			0.2113	0.0275
U_{33}			0.1560	0.0203
U_{34}			0.1080	0.0140
U_{35}			0.1063	0.0138
U_{36}			0.1077	0.0140

一致性检验结果：

$$CR^3 = CR^2 + \frac{CI^3}{RI^3} = 0.0437 + \frac{0.0302}{0.9885} \approx 0.0743$$

综上，总层次排序一致性检验 $CR = 0.0743 < 0.10$，表明整个层次结构的比较判断可以通过一致性检验。

二　基于模糊综合评判的生态风险评价

（一）问卷设计与发放

（1）设计问卷，开展预调研。围绕“游憩利用生态风险”内容，查阅国内外文献，总结游憩利用生态风险源、风险生态终点、风险评价指标体系等理论成果，结合咨询行业专家、当地旅游管理部门从业人员、游客、居民等，整合筛选相关问题，整理设计“祁连山国家公园游憩利用生态风险评价”初始问卷，开展预调研。调查问卷设计包括被调查者的人口学特征及对生态风险表现及风险终点的评价评分，生态风险终点评价共设计 14 个问题。采取李克特（Likert）五分赋值法进行设计，每一问题设“高风险、较高风险、一般风险、较低风险、低风险”五个选项，分别记 5、4、3、2、1 分。预调研时间为 2017 年 11 月 10—17 日，课题组成员分三组分别赴盐池湾自然保护区、张掖丹霞景区、肃南西水自然保护站等地，通过实地调研，借助随机抽样的方式对自然保护站的社区居民、管理人员、旅游者和景区管理人员进行访谈以及问卷前测。此阶段共发放问卷 130 份，回收问卷 125 份，分析发现 125 份问卷中被排除 11 份无效问卷，剩余 114 份有效问卷，有效问卷率 87.69%。

（2）问卷信效度检验。根据预调研统计情况，修正筛选问卷的缺陷项，利用 SPSS 22.0 对调查问卷数据进行信度检验和效度分析，然后形成较合理的最终问卷。通过对 14 个项目进行可靠性分析，结果显示 Cronbach's alpha 系数为 0.962 > 0.9，表明调查问卷信度很高，可靠性强，可以获得所需信息。

同时，对问卷进行 KMO 检验和 Bartlett 球形度检验，以获得问卷的效度。一般来说，当 KMO 检验系数 > 0.5，Bartlett 球体检验的 P < 0.05 时，说明问卷有结构效度。通过计算，得到如下结果，如表 6.12 所示，量表的 KMO 检验系数为 0.9477 > 0.5，Bartlett 球体检验显著性概率 P 值为 0.000，小于 0.5，说明祁连山国家公园游憩利用生态风险评价统计问卷具有结构效度。

表 6.12 **KMO 和 Bartlett 检验**

Kaiser-Meyer-Olkin 测量取样适当性（KMO 值）		0.9477
Bartlett 球形度检验	近似卡方	1463.151
	df	91
	p 值	0.000

综上表明，该调查问卷对祁连山国家公园游憩利用生态风险评价的测量是有效和可信的，满足统计分析的需要。

（3）发放正式问卷，收集数据。正式调研时间为 2018 年 3 月的三个周末，课题组成员分别赴张掖西水自然保护站、马蹄寺风景区、天祝冰沟河森林公园、天祝乌鞘岭自然保护站、华隆自然保护站、哈溪自然保护站调研，共发放问卷 400 份，收回有效问卷 363 份，有效回收率为 91%。通过频率分析法对样本的描述性特征进行统计（见表 6.13）。

表 6.13 **被调查者的样本特征**

项 目	属性	样本	比率（%）	项目	属性	样本	比率（%）
性别	男	178	49.00	受教育程度	研究生及以上	79	21.76
	女	185	51.00		本科	183	50.41
年龄	<18 岁	1	0.27		大专/高职	83	22.87
	18－25 岁	153	42.15		高中及以下	18	4.96
	26－35 岁	148	40.77	居住地	河西地区	175	48.22
	36－45 岁	25	6.88		兰州	68	18.73
	46－60 岁	32	8.82		甘肃（除兰州、河西地区）	33	9.09
	>60 岁	4	1.11		陕西	41	11.29
民族	汉族	332	91.50		四川	35	9.64
	藏族	8	2.20		其他	11	3.03
	回族	9	2.50	个人收入	3000 元以下	130	35.81
	其他	14	3.80		3000—5000 元	121	33.33
样本来源	本地城市居民	35	9.65		5000—8000 元	70	19.28
	本地牧区居民	25	6.89		8000—12000 元	27	7.44
	本地农区居民	30	8.26		12000 元以上	15	4.13
	本地半农半牧区	15	4.13	来往次数	常住	130	35.81
	本地旅游从业者	70	19.28		≥10 次	15	4.13
	外地旅游从业者	55	15.15		3－10 次	42	11.57
	游客	120	33.06		2 次	51	14.05
	其他	13	3.58		1 次	125	34.44

调研样本中，从性别看，男女人数分别占 49%、51%，男女比例分配合理；从年龄看，游客主要集中在 18—45 岁，占总人数的 89.8%；样本人群的受教育程度主要集中在大专/高职、本科、研究生及以上，约占样本总人数的 95%；从样本来源看，本地居民人数居多，约占样本总量的一半，其中本地城市居民占 9.65%，本地牧区居民占 6.89%，本地农区居民占 8.26%，本地半农半牧区居民占 4.13%，本地旅游从业者占 19.28%；从居住地来看，本地居民占 48.22%，兰州、陕西、四川、甘肃（除兰州、河西地区）占样本总人数比例

的 48.75%。

（二）模糊综合评判法的原理与步骤

由于旅游开发及利用的生态胁迫因素不仅包括自然方面的生态风险因素，还包括那些非自然因素和人为干扰，具有明显的不确定性，因而传统的生态风险识别与评估方法很难适应这一情况。模糊集理论在描述不确定性以及对不同量纲、相互冲突的多目标问题进行处理时，具有传统评价方法不可比拟的优势。模糊综合评判法（Fuzzy）是考虑与被评价事物相关的各因素，基于最大隶属度原则和模糊线性变换原理，对其做出合理评价。本书选用模糊综合评判法对祁连山旅游发展和游憩利用可能引发的生态风险进行评估。结合前文构建的祁连山国家公园游憩利用生态风险评价指标体系，对该方法的运用如下。

（1）确定被评判对象的因素集 U。$U=(U_1, U_2, U_3, \cdots, U_i, \cdots, U_n)$，其中每个准则体系 U_i 中又包含若干个指标，表示为 $U_{ij}=(U_{i1}, U_{i2}, U_{i3}, \cdots, U_{ij}, \cdots, U_{in})$，$U_{ij}$表示第 i 个准则下的第 j 个指标。本书中，$U=\{U_1, U_2, U_3\}$｛环境风险，生物风险，景观风险｝；$U_1=\{U_{11}, U_{12}, U_{13}, U_{14}, U_{15}\}=$｛固体污染，气体污染，水体污染，噪声污染，土壤污染｝，$U_2=\{U_{21}, U_{22}, U_{23}\}=$｛植被覆盖率下降，生物多样性破坏，外来动植物入侵｝，$U_3=\{U_{31}, U_{32}, U_{33}, U_{34}, U_{35}, U_{36}\}=$｛景观土地利用，生境破碎化，土地沙地化，景观城镇化，草地面积退化，水土流失｝。

（2）构造评语集 V 与对应的数值区间集。$V=(V_1, V_2, V_3, \cdots, V_j, \cdots, V_n)$，$V_j$表示对应的 U_i 的等级评判层次。本书评语集为：$V=\{V_1, V_2, V_3, V_4, V_5\}=$｛高风险，较高风险，一般风险，较低风险，低风险｝，等级参数向量为 $V=\{5, 4, 3, 2, 1\}$，对应的风险数值区间集 $F=\{5—4, 4—3, 3—2, 2—1, 1—0\}$。

（3）确定各因素的权重 W，建立模糊关系矩阵 R（隶属度矩阵）

根据上述层次分析法确定评价因素的权向量：$W=(W_1, W_2, \cdots, W_i, \cdots, W_n)$。构造好每个因素等级模糊子集后，对被评对象的每个因素 U 进行量化，即从单因素角度分析被评对象对每个等级模糊子集的隶属度（$R | U_i$），继而构造模糊关系矩阵：

$$R=\begin{bmatrix}R\mid u_1\\R\mid u_2\\\vdots\\R\mid u_3\end{bmatrix}=\begin{bmatrix}r_{11}&r_{12}&r_{13}&r_{14}\\r_{21}&r_{22}&r_{23}&r_{24}\\\vdots&\vdots&\vdots&\vdots\\r_{n1}&r_{n2}&\cdots&r_{nm}\end{bmatrix}$$

矩阵 R 中元素 $r_{ij}=\dfrac{\text{第 } i \text{ 个指标选择 } v_i \text{ 等级的人数}}{\text{参与评价的总人数}}$，j =（1，2，…，m）。本书以祁连山国家公园内一般控制区的当地居民、旅游者、旅游从业者作为评价对象。

（4）最后对模糊评价矩阵 R 和因子权重集 W 进行模糊化和归一化处理。先构建二级模糊矩阵 S = W · R，再构建一级模糊矩阵 Z = W · S。

（5）计算最终得分 F = Z · V。根据隶属度最大原则，确定 F 对应的数值区间，得到最终评判结果。

（三）生态风险的模糊矩阵复合运算

对调查问卷进行统计，其评价结果如表 6.14 所示，表格中数值代表选择相应项的人数。

表 6.14　祁连山国家公园游憩利用生态风险评价选择相应项的人数汇总

目标层	准则层	指标层	高风险	较高风险	一般风险	较低风险	低风险
游憩利用生态风险评价体系 U	环境风险 U_1	固体污染 U_{11}	94	169	46	37	17
		气体污染 U_{12}	62	112	92	74	23
		水体污染 U_{13}	83	135	78	48	19
		噪声污染 U_{14}	73	159	63	51	17
		土壤污染 U_{15}	77	116	103	51	16
	生物风险 U_2	植被覆盖率下降 U_{21}	86	132	80	51	14
		生物多样性破坏 U_{22}	75	115	106	49	18
		外来动植物入侵 U_{23}	48	92	144	65	14

续表

目标层	准则层	指标层	高风险	较高风险	一般风险	较低风险	低风险
游憩利用生态风险评价体系U	景观风险U_3	景观土地利用U_{31}	87	154	73	37	12
		生境破碎化U_{32}	83	147	77	41	15
		土地沙地化U_{33}	82	117	83	64	17
		景观城镇化U_{34}	107	195	35	20	6
		草地面积退化U_{35}	82	121	102	47	11
		水土流失U_{36}	84	116	95	52	16

对其评价结果进行人数统计及频数计算，分别构造“U_1、U_2、U_3”的隶属子集，并给出各自的模糊评价矩阵R_1、R_2、R_3，然后进行模糊矩阵复合运算。

根据表6.11各指标权重分布，构造隶属度子集R_i：

$$R_i = (r_{i1}, r_{i2}, \cdots, r_{im})$$

矩阵R中元素$r_{ij} = \dfrac{\text{第}\ i\ \text{个指标选择}v_i\ \text{等级的人数}}{\text{参与评价的总人数}}$，其中j=（1，2，…，m）。

①由表6.14构造“环境风险U_1”的隶属子集：

$$U_{11} = \{0.259, 0.466, 0.127, 0.102, 0.047\}$$

$$U_{12} = \{0.171, 0.309, 0.253, 0.204, 0.063\}$$

$$U_{13} = \{0.229, 0.372, 0.215, 0.132, 0.052\}$$

$$U_{14} = \{0.201, 0.438, 0.174, 0.140, 0.047\}$$

$$U_{15} = \{0.212, 0.320, 0.284, 0.140, 0.044\}$$

②环境风险U_1的模糊评价矩阵为：

$$R_1 = \begin{bmatrix} 0.259, 0.466, 0.127, 0.102, 0.047 \\ 0.171, 0.309, 0.253, 0.204, 0.063 \\ 0.229, 0.372, 0.215, 0.132, 0.052 \\ 0.201, 0.438, 0.174, 0.140, 0.047 \\ 0.212, 0.320, 0.284, 0.140, 0.044 \end{bmatrix}$$

③模糊矩阵复合运算：

$$S_1 = W_1 \cdot R_1 = [0.3793, 0.1780, 0.2565, 0.0764, 0.1098] \begin{bmatrix} 0.259, 0.466, 0.127, 0.102, 0.047 \\ 0.171, 0.309, 0.253, 0.204, 0.063 \\ 0.229, 0.372, 0.215, 0.132, 0.052 \\ 0.201, 0.438, 0.174, 0.140, 0.047 \\ 0.212, 0.320, 0.284, 0.140, 0.044 \end{bmatrix}$$

$$= [0.2250, 0.3958, 0.1928, 0.1349, 0.0507]$$

据此，构造“U_2”“U_3”的隶属子集和模糊评价矩阵。计算得出：

$$S_2 = W_2 \cdot R_2 = [0.5285, 0.3336, 0.1379] \begin{bmatrix} 0.237, 0.364, 0.220, 0.140, 0.039 \\ 0.207, 0.317, 0.292, 0.135, 0.050 \\ 0.132, 0.253, 0.397, 0.179, 0.039 \end{bmatrix}$$

$$= [0.2126, 0.3332, 0.2687, 0.1436, 0.0427]$$

$$S_3 = W_3 \cdot R_3 = [0.3108, 0.2113, 0.1560, 0.1080, 0.1063, 0.1077] \begin{bmatrix} 0.240, 0.424, 0.201, 0.102, 0.033 \\ 0.229, 0.405, 0.212, 0.113, 0.041 \\ 0.226, 0.322, 0.229, 0.176, 0.047 \\ 0.295, 0.537, 0.096, 0.055, 0.017 \\ 0.226, 0.333, 0.281, 0.129, 0.030 \\ 0.231, 0.320, 0.262, 0.143, 0.044 \end{bmatrix}$$

$$[0.2390, 0.3954, 0.2118, 0.1181, 0.0360]$$

构建一级模糊评价矩阵为：

$$Z = W \cdot S = [0.5980, 0.2720, 0.1299] \begin{bmatrix} 0.2250, 0.3958, 0.1928, 0.1349, 0.0507 \\ 0.2126, 0.3332, 0.2687, 0.1463, 0.0427 \\ 0.2390, 0.3954, 0.2118, 0.1181, 0.0360 \end{bmatrix}$$

$$= [0.2234, 0.3787, 0.2158, 0.1351, 0.0466]$$

计算最终评价得分：

$$F = Z \cdot V = [0.2234, 0.3787, 0.2158, 0.1351, 0.0466] \begin{bmatrix} 5 \\ 4 \\ 3 \\ 2 \\ 1 \end{bmatrix} = 3.066$$

（四）模糊综合评判结果分析与讨论

（1）对照风险指标评语集，祁连山国家公园游憩利用生态风险评价得分为3.066，划为“较高风险”。其中，这一分值仅仅高出一般风险临界值“3”的0.066，相对而言更接近“一般风险”区间。该结果符合实地访谈调查的情况。祁连山地区因其脆弱的生态环境，公众普遍认同旅游活动会带来生态风险这一说法，但因祁连山区域长期以来普遍存在“三无小水电项目监管不力、探矿开矿不合理、草场超载放牧”等问题，与生态环境引发的“高风险”相较，旅游开发、活动干扰等行为对环境产生的破坏和影响，更属于“一般风险”程度。

（2）从准则层来看，“环境风险 U_1、生物风险 U_2、景观风险 U_3”所占的权重分别为0.5980、0.2720、0.1299。因此，相较于旅游开发对景观和生物的影响，旅游开发对河西走廊的环境影响更加严重。根据隶属度最大原则，查看各项指标层的模糊矩阵复合运算结果“S_1、S_2、S_3”所对应的“高风险、较高风险、一般风险、较低风险、低风险”的可能性数值，发现准则层“环境风险 U_1、生物风险 U_2、景观风险 U_3”分别对应的最大权重为“0.3958、0.3332、0.3954”，均属于“较高风险”，表明社会公众认为河西走廊旅游开发对生态系统可能产生的损坏和风险属于“较高”。

（3）从各项指标层来看：“环境风险”中的“固体污染、气体污染、水体污染、噪声污染、土壤污染”所占权重分别为0.3793、0.1780、0.2565、0.0764、0.1098，表明旅游开发对河西地区带来“固体污染”的风险最高，其次为“水体污染”，“气体污染、土壤污染、噪声污染”产生的影响依次降低；“生物风险”中的“植被覆盖率下降、生物多样性破坏、外来动植物入侵”所占的权重分别为0.5285、0.3336、0.1379，可见“植被覆盖率下降”的风险最高，“生物多样性破坏、外来动植物入侵”风险依次排列；“景观风险”中的“景观土地利用、生境破碎化、土地沙地化、景观城镇化、草地面积退化、水土流失”所占的权重分别为 0. 3108、0. 2113、0. 1560、0. 1080、0. 1063、0. 1077，由此发现，旅游开发给河西地区造成的“土地不合理利用、生境破碎化、土地沙漠化”风险较高，对“景观城镇化、草场退化以及水土流失”影响次之，其权重占比差距较小。

整体上，上述研究支持了“旅游开发及游憩利用活动势必对生态安全带来风险”这一结论。生态旅游为实现旅游业可持续发展提供了有效路径，在祁连山区这样的生态脆弱地开展游憩活动，必须坚持以保护为主，开发为辅，对人类活动进行正确且合理的引导，把握住环境影响趋势，协调好旅游经济与生态环境保护之间的关系。实际上，旅游产业符合建设环境友好型、资源节约型社会的要求，在祁连山国家公园内开展生态旅游，做到合理规划、管理科学，开发有序，有针对性地制定风险预警管控措施，对于当地生态的恢复及其社区生态经济的可持续发展具有重要作用。

第四节　祁连山国家公园游憩利用生态风险预警

祁连山国家公园开展生态观光及游憩利用活动，首先要做到对可能引发的生态风险进行精准识别，并有针对性地、分层次提出生态风险预警措施及调控管理策略，寻求能够实现区域旅游与生态环境协调持续发展的长效机制，这是当前维护国家公园生态稳定的必然要求，也是降低游憩活动对生态环境损害以及实现当地社区社会经济可持续发展的战略需要。祁连山国家公园游憩利用生态风险的防范，需要在对生态风险进行科学评估的基础上，从建立生态风险预警监测机制、生态风险预警评估机制以及生态风险预警管理机制三个方面，提出祁连山国家公园游憩资源利用的生态风险预警机制，如图 6. 8 所示。

一　生态风险预警监测机制

首先，采用统一的 Web 服务接口实现其他行业与旅游各行业平台

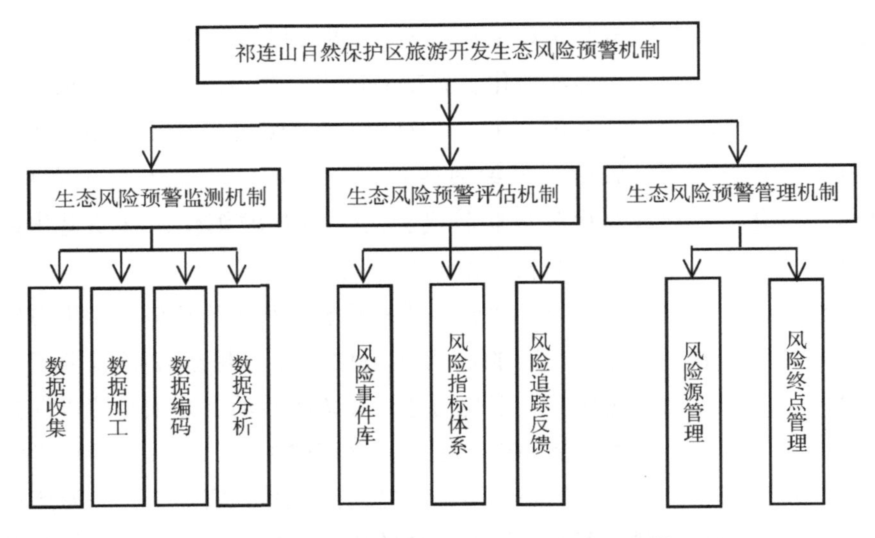

图 6.8　祁连山国家公园游憩利用生态风险预警机制

间的信息对接，以预警提示的方式，主要开展对吃、住、行、游、购、娱产业链中涉及的企业、景区、饭店、交通等方面的监控和预警。根据各项风险源产生的风险，对其进行监测，一旦检测值偏离，则实现自动预警，启动处理程序，并第一时间通过短信、微信等方式告知管理人员，以便及时查找原因，便于事中控制和事后处理。根据预警提示可将预警按照预警风险等级实施预警分级，在预警方式、对象和时效等方面有所区别。预警分级一是黄色预警，该预警区域的风险对相关部门会产生一定影响，需对相关业务部门发出警示，预警方式包括邮件、简报和非正式函件等；二是橙色预警，该预警区域的风险程度较高，会对个体及整体均产生明显影响，需及时警示相关业务部门及管理层，采取包括管理层的联席会议议题、专题报告等多种形式提请相关部门及管理层重视并研究风险的防范与控制措施；三是红色预警，这一区域的风险为不可承受的风险，应立即阻止其发生，并迅速向管理层发出预报，缩短中间环节，强调信息时效性，防止风险带来严重后果。最后，通过计算机对应软件等对收集信息进行分析、加工，判定风险预警源，分析风险状况。

二　生态风险预警评估机制

生态风险管控评估机制，也就是在风险管控平台中，对风险事件进行识别并构建其生态风险评估指标体系。预警触发后，风险管控平台对风险进行后续追踪，并根据管理部门采取的措施和反馈进一步判断风险是否被有效排除。平台除了向管理层和职能部门预警提示外，通过深度信息挖掘可以发现内部审计下一步的重点关注领域，在一定程度上能起到风险导向审计的作用。根据游憩利用对河西地区生态造成破坏的风险源分析，对各种生态效应环节进行梳理，分类别、分环节地建立生态风险数据库。按照风险级别的不同，将生态风险分为高风险、较高风险、一般风险、较低风险、低风险五类。通过评估和分析，对于高风险、较高风险的事件进行直接的控制，对一般风险事件进行监督考核，防患于未然。

三　生态风险预警管理机制

（一）生态风险综合预警管理

1. 游憩利用项目管理

对于游憩利用项目管理，主要从以下几方面管理。①建立风险项目管理制度：这意味着对于旅游项目的审批有必要责任到人，严格把关；对于可行性强的项目进行及时监测和风险预防。②思想保障：对于项目负责人以及项目管理者，政府有必要对其进行环保方面的培训，树立全面的生态保护观念。③组织保障：对于项目的管理组织，建立以政府为主导的集中式管理组织。在祁连山国家公园所辖地区可以分别设立风险管理委员会，成员主要有领导、风险管理以及游憩利用等方面专家，建立项目风险的管理网络。④技术保障：祁连山国家公园游憩利用涉及的项目种类繁多、旅游区涵盖地域广，因此研发和推广智能化风险预测软件势在必行。

2. 旅游服务单位管理

旅游服务单位包括饭店、酒店等，首先，对于这些单位的从业者要进行生态保护的教育和培训，培养其生态保护思想；其次，严格控制饭店燃料种类，尽可能采用循环无污染的能源；最后，对于污水的排放，垃圾随意丢弃等情况要进行综合的治理，奖惩分明，对于不达标的饭店，要勒令其停业整顿。

3. 游憩利用管理人才培养

由于生态风险管理以及旅游类的其他管理，都需要专业性较强、有业务能力的管理人员和服务人才。因此，首先要及时采取一般的人才引进方案，招聘一些专业能力过硬的优秀人才。此外，对于已有的旅游从业人员，要进行定期的培训、外派学习。其次，要制定详细的旅游业服务标准，严格按照标准进行自我要求。最后，有必要与大中专院校进行合作，提高导游的业务讲解能力，树立其生态保护观念，通过旅游的宣传和讲解，及时普及有关生态保护的知识。

4. 旅游者管理

首先，限制游客流量，当游客流量超过环境最大承载力时，要严格禁止游客的进入；其次，在景区路口以及景区内相关区域设立告示栏及警示牌，以提醒游客主动保护生态环境；最后，对于祁连山国家公园一些关停的景区，要用严格的手段及措施阻止游客的进入。

（二）生态风险终点预警管理

风险技术管理，主要从祁连山国家公园游憩利用生态风险评价指标体系的3个二级指标着手。

1. 环境风险管理

环境风险分为五类，分别为噪声污染、土壤污染、气体污染、水体污染和固体污染。①固体污染方面：由前文权重计算可知，固体污染权重占总目标的权重比最大，可见，游憩利用首先造成的风险是固体垃圾污染的风险。因此必须采取相应措施，一是要从垃圾源头开始治理，提高垃圾排放者（即游客、当地居民、旅游饭店等）的环保意识，阻止其随意丢弃垃圾；二是完善垃圾回收和处理功能，在祁连山自然保护区的各个景区以及城市等设立足够多的垃圾箱，并及时对垃圾进行分类和处理。②水体污染方面：要严格管控相关旅游企业的污水排放量，严禁随意排入保护区，在水源补给区，禁止开发可能产生污染的旅游项目，在水源上游区设立污水净化厂，当污水处理符合国家农田灌溉和旅游规划的排放标准后再用来灌溉；其次，保护好湿地水资源，尤其是石羊河、青土湖、红崖山水库等地区；旅游规划要严格按照《饮用水水源保护区污染防治管理规定》及《自然保护区管理条例》等标准执行，旅游接待点在开发初期，需要科学地规划供水管道，完善污水管理系统。③噪声污染方面：主要来源于交通产生的噪声，可通过配置消音设备来预防其对居民以及动植物的影响。④气体污染方面：游憩利用造成的大气污染主要来源于有害燃料的使用，废气处理系统的缺失，交通工具尾气的排放。因此，按照实施《GB3095－1996 环境空气质量标准》的水平调整燃料结构：油烟排放主要源于旅游服务业烹饪的挥发性食物、对有机物进行加工和热分解或热解产物。因此，环境风险管理一是宾馆饭店要根据环境要求安装烟气净化设施，烟气要通过烟气净化设施从特种烟道排出，避开周围敏感建筑物。油烟净化设施净化效率大于85%。二是城镇普及使用液化气。三是提高道路等级，改善行车条件。四是在污染严重的地区，通过种植强抗污染的树种，净化空气，美化环境。五是在垃圾收集点进行清洁控制。垃圾装载和渗滤液是主要造成垃圾收集和运输的气味。气味的主要来源是 H_2S 和 NH_3。所以在垃圾收集点设置绿化带；以移动废物收集装置为主，少量或不设置垃圾临时投放点；在转移垃圾过程中车门必须关闭；每日垃圾务必当天清理，并配置消毒水、清洁液等对垃圾收集点进行清理。⑤土壤污染方面：主要来自固体污染物的污染，对固体污染物是否进行了有效控制，直接影响土壤质量。此外，土壤污染主要来源于污水中化学成分的影响，要想控制土壤污染，就要严格地处理好固体垃圾的随意丢弃以及污水的随意排放问题。

2. 生物风险管理

外来动植物的入侵、植被覆盖率的下降和生物多样性的破坏是主要造成生态风险的影响因素。对于植被覆盖率的下降以及生物多样性破坏，预防方案有以下三点。①对于祁连山国家公园严格按照国家有关规定进行管理，禁止在核心区开展任何旅游活动和旅游项目建设；对于已破坏的植被，按照恢复生态学理论，进行天然林次生林的重建；对于尾矿坑的处理，可以对处于试验区的矿坑进行工业废场重建，利用已有的工业地址发展工业旅游，也会起到环境保护作用。②开展沙漠类旅游项目以及旅游活动。祁连山国家公园有大量的荒漠区，可以适当地开展荒漠类型旅游项目，有效地转移游客，减少其他以生物、植被为主的景区的接待压力。③合理规划旅游线路，旅游线路应尽量避开植被富集区以保证植被的生存空间。对于外来动植物入侵，要进行及时的监控，一旦发现此类情况，要尽早采取物理或化学措施。

3. 景观风险管理

土地沙地化、景观土地利用、草地面积退化、景观城镇化、生境破碎化、水土流失是造成景观风险的主要影响因素。①对于景观土地利用以及景观城镇化，首先要对项目建设用地进行合理的规划，避免在植被完好的景区内随意开垦土地进行景区建设；其次在景区建设过程中，要保留其原真性，保留其本来就有的淳朴本质；再次游憩利用建设最终要贯彻落实科学发展观、发展保护原则，不破坏生态环境的规划是合理用地的前提，力求实现人造景观与自然景观的协调；最后旅游项目建设应按照国家对土地使用权登记和土地使用程序的有关规定，支付森林植被恢复成本、补偿和安置补助等费用，将不利影响降到最低。②对于生境破碎化，草地面积退化，水土流失，土地沙地化等风险，首先要严格禁止游客随意踩踏；其次对当地居民进行培训，增强其爱护环境的意识，发展现代畜牧业，通过现代技术提高单位草场的产草量，变原有的放养为圈养，避免牲畜类对草地的踩踏以及食用；最后，提高对土地、草地等的监测，如出现退化迹象或者部分旅游项目对其产生影响，要能及时预报、及时防范。制定严格的生态专项规划，进一步提高环境保护工程和生态建设的实施力度，从而为祁连山国家公园生态保护以及生态系统的恢复提供保障。

第七章　祁连山国家公园建设对入口社区居民生计资本的影响研究

2017 年 9 月，中共中央办公厅、国务院办公厅在《建立国家公园体制总体方案》中指出："构建社区协调发展制度。引导当地政府在国家公园周边合理规划建设入口社区和特色小镇。"国家公园入口社区又被称为"门户社区"，是指毗邻国家公园且处于出入口区域的社区。

通常来讲，国家公园入口社区的游憩资源是该区域发展乡村生态旅游的经济基础，发展乡村旅游是入口社区乡村振兴和可持续发展的有效途径。党的十九大报告提出实施乡村振兴战略以来，我国各地按照产业兴旺、生态宜居、乡风文明、治理有效、生活富裕的总要求，以持续改善农村人居环境为目标，建立健全乡村生态文明发展体制，稳步推进农村全面发展。乡村振兴战略引导下的乡村生态旅游与国家公园体制建设的"人与自然和谐共生"理念具有高度一致性，都可以为加快我国生态文明发展体制、建设美丽乡村、推进农业农村绿色发展新格局作出重要贡献。

国家公园建设一方面为入口社区旅游业的发展释放活力，另一方面对当地的资源环境保护提出了更高的要求。由于国家公园属于全国主体功能区划中的禁止开发区域，纳入全国生态保护红线区域管控范围，实行对生态环境的"最严格保护"，这势必会对资源依赖程度较大的社区居民的传统生计方式带来影响。祁连山国家公园所辖区域多为农牧区，为落实"最严格保护"制度，当地执行禁牧休牧和草畜平衡等监管措施，这使得牧民对草场利用和饲养牲畜的情况受到限制，进而使其长期以来的牧区生计方式面临挑战。因此，如何提升国家公园入口社区这一生态功能保护区周边农户的可持续生计，是当前亟待研究的重要议题。

第一节 国家公园入口社区居民生计资本研究进展

一 国家公园入口社区研究回顾

国家公园“入口社区”也称“门户城镇”（gateway town）、“门户社区”（gateway community）等，是指以国家公园为中心，在其60英里辐射区域中的村庄、城镇（Steer，Chambers，1998）。国外学者对入口社区的研究，最早是从生态环境方面入手，主要包括测算入口社区的环境承载力，对其进行生态系统评估等（Alisa A. Wade et al.，2011）。Gude（2005）通过调查分析多个国家公园的周边地区，并将其运用在威胁框架中，探究了国家公园保护区周边生态的受威胁程度。Wade（2011）利用大提顿国家公园周边社区的住房建设增长率数据，对当地的社会经济等因素与农村住房发展空间布局变化之间的关系进行探究，并进一步计算出这些因素在多大程度上对当地住房的空间布局变化产生影响。Hendricks等（2006）研究了国家公园周边社区，通过减少牧群数量以保护国家公园生态完整性，而给当地居民所带来的影响，并同时提出国家公园内自然资源的变化情况取决于入口社区居民如何处理对自然资源的使用与保护。Morf等（2015）在对Scandinavian National Park进行研究时发现当地通过发展旅游服务业带动了入口社区居民的就业。Shah等（2016）认为国家公园可以为入口社区的居民带来收益，通过对国家公园的适度开发能够为他们提高收入。

我国学者黄宝荣等（2018）认为国家公园周边社区应基于国家公园良好的生态环境，通过适当发展生态农业、生态旅游等产业使当地居民从国家公园建设中享受其带来的福祉。可持续发展是入口社区发展的内涵，入口社区应当体现保护功能、文化展示功能以及补偿功能。高情情和吕弼顺（2020）则发现东北虎豹国家公园的建立对周边入口社区的经济发展产生了一定影响，并进一步指出入口社区居民更关注政府给予的补偿和生态旅游发展所带来的经济效益。林泽东（2020）通过对大熊猫国家公园入口社区进行研究，发现居民的诉求可分为对修缮当地交通设施的需求、保障旅游业经营的资金需求、从事旅游服务业的相关培训需求、旅游带动就业需求和文化融合旅游开发需求五个方面，最终得出要大力建设入口社区旅游基础设施，注重本地居民在旅游开发中的作用的结论。张硕（2021）区分了国家公园门户小镇与旅游小镇的区别，并提出要统筹规划立体式居民旅游经营业态，以及重点进行当地居民的旅游专业培训工作。

二 可持续生计研究回顾

可持续生计概念源于对生计问题的深化理解。20 世纪 80 年代末，世界环境与发展委员会的报告中首次使用可持续生计概念，提出要维系或提高资源的生产力，以保证拥有持续的财产、资源和收入，并储备足够的食品和现金。

最早的可持续生计概念认为生计是一种谋生的手段，该谋生手段需建立在资产（包括储备物、资源、要求权和享有权）、能力和活动基础之上。这一概念获得了学界广泛认可，并被视为可持续生计框架研究的起点。随后 Amartya Sen（2002）在其著作中指出，要想完全消除贫困必须实现生活能力的持续改善，也就是所谓的持续发展。Srijuntrapun, P.（2012）认为可持续生计是不包括依赖于外部支持和对他人的生计造成破坏两方面。除了对可持续生计概念进行辨析外，许多学者将目光投向了具有解释作用的分析框架。当前应用最广泛的是英国国际发展署（DFID）提出的可持续生计框架。DFID（2000）中生计是指人们为了谋生所需要的资产（包括物质和社会资源）、能力和活动。只有当前和未来保持或加强其能力和资产，同时又不损坏自然资源，才能实现生计的可持续性。

Yemiru，T. 等（2011）基于可持续生计框架，得出参与森林管理是当地低收入群体最重要的经济收入来源，并认为居民在选择生计决策时会受到家庭、耕地等方面因素的制约。KarkiS（2013）以尼泊尔巴迪亚国家公园为案例地，研究了保护区相关政策对当地居民可持续生计的贡献度，发现当地不同农户群体可持续生计的实现因受到区域保护政策的影响而存在不同。Rahut 和 Scharf（2012）基于 SL 框架分析了农户当前的生计现状以及农户的生计策略选择，提出要通过提高农户生计的多样性来解决农户的贫困。Hanna Nel（2015）利用SL框架，发现人们的能力、所拥有的物质基础等能够提高抵御风险的能力。袁梁（2018）在对陕西秦巴生态功能区开展研究时，认为在保护区的相关政策影响下，生计资本的积累促进了当地居民的可持续生计。而且保护区政策以及生计资本均正向影响可持续生计。王蓉等（2021）以婺源县李坑村的居民为研究对象，构建了纳入文化资本后的乡村旅游地农户生计资本评价指标体系，通过问卷调查与半结构性访谈，对当地居民拥有的6类生计资本进行了量化评估。

随着旅游业的蓬勃发展，旅游业成为可持续生计发展的重要方式。旅游目的地可以看作一个复杂的社会—生态系统，该系统中旅游地居民的生计脆弱性与其适应环境能力和抗风险能力有关。Heinen，J. T.（2010）发现案例地居民生计水平的提升得益于旅游收入的增加。另外，随着社区旅游业的迅速发展，居民的就业、技能培训机会显著增加；关于自然保护区农户的可持续生计问题，发现在自然保护区政策背景下，贫困地区农户生计与生态保护之间的矛盾不断激化。

三 生计资本研究回顾

20世纪80年代，Conroy和Litvinoff首次提出可持续生计的概念，以强调对减贫和农村发展的整体性思考。而对可持续生计框架的系统研究，最早是由学者Scoones提出，Scoones（1998）为了方便对可持续生计进行统计和分析，将生计资本分为人力资本、金融资本、社会资本以及自然资本等。随后，英国国际发展署对可持续生计分析框架进行调整，在金融资本中进一步分离出物质资本。由此基本形成了目前学者们十分认可的、用来开展生计资本测算分析的生计五边形。除了以上几种资本外，还有学者提出其他资本类型。

Berkes Fikret（1992）在借鉴文化资本理论的基础上，引入了“文化资本”。李广东等（2012）认为，心理资本作为生计资本的重要组成部分，在大多研究中没有受到应有的重视。除此之外，马继迁和郑宇清（2016）在开展个人就业与家庭谋生资本的禀赋关系研究时认为，文化资本作为一项重要资本，也应包括在生计资本中。同样，袁梁（2018）在研究生态功能区生态补偿政策、生计资本与可持续生计关系时，也增加了心理资本与环境资本对居民生计资本进行测量。除了对生计资本划分类型开展研究外，生计资本的影响也是研究重点。Anup，K. C. 和 Parajuli（2014）通过对四川九寨沟自然保护区内外的16个社区的比较研究，认为居民的收入水平以及对生计策略的选择受到居民生计资本的种类、拥有数量及其利用有效程度等方面影响。阿依古丽艾力（2015）在研究民族地区生计资本及计策时，通过比较新疆喀什地区两个民族社区，得出人力资本、金融资本以及物质资本在居民生计策略的选择方面发挥着重要作用。Pandey（2017）对山区居民应对风险的能力进行评估，发现人力资本、金融资本以及社会资本在降低脆弱性风险方面发挥着重要作用。康晓虹等（2018）在探究内蒙古典型牧区草原补助政策与农户生计资本关系时，指出草原禁牧补助政策虽然恢复改善了草原生态环境，但也导致了生计资本指数的减少。黎毅和王燕（2021）以西部地区贫困农民为研究对象，指出农民贫困的主要原因在于金融资本与人力资本的匮乏。近年来，相关学者在旅游发展条件、社区参与旅游程度、旅游业类型等方面开展广泛研究，认为这些方面会影响农户生计资本的积累能力。何昭丽和孙慧（2016）在研究民族地区旅游发展时，发现吐鲁番葡萄沟景区周边的居民生计资本积累能力与其参与旅游的程度及类型的不同存在较大关系。

四　研究述评

通过对国内外学者关于入口社区相关研究的梳理，发现学者们主要关注于社区如何参与生态环境的保护、国家公园的规划管理等方面的内容。但国家公园建设对入口社区居民生计带来哪些具体变化、如何平衡国家公园生态保护与社区发展的矛盾等相关研究较为鲜见。目前，我国国家公园建设正处于不断发展中，所以要根据不同具体情况进行补充，尤其是要重视国家公园建设对入口社区居民影响的相关研究。为此，本书主要关注的入口社区居民生计资本的变化是基于国家公园建设背景。

在可持续生计研究方面，国外关于可持续生计的研究主要集中在对贫困区居民生计可持续性及其制约性因素的实证研究上，而国内研究则主要聚焦在生态环境保护区、开展旅游业地区以及移民户的生计状况的分析方面。此外，还发现，近年来随着人们对自然保护区的关注，学者们开始集中对保护区农户可持续生计问题进行探讨，并为实现保护区的生态环境严格保护与居民生计水平和谐共生展开研究。自我国开展国家公园建设以来，国内学者的研究重点倾向于对国家公园内涵解释和公园园内生态环境状况的分析，对含义更为丰富的居民生计的理论与实践经验较少，因此本书把研究的重点集中在国家公园建设对居民生计的影响方面。

关于生计资本的研究，学者们尚未脱离可持续生计框架，大多仅基于传统的人力资本、金融资本、社会资本、物质资本以及自然资本等进行分析，主要的差别在于对生计资本种类以及测量指标的选取。本书在借鉴研究成熟的可持续生计分析框架基础上，结合案例地实际情况，将尝试对生计资本要素进行扩展性分析。

第二节 案例地概况与调研数据分析

一 案例地概况

2020年《祁连山国家公园总体规划》[①]（以下简称《规划》）提出，在祁连山国家公园周边乡镇、乡村设立入口社区，入口社区主要发展生态旅游与自然教育，提供特色访客接待服务，实现园内体验园外服务，尽可能减少人为活动对公园自然生态的干扰与影响，为祁连山国家公园转移人口提供生态保护岗位和社会服务岗位，承接并安置国家公园转移的人口和疏解的相关产业。《规划》同时指出，根据区位和建设条件，在甘肃省天祝县天堂镇、炭山岭镇、赛什斯镇，山丹县军马场，肃南县康乐镇、皇城镇、祁丰乡、马蹄乡等乡镇，青海省苏里乡、阳康乡、八宝镇、阿柔乡、峨堡镇、珠固乡、央隆乡、野牛沟乡、仙米乡等设立大型或小型入口社区（国家林业和草原局办公室，2020）。目前，通过一

① 国家林业和草原局：《祁连山国家公园总体规划（试行）通知》，2020年。

系列生态恢复和保护工程的实施，祁连山入口社区的居民依托大景区、特色村寨和特色小镇、美丽乡村等建设，发展适宜产业，实现创业就业，居民生产生活方式发生明显转变。

本书选取的案例地——甘肃肃南裕固族自治县康乐镇榆木庄村及马蹄乡大都麻村，均属于祁连山国家公园甘肃片区入口社区的典型代表，是生态保护和乡村振兴的交会地，承担着生态恢复和民生改善的双重任务。本书根据可持续生计框架，对入口社区居民的生计资本变化和生计结果进行实证考察，探究国家公园建设、生计资本以及生计结果之间的关系，发现当前入口社区发展中存在的主要矛盾和问题，并为国家公园生态环境的永续保护和居民生计可持续发展提出对策建议，以期为建立国家公园人与自然和谐发展的制度环境提供理论借鉴。

（一）康乐镇榆木庄村概况

康乐镇榆木庄村位于河西走廊中部、祁连山北麓，地处肃南裕固族自治县中部，东靠马蹄乡，南与青海省海北藏族自治州祁连县毗邻。该村距离张掖市 60 千米，213 省道穿境而过，交通通信便利，区位优势明显。村镇周边森林草原、雪山冰川、丹霞地貌等自然旅游资源丰富，生态环境优良，草原总面积 268 万亩，森林面积约 45 万亩。紧邻冰沟丹霞、中华裕固风情走廊、马场滩草原、康隆寺、雪山探险旅游区、石窝会址等旅游景点。榆木庄村先后荣获中国最美休闲乡村“特色民居村”、全国乡村旅游重点村、甘肃省优秀乡村旅游示范村、市级专业旅游村、张掖市“双十双百”乡村旅游示范工程、十强专业旅游示范村等荣誉称号。①

近年来，榆木庄村充分依托旅游资源禀赋，围绕“吃、住、行、娱、购、游”旅游业发展要素，积极拓宽产业链条，探索实行“特色民宿 + 乡村旅游”“供销社 + 乡村旅游”“民俗体验 + 乡村旅游”“农家乐 + 乡村旅游”的文旅发展新道路，精心打造了裕固族民宿度假区、裕固水街、裕固族风情体验苑、裕固族文化传承体验中心、民族特色文

---

① 代克伟：《榆木庄党建引领乡村振兴简介（村委会展板）》，榆木庄村驻村帮扶工作队，2021 年。

图 7.1 肃南裕固风情景区

旅商品体验展销中心、民族团结摄影书画苑、地方特色小吃城等特色旅游产品，引导村民主动参与文旅商品销售、民俗体验服务、乡村旅游新产品研发等活动。2020 年，全村经济总收入 510 万元，农牧民人均旅游纯收入 1.51 万元，村集体积累 109 万元。[①] 紧抓当地位于全市乡村振兴战略“张肃公路示范带”重要节点这一有利区位条件，进一步加快建设旅游产业为主导的新经济增长极。现已建成 3 处具有裕固族风情的体验苑，二十余处多种套型的民宿，并配套 1600 平方米生态停车场、健康步道、景观水系、休闲花园、采摘园等设施，能够满足 100 人住宿、餐饮、娱乐需求，打造集民俗文化展示、民族歌舞演艺、多彩花卉观赏为一体的特色民俗景观带，有力增强了村庄旅游服务功能和休闲观光魅力。目前，全村共 86 户 256 人，开办各类商业门店 35 家，从事旅游服务业者近百人，形成了一户带多户、多户带一村、一村带一片的效应，大力拓宽了农牧民致富增收的渠道，人均年收入 1.9 万元以上。[②]

---

① 代克伟：《康乐镇榆木庄村构建“1234”党建引领发展新模式助力乡村振兴跑出“加速度”》，榆木庄村驻村帮扶工作队，2021 年。

② 肃南裕固族自治县马蹄寺旅游区管理委员会办公室：《2021 年工作总结及 2022 年工作计划的报告（内部资料）》，肃南裕固族自治县马蹄寺旅游区管理委员会，2021 年。

（二）马蹄乡大都麻村概况

马蹄乡大都麻村位于祁连山腹地，距离张掖市 70 千米。全村居住着藏、汉、裕固、回、蒙古族 5 个民族，共 122 户 326 人，拥有可利用草原 18.98 万亩。境内有 4A 级旅游景区马蹄寺风景名胜区，国家重点文物保护单位马蹄寺石窟，金塔寺石窟和上、中、下观音洞等著名旅游景点。该村立足自然风光优美和民俗文化深厚的资源禀赋，统筹培育乡村旅游服务产业，大力发展以休闲度假、民俗体验为特点的乡村旅游，通过举办特色文化节、徒步越野、赛马、露营等文娱活动，多方吸引游客，推动文化旅游农家餐饮的深度融合，为农牧民持续稳定增收提供更加坚实的产业支撑。已建成四星级牧家乐 3 家、三星级牧家乐 4 家。至 2020 年，已开办的 7 家牧家乐累计接待游客 1 万余人，户均增收 2.5 万元。[①] 依托旅游产业发展，农牧民生活水平得到了显著提高。近年来，该村“净化家园、美化环境”的观念深入人心，营造了良好的乡村旅游环境氛围；持续开展乡风文明行动，修订完善村规民约，开展传统赛马及文化娱乐活动，着力提升其内在颜值，使美丽乡村真正成为大都麻村的旅游名片。

二　入口社区居民生计资本实地调查情况

入口社区居民生计资本实地调查主要通过问卷发放以及半结构式访谈等进行，具体如下。

（一）问卷设计与指标选取

通过查阅相关资料、实地调研，结合前人成熟量表，设计“国家公园体制试点下入口社区居民生计调查”问卷。调查问卷主要包括两个部分：第一部分是个人信息特征，包括居民的性别、年龄、受教育程度等；第二部分是问卷的核心内容，主要包括三方面内容，一是居民对国家公园政策感知量表、二是居民的生计资本量表、三是居民生计结果感知量表。感知部分的调查，采取李克特 5 分量表法，受访居民可根据自

① 肃南县农业农村局肃南县乡村振兴局办公室：《肃南县实施乡村振兴战略政策文件汇编（内部资料）》，肃南县农业农村局肃南县乡村振兴局，2021 年。

己的实际情况，对照题目内容进行打分，分值按非常不同意到非常同意分别记1—5分，分数越高表明同意程度越高。

1. 居民对国家公园建设感知情况指标选择

祁连山国家公园建设的相关政策和措施是深入贯彻习近平新时代中国特色社会主义思想和习近平总书记对祁连山生态保护重要指示的具体体现，是进一步维护和提升祁连山国家公园的生态功能，构建祁连山国家公园运行体制机制的重大举措，具有重要的生态、经济和社会意义。

实地调研居民对祁连山国家公园建设的感知情况时，我们借鉴了前人的研究成果和测量维度，选取了四个方面进行测量：

（1）您是否了解国家公园建设；

（2）政府检查当地生态保护的状况；

（3）政府宣传生态保护的情况；

（4）政府对居民旅游服务技能的培训开展情况。

2. 居民对生计资本指标选取

生计资本是居民选择生计策略、抵御外来风险、实现可持续生计的核心。近些年，祁连山国家公园实施生态治理政策及生态补偿政策，给入口社区居民的生计资本带来了变化。结合祁连山国家公园建设的实际状况，考虑入口社区居民社会经济及生态环境特点，本书对居民生计资本的分析，除了传统的人力资本、金融资本、社会资本、物质资本、自然资本外，另外补充了心理资本、环境资本两方面内容。每个资本的含义及调研指标选取情况如下。

（1）人力资本：是指用于谋生的技能与手段，是维持祁连山国家公园入口社区居民自身可持续生计的最重要因素，包括居民的知识、技能和体能等（杨晓军，2013），是维持祁连山国家公园入口社区居民自身可持续生计的最重要因素。其指标选取包括：被访问者的受教育水平、家庭劳动力人数（人）、家人健康状况、每年平均得到的政府补贴。

（2）金融资本：是指国家公园周边社区居民能够获得的未来现金流的资本化，金融资本的多少直接反映了居民未来掌握的收入多少。其指标选取包括：每年得到的政府补贴额（元）、享有的社会保障、获得贷款的难易程度。

（3）社会资本：是指社会主体间紧密联系的状态及其特征，主要表现为集体的相互作用和解决问题的能力，社会资本是对全社会的人际关系的关注，包括结构性社会资本（如社会网络、协会和制度）以及认知性社会资本（如价值观、信任感等）（赵延东和罗家德，2005）。其指标选取包括：与游客相处的融洽程度、与周边同是旅游经营户之间的关系、社区组织活动的次数。

（4）物质资本：是维持可持续生计的重要物质基础，物质资本包括人们在生产生活中直接使用的一切资料（张军等，2004）。其指标选取包括：当地居民的住房情况、家用电器和用于旅游业的设施设备。

（5）自然资本：是指有利于生计的资源流和服务的自然资源存量和环境服务。其指标选取包括：居民家中现有草场面积、草场质量、居民家中蓄养的牛羊数量。

（6）心理资本：是指个体在成长和发展过程中表现出来的一种积极心理状态，是促进个人成长和绩效提升的心理资源，对居民的生存能力、生存资源的获取以及家庭生存路径的选择会有长期性影响（路桑斯，2008）。其指标选取包括：居民对社区发展旅游业的满意程度、对未来社区旅游业发展的信心、对未来生活的向往程度、对目前生活的满意程度。

（7）环境资本：是指对居民生产发展及生活改善有重要影响的外界因素，主要包括社会环境和自然环境。其表现形式可以是森林、土地等自然资源，也可以是交通、信息通信等基础设施，这些要素能够与其他要素相互协调，并通过人类劳动创造价值。其指标选取包括：社区基础设施状况、居民购物的便利程度、学生上学的便利性、就医看病的便利程度。

3. 居民对生计结果感知变量指标选取

部分学者在研究国家重点生态保护区周边居民生计状况时指出，可持续生计结果主要通过收入水平提高、教育医疗等福利状况提升、脱贫人口增加、食物安全性提升和可持续的自然资源利用方式等呈现出来（崔晓明等，2017）。因此本书选取了四个方面进行测量：

（1）人口社区居民每年的收入稳定性；

（2）旅游业就业能力是否提升；

（3）生态环境是否改善；

（4）环保意识和综合素质是否提升。

（二）问卷样本描述性分析

为了确保问卷的有效性，本书在正式调查前，课题组于2021年5月前往榆木庄村、大都麻村等地针对当地居民进行了预调研，根据预调研结果对问卷进行删改，形成最终调查问卷及访谈提纲。正式调研集中于2021年7月，共发放问卷230份，回收有效问卷205份，有效回收率89.13%。调查对象基本人口特征如表7.1所示：

表7.1 **调查人口特征统计**

题项	指标	占比（%）
性别	男	31.7
	女	68.3
年龄	18岁以下	0
	18—30岁	8.3
	31—50岁	35.6
	51—60岁	43.9
	60岁以上	12.2
受教育程度	未上学	12.2
	小学	18.5
	中学/中专	47.3
	高中/高职	18.5
	本科/大专及以上	3.5
您或家人是否从事旅游活动	是	72.7
	否	27.3

居民对生计资本的感知、居民对祁连山国家公园建设的感知、居民对生计结果的感知情况见表7.2。

表 7.2　问卷各选项占比统计

类别	指标	各选项频数
人力资本	家里劳动人数	1（没有，1.5%）2（1人，22%）3（2人，39%）4（3人，37.5%）5（4人及以上，0%）
	您及您家人的健康状况	1（家中有长期患病者，2.4%）2（家里有经常患病者，5.4%）3（家中偶尔有患病者，37.1%）4（家中很少有人患病，47.3%）5（都非常健康，7.8%）
金融资本	每年平均得到政府补贴（元）	1（没有，0%）2（0—1000，15.1%）3（1001—2000，32.7%）4（2001—3000，51.2%）5（3001及以上，1%）
	社保种类（低保、医疗等）	1（没有，0%）2（1种，39.5%）3（2种，51.7%）4（3种，8.8%）5（4种及以上，0%）
	需要贷款时，贷款是否容易	1（非常不容易，0.5%）2（不容易，8.8%）3（一般，44.4%）4（很容易，46.3%）5（非常容易，0%）
社会资本	您与游客相处的融洽程度	1（很不好，3.4%）2（不好，11.7%）3（一般，21%）4（很好，30.7%）5（非常好，33.2%）
	社区组织活动的次数	1（几乎没有，2.4%）2（很少，12.2%）3（一般，16.6%）4（很多，35.1%）5（非常多，33.7%）
	您与周边商户的融洽程度	1（很不好，4.4%）2（不好，9.3%）3（一般，12.7%）4（很好，38%）5（非常好，35.6%）
自然资本	家中饲养牛羊情况（只）	1（没有，2.9%）2（0—200，82.9%）3（201—400，14.2%）4（401—600，0%）5（601及以上，0%）
	家中现有草场面积（亩）	1（没有，0%）2（0—1000，59.5%）3（1001—2000，40.5%）4（2001—3000，0%）5（3001及以上，0%）
	草场的质量	1（非常差，0%）2（很差，2.4%）3（一般，25.9%）4（很好，38.5%）5（非常好，33.2%）
物质资本	家中住房改善情况	1（很小，0%）2（较小，6.3%）3（一般，42%）4（较大，48.3%）5（很大，3.4%）
	家用电器及科技产品	1（1种，0%）2（2种，19%）3（3种，48.3%）4（4种，23.9%）5（5种及以上，8.8%）
	旅游业所需的设施设备	1（没有，0%）2（1种，21%）3（2种，37.1%）4（3种，34.1%）5（4种及以上，7.8%）

续表

类别	指标	各选项频数
环境资本	所在社区的基础设施状况	1（非常差，1%）2（很差，4.4%）3（一般，13.2%）4（很好，47.3%）5（非常好，34.1%）
	购物便利性	1（非常差，0%）2（很差，7.3%）3（一般，9.3%）4（很好，46.8%）5（非常好，36.6%）
	孩子上学的便利性	1（非常差，0.5%）2（很差，6.8%）3（一般，9.3%）4（很好，47.3%）5（非常好，36.1%）
	就医的便利度	1（非常差，0%）2（很差，4.9%）3（一般，7.8%）4（很好，50.7%）5（非常好，36.6%）
心理资本	对未来生活改善的期待	1（非常小，4.4%）2（较小，5.9%）3（一般，22.9%）4（较大，35.1%）5（非常大，31.7%）
	对目前生活的满意程度	1（非常小，4.4%）2（较小，7.8%）3（一般，13.7%）4（较大，43.9%）5（非常大，30.2%）
	对社区旅游业发展的满意程度	1（非常小，4.9%）2（较小，4.4%）3（一般，16.1%）4（较大，39.5%）5（非常大，35.1%）
	对未来社区旅游业发展的信心	1（非常小，2.9%）2（较小，7.4%）3（一般，12.2%）4（较大，34.6%）5（非常大，42.9%）
国家公园建设	您是否了解国家公园建设	1（非常不了解，1%）2（不了解，4%）3（一般，19%）4（较了解，49%）5（非常了解，27%）
	政府检查当地生态保护状况（种树、禁牧等）	1（从来不做，0%）2（很少做，11.2%）3（一般，17.6%）4（做一些，32.7%）5（经常做，38.5%）
	政府宣传生态保护的情况	1（从来不做，0%）2（很少做，9.8%）3（一般，11.2%）4（做一些，46.8%）5（经常做，32.2%）
	政府组织旅游服务技能培训	1（从来不做，2%）2（很少做，14.6%）3（一般，17.6%）4（做一些，31.7%）5（经常做，34.1%）

续表

类别	指标	各选项频数
生计结果	年收入的稳定性	1（很不稳定，1.5%）2（不稳定，11.3%）3（一般，18.5%）4（较稳定，37.6%）5（很稳定，31.1%）
	从事旅游业能力	1（下降很多，1.5%）2（下降一些，8.3%）3（不变，19%）4（提升一些，38.5%）5（提升很多，32.7）
	生态环境状况	1（下降很多，2.9%）2（下降一些，6.3%）3（不变，17.1%）4（提升一些，48.3%）5（提升很多，25.4%）
	环保意识和综合素质	1（下降很多，1.5%）2（下降一些，8.2%）3（不变，19%）4（提升一些，41.5%）5（提升很多，29.8%）

（三）半结构式访谈分析

在发放问卷的同时，课题组利用半结构化深度访谈针对当地居民开展调研，并获取了大量的一手资料。通过对调研初始资料的提炼，挖掘出各因素之间的逻辑关系，从而对国家公园建设下社区居民的生计资本和生计结果进行深入分析。

1. 资料收集情况

根据祁连山国家公园体制建设的背景及主旨，结合访谈了解到的情况，确定了访谈提纲，见表 7.3。

表 7.3　**访谈提纲**

维度	访谈提纲
居民对国家公园建设的感知	1. 您是通过哪些途径了解祁连山国家公园建设以及相关政策的？ 2. 国家公园建设以来实施的禁牧、轮牧等政策及关闭景区等对您生活带来哪些影响？您对这种变化持有什么态度？ 3. 国家公园建设以来，您的生产生活方式发生了哪些变化？ 4. 国家公园建设以来您获得了哪些方面的补偿？您对这些补偿政策持有什么态度？

续表

维度	访谈提纲
居民生计资本变化情况	5. 您家现有几位成年劳动力？年龄及学历情况如何？ 6. 2017 年以来家中耕地/草场的面积有多少？近年来有哪些变化？ 7. 草场质量如何？近年来有什么变化？ 8. 您家饲养牲畜数量有多少？近年来有什么变化？ 9. 您家住房条件怎么样？近年来有什么变化？ 10. 您近些年来是否参与过旅游接待和经营活动？以哪种方式参与？ 11. 您是否经常参加社区组织的活动？2017 年以来社区举办活动的次数是否增多？您与邻里相处是否融洽？与游客、周边旅游业经营商户相处是否融洽？ 12. 您的家庭年收入有多少？2017 年以来家中年收入发生了什么变化？2017 年以来您从事旅游接待和经营的收入有什么变化？ 13. 您是否有贷款？与公园建设前比贷款是否容易？贷款渠道有哪些？ 14. 您是否担任生态管护员或护林员？管护工作有哪些？ 15. 您觉得家乡的生态环境如何？与祁连山国家公园建设前比有什么变化？ 16. 您觉得保护生态环境重要吗？为什么？

设计好访谈提纲后，课题组先后在大都麻村和榆木庄村对 20 位村（牧）民或村民旅游从业者和管理人员开展正式访谈。受访者的基本信息如表 7.4 所示：

表 7.4 入口社区居民基本资料

编号	性别	年龄	文化水平	职业
1 - MACS	男	48 岁	初中	餐馆老板
2 - WLCS	女	63 岁	小学	餐馆老板
3 - MACH	男	40 岁	初中	景区牵马者
4 - WLCE	女	65 岁	小学	自由职业者
5 - MACS	男	45 岁	未上学	餐馆老板
6 - MACX	男	50 岁	初中	景区保洁员
7 - MACX	男	46 岁	初中	景区保洁员
8 - MQBF	男	27 岁	本科	政府工作人员
9 - WACS	女	42 岁	初中	景区商店老板
10 - MLCU	男	61 岁	小学	牧民

续表

编号	性别	年龄	文化水平	职业
11 - WACU	女	45 岁	初中	牧民
12 - MAGS	男	40 岁	中专	景区商店老板
13 - WADN	女	36 岁	大专	景区管理者
14 - WACS	女	52 岁	初中	景区商店老板
15 - WACS	女	48 岁	初中	景区商店老板
16 - MACH	男	56 岁	小学	景区牵马者
17 - MAGS	男	53 岁	高中	景区商店老板
18 - MACH	男	50 岁	小学	景区牵马者
19 - WACE	女	55 岁	小学	自由职业者
20 - MADF	男	50 岁	大专	政府工作人员

注：1—20 表示被访者顺序编号；第一个字母表示性别（W 表示女性，M 表示男性）；第二个字母表示年龄（Q 表示青年，A 表示中年，L 表示老年）；第三个字母表示学历（C 表示初中及以下，G 表示高中或中专，D 表示大专，B 表示本科，J 表示研究生及以上）；第四个字母表示社会身份（职业）（F 表示政府工作人员、N 表示景区管理人员、U 表示牧民、S 表示旅游经营者、H 表示景区牵马者、X 表示景区保洁员、E 表示自由职业者、I 表示司机、K 表示家庭主妇、P 表示教师、O 表示在校学生）。例如 1 - MACU 表示第一位男性、中年、初中学历、为牧民的被访者。

2. 访谈资料编码

本次访谈采用半结构访谈进行。整理访谈资料 4.6 万余字。访谈结束后，按照扎根理论编码的流程对数据进行处理，数据的编码主要借助于质性分析软件，此外为达到数据检验的目的，在数据分析的每个过程都撰写了备忘录以增强研究者与被访对象及情境之间的互动。根据理论饱和原则，当文本不再出现新的重要信息时停止数据收集。该方法对访谈对象的条件、所要询问的问题等只有一个粗略的基本要求。本书参考质性研究相关范式要求，结合扎根理论中对文本数据进行处理的编码规则对收集的文本进行多级编码。通过对 4 万余字的访谈记录分析，得到包括 37 个一级编码，14 个二级编码。经过上述的编码后，得到的 14 个二级编码依然彼此独立，还需通过三级编码深入分析各二级编码之间的关联和差异将其归类，从而建立各编码之间的逻辑关系。最终，本书概括出 3 个三级编码：生计资本、国家公园建设、生计结果。编码举例如表7.5所示。

表7.5 **编码结果**

一级编码		二级编码	三级编码
原始资料举例	编码内容		
3－MACH 我们去景区拉马主要是政府鼓励我们的，给马办个执照才能去拉马，一天能挣差不多200块钱	居民的旅游业收入状况	金融资本	生计资本
5－MACS 家里有草场，每年还有草场补贴 8－MQBF 草原保护方面主要就是实施“草原生态保护补助奖励政策”落实草畜平衡制度	居民得到的补贴		
9－WACS 我们这边的居民贷款是比较容易的，比如开个牧家乐、民宿之类的以前去贷款5万元要6人去给你做担保，现在3人就可以了	贷款容易		
19－WACE 就我们两口子开的这个铺子，老汉还在乡政府物业干活	居民家中劳动力情况	人力资本	
12－MAGS 现在我们这里来的游客多了，邻居之间都帮忙招呼着，我们关系挺好的	居民之间的关系	社会资本	
10－MLCU 村上也搞活动，比如报名去景区做志愿者、捡垃圾、宣传我们都积极参加，环保上的，林业上的都有，大家都还比较积极，听了政府那边讲的那些，个人也就懂得多些	居民参与社区活动		
3－MACH 我们社区参与旅游的人还是挺多的这些都是政府带动的我们经常参与到生态保护中，比如说，会有小区的人组织我们到景区捡垃圾，打扫卫生	居民积极参加社区活动		
3－MACH 两年前拉马，现在放牧和拉马，对现在的收入挺满意的，现在是自己有一些草场	居民家中的草场面积	自然资本	
3－MACH 我们就是放牧和拉马，一个人拉马，一个人放牧，拉马一年也就几千块钱	居民家中饲养的牛羊情况		

续表

一级编码		二级编码	三级编码
原始资料举例	编码内容		
2-WLCS 这几年，家里的家具也换了新的，买了新的电视还有车	居民家中购置家具、电器、汽车等物品	物质资本	生计资本
6-MACX 住的房子也挺好的，比以前住的还好，以前都是住小平房，旱厕，现在楼上住，用抽水马桶，卫生好太多了，现在的房子也明亮，冬天还有暖气，不受罪了	居民住房条件改善		
9-WACS 我觉得国家政策挺好的，生态环境保护不好，也没法发展旅游，我们子子孙孙都生活在这大山里，我们也不能因为发展把环境破坏了	居民对于国家公园的态度	心理资本	
7-MACX 我对以后这里的旅游业发展有乐观的态度，因为这里（康乐草原）确实生态环境变好了	居民对未来生活的期待		
14-WACS 还是希望政府好好宣传这边，好好搞旅游，把这边建设得越来越好，吸引更多的游客来这边玩，这样我们的收入就会越来越好了	居民对国家公园建设的期待		
3-MACH 我对现在的生活还是比较满意的，因为国家政策好，而且生活条件也变好了，住上了楼房，还买了车子	居民对现在生活的感知		
5-MACS 这边的基础设施建设好，现在就是修了门口这条路，交通更便利了	道路修建交通便利	环境资本	
8-MQBF 基础设施这两年发展也比较快，你看马蹄寺这里面的路，就是这最近一两年才新修的，像这些标识牌、垃圾桶啊，这些都是新增的	周边配套设施的完善程度		
4-WLCE 这边生活就是很方便，超市、商店什么的都有，就是方便了	居民购物便利		
4-WLCE 而且娃娃上学问题也不用担心了，以后上学离家就非常近，这边生活就是很方便，超市、商店什么的都有，就是方便了	孩子上学便利		

续表

一级编码		二级编码	三级编码
原始资料举例	编码内容		
14－WACS 你别看这个地方小，派出所、医院、法院、学校等挺齐全的	居民就医便利	环境资本	生计资本
3－MACH 以前都是住平房现在住的都是楼房，慢慢都习惯了，就是现在居住的环境更加干净卫生了，道路都修好了，方便得很了	居民生活的环境		
16－MACH 生活条件变好了，比如说这个住房问题，老年人的补助啥的，对老年人真的好，交通也很方便了	居民生活的其他方面变得便利		
2－WLCS 来买东西的都是居民和游客，那在景区里面，有些就卖纪念品什么的发展马蹄寺旅游业，我们的收入肯定是会增加的，来的游客多了，过来买东西的人也就多了嘛	居民对收入的感知	居民对收入的感知	生计结果
2－WLCS 还有就是我们的素质都提高了，自己有意识地去保护环境，注重卫生，也有好的生活习惯了	居民的行为习惯发生了变化	环境意识	
9－WACS 我们也能做到走到哪儿，哪儿没有垃圾，要把环境保护好，我们的垃圾一定会在走的时候放进背包里，不会乱扔的	居民的环保意识提高		
1－MACS 我认为旅游业还是增加了我们的就业机会的，你看在景区开的小卖部，卖个水、纪念品，还有开牧家乐、拉马的	就业类型	就业机会	
19－WACE 还有退耕还林，这里也给我们提供了一些帮助，主要是生活方式有些变化，以前我们都是放牧，现在我们放牧方式也有所改变，比如租牧、建牧，然后现在还在这里搞营生	居民谋生方式多样		

续表

一级编码		二级编码	三级编码
原始资料举例	编码内容		
17－MAGS 生态环境变好了，野羊多了，就是这个野生动物多了，植被这块一直就挺好的，主要是这几年把矿山、水电企业关了，那个对草原破坏大	生态环境变化情况	生态环境	国家公园建设
8－MQBF 旅游发展的那些建筑基础设施都在国家政策允许的范围之内，因为不符合政策的，政府也不会让你去做	国家公园建设后最严格的保护的体现	生态治理	
14－WACS 社区经常举办一些活动，主要是生态环保宣传，这些活动对我们的环保意识影响挺大，政府平时对我们这些商户的垃圾处理啊，卫生环保啊这些监管力度都挺大的，我们平时已经养成了好的环保习惯	对居民宣传关于国家公园的相关政策	管理机制	
19－WACE 上面的人也过来搞活动，宣传保护环境爱护环境，我们都积极参加，讲的我们也都听，涉及的都是就业技能培训什么的，大家都还比较积极	政府对居民进行培训	培训机制	

3. 饱和度检验

祁连山国家公园入口社区居民的生计资本状况可能受旅游淡旺季、地理环境感知等诸多因素的影响。鉴于此，课题组于 2021 年 12 月，再次前往榆木庄村和大都麻村，随机调研村民 6 名，管理人员 2 名，以此来进行上述编码的饱和性检验。通过对 8 位访谈者的访谈资料进行编码和分析，发现得到的三级编码均在上述得出“国家公园建设”、“生计资本”以及“生计结果”范围内。

三　入口社区居民生计资本与生计结果变化分析

（一）国家公园建设的影响体现

祁连山国家公园建设以来，对园内影响生态环境且不符合规定的项目采取关停退出，拆除相关设施设备，实行生态恢复治理；对已批复建设的项目执行环境影响评价制度，加强监督管理，落实生态保护措施；对当地居民实施生态补偿制度，加强培训，鼓励当地居民参与特许经营项目，通过投资入股、合作、劳务等形式从事家庭旅馆、牧家乐等旅游经营活动。因此，国家公园建设对于入口社区居民的影响分为两方面：一是实施最严格的生态保护政策；二是对入口社区居民实行生态补偿政策。主要体现在 3 个方面：生态治理、监督管理和培育机制。

第一，生态治理采取的措施会对居民拥有的生产生活方式产生一定的影响。2017 年，中央生态环境保护督察组披露了祁连山保护地的生态破坏问题，当地实施了“最严格的保护”政策，关停水电站，退出矿山，暂停核心区、缓冲区的旅游经营项目，包括禁止开发性、生产性建设活动、原住居民在保留生活必需的种植、放牧、捕捞、养殖等活动外不得从事规模化、设施化养殖。居民这样描述：“禁牧、休牧政策就是不让在保护的草场上放牧了，也不让新建房屋什么的，从里面拆出来，以前的房子全拆了，居民都搬出来了”（WLCS－15）[①]；“我们这里管理得很严格，2017 年之前我在康乐草原开了牧家乐，因为要保护生态环境都给拆掉了，政府给了一些补贴”（WLCS－7）；“不让在这里新建建筑，以前这里也有开餐馆的，但是这几年都关掉了，现在拆的就剩下几条主要的栈道了”（MAGS－9）。同时在问卷调研中，发现有 71.2% 的居民表示当地政府会对生态保护的状况进行检查，这也说明了当地对于生态保护的治理力度较大。

第二，监督管理主要是指政府对于生态恢复建设的管理，对自然资源、生态环境监测和执法，包括水文水资源监测和涉水违法事件的查处等。有居民这样描述道：“国家公园建设后，我们这一块管得特别严格。（相关部门）天天来检查卫生，看用水、排污、垃圾处理合不合格，这些树是被严格保护起来的，不让我们砍，有罚款。”（MACS－4）在当地政府严格的监督管理下，居民的保护生态环境意识观念较之前提升。

第三，从调研的情况来看，榆木庄村和大都麻村的旅游经营主体几

---

① WLCS－15，表示某女性、老年、初中学历、为旅游经营者的受访者陈述的第 15 段话中部分内容。下同。

乎都是当地居民，他们的旅游专业知识和服务意识较为匮乏，培育机制主要体现在对居民进行生态保护的宣传和对居民的技能培训，“主要是给我们宣传保护环境、不让砍伐树木，参与生态保护，不乱扔垃圾”（WLCE－16）；“会有不定期的培训，包括厨师培训、贷款培训等等，让我们提供好的服务，更好的发展，这对于我们这些商户还是有一些用处的”（WACS－11）这也与问卷调研中83.4%的居民表示政府对社区居民进行旅游业相关技能的培训，包括普通话培训、服务礼仪培训等方面相符合。

（二）入口社区居民生计资本的变化

通过访谈可以看出，近些年，实施生态治理政策及生态补偿政策对入口社区居民所拥有的生计资本带来变化，具体体现在：除自然资本降低外，人力资本变化不明显，金融资本、物质资本、社会资本均增加。

1. 人力资本的变化

根据访谈的内容发现，受访者家中的劳动力多为2—4人，丈夫和妻子为主要劳动力，要赡养父辈和供孩子上学。居民描述道：“我在景区里开了餐馆，我自己做饭，以前中学没上完就不上了，出来当学徒，我和媳妇儿一起就开了餐馆，人多的时候，家里的老人都过来帮忙。”（MACS－3）“现在家里就剩我和我的孙女儿两个人，我在景区里拍照，我老公、儿子和儿媳都在外面打工，春节过年的时候回家，过完年就又出去打工了。”（MACH－4）这与问卷统计中，76.5%的居民选择家中的劳动力为2—4人相符合。

从国家公园建设前后居民家中劳动力数量变化来看，虽然当地居民的家庭劳动力数量变化不大，但劳动力选择留下从事旅游业的人数有所增加。例如居民说道：“现在饲养羊的数量减少后，放牧的时间短了，就去景区找点事做，还能挣点钱”（MACX－3）；“我们家以前放牧，现在草场面积变小了，就我家老汉去放牧，我在村里开了个餐厅，旅游旺季的时候能挣不少钱呢”（MACS－6）。“最严格保护”政策下，居民饲养的牲畜数量减少，从而使部分劳动力从放牧中解放出来，再加上入口社区有利的区位条件和惠民政策，使居民改变了以前以放牧为生的单一模式，而从事旅游服务业。

除此之外，当地居民文化程度普遍较低，多为初中及以下文化水平：“我就是初中没上完就去当学徒了”（WLCS-3）；“当时没有条件学习，我小学没上完就帮着家里放牧，现在也不识字”（MLCU-4）。同样地，在问卷数据统计中，发现有18.5%的居民文化程度为小学，47.3%的居民文化程度为初中。国家公园建设后，当地政府不断地对居民进行系统的旅游业服务培训和相关知识的宣传，以提高他们旅游接待服务水平和文化水平。例如居民提到：“以前的话就是很少和外界其他的民族接触，随着旅游业的发展和手机通信技术、电脑等方面的发展，我们与游客就慢慢地交流了。你比如说这个普通话，说话说得慢一点，让他们都能听懂听明白。还有就是我们要适应这个网络化的时代，像淘宝上购物，我们前几天在淘宝网上买的马钉，今天刚到。”（MACH-11）整体来看，国家公园建设过程中，居民家庭劳动力的数量以及受教育程度在短期内变化不大，而从放牧中解放出来的劳动力数量较之前增加。

2. 金融资本的变化

祁连山国家公园建立后对当地居民实施了“草原生态保护补助奖励政策”，草畜平衡标准为每年2.08元/亩，当地居民每年人均约有3000元的奖补收入，例如居民谈道：“我们现在是休牧政策，就是‘以草定畜’，这个政策还是很合理的。我们的牛羊，国家按亩给我们钱，一亩草地2.08元，一年一个人大概就补贴我们三千元多一点，我在景区拉马，家里还养了一百多只羊，所有加起来我一年能挣8万”（MACH-7）；“我们就相应地落实‘草原生态补助奖励’政策，给他们一定的补助”（WACS-11）。这与在问卷结果显示的有51.2%的人口社区居民平均每年获得的补贴为2001—3000元相一致。

此外，居民在景区内参与旅游服务以及成为祁连山国家公园的“管护员”也获取了一定的收入。居民谈道：“我在景区里照相挣钱，旅游旺季的时候一天能挣二三百元，家里还有草原补贴收入，一个人一年三千元，以前就是放牧，现在闲下来就去景区挣钱，收入变多了”（WLCE-7）；“他们有的就被安排在附近景区里面做保洁和保安工作，一个月大概是两千五百元。还有村上有一个草管员，就是祁连山国家公园监督职责的人员，这个是政府给他们发工资。从核心区搬出来的这些人，每一户给他们安置了一个草原生态‘管护员’，这个也是给他发工资的，一年是三万元”（WACS－11）。同时 WACS 还提到“我们这边的居民贷款是比较容易的，尤其是你参与旅游业，比如开个牧家乐、民宿之类的，现在特别便利，以前去贷款 5 万元要 6 人去给你做担保，现在 3 人就可以了”。根据问卷数据内容，与 46.3% 的居民认为贷款容易相一致，而且进一步了解到，近年来，当地政府为居民制定了每户 5 万—10 万元的三年期贷款贴息政策，扶持居民从事旅游业、养殖储运营销等生产活动。

居民还谈道：“2017 年以来，政府对我们的优惠政策和社会保障也很多，像医保、养老保险什么的我都参加了。”根据问卷统计的数据，有 51.7% 的居民拥有 2 种保险，为医疗保险和养老保险；年老者或家中有长期生病者家庭一般拥有 3—4 种保险，除了以上两种，还包括老年人保险或贫困低保等。从当地政府工作报告统计数据来看，祁连山国家公园建设以来居民整体收入没有受到显著影响，而且持续增长，从居民平均每年获得的补贴、居民社会保障种类以及贷款容易程度等来看，地方居民金融资本整体较之前有所提高。

3. 社会资本的变化

从受访者描述中可以了解到，两村民风淳朴，凝聚力较强。例如居民谈道：“我们之间都很熟悉，关系很好，有时候隔壁的忙不过来，我来到人家店里直接帮他们卖”（MACS－7）；“我们两家基本上没有吵过架，也很少见到别人吵架……我们也不会说见到谁家生意好了心理不平衡的，这都没有”（WACS－8）；“现在到我们这里来的游客多了，邻居之间都帮忙招呼着，我们关系挺好的”（WAGS－11）；“我们村民之间的关系相当好，我们裕固族本来就是一个团结进步的民族。现在住在村子里的邻里之间关系也很融洽”（MLCU－8）。同时也发现在问卷统计中“您与周边商户的融洽程度”这一选项，有超过 73.6% 的居民选择了“很好”和“非常好”的选项。

此外，国家公园建设需要入口社区居民的共同参与，以更好地促使居民产生生态保护意识并进行生态保护。社区常组织居民参与生态保护的集体活动和进行各种宣传活动，例如居民谈道：“……村上也搞活动，比如报名去景区做志愿者、捡垃圾我们都积极参加。他们讲的我们也都听，发下的东西我们一有时间就看。医疗上的，环保上的，林业上的都有，大家都还比较积极，听了政府那边讲的那些，个人也就懂得多些。”（MLCU-8）在问卷数据统计中我们也可以看到，有超过68.8%的居民选择了“社区组织活动的次数”这一选项。总体来说，祁连山国家公园建设以来，入口社区居民的社会资本较之前有所增加。

4. 物质资本的变化

从访谈资料中可以发现居民的住房条件得到改善，家用电器数量、汽车数量都有所增加。认为“这几年，家里的家具也换了新的，买了新的电视还有车，因为出去方便。门口的路去年新修的，还有这边的房子，政府统一给盖的”（WLCS-6）；“我对现在的生活还是比较满意的，生活条件变好了嘛，住上了楼房，还买了车子，干什么都比以前方便了”（MACH-9）。从问卷获取的数据来看，有51.7%的居民认为自家的住房条件变好，表示较之前有所改善。

不仅居民居住条件变好了，家中配备的家用电器种类也逐渐增加。有23.9%的居民家中的家用电器种类多为5种，根据访谈的内容，可知其为电视机、洗衣机、电磁炉、冰箱、电脑等。国家公园建设后，入口社区承担着为游客提供食宿等服务。近几年，社区内从事牧家乐、农家乐等旅游接待服务业的居民多了起来。因此，用于旅游业的设施设备（客房中的空调、卫具、家用小轿车以及摩托车等）也随之增多。居民描述：“我家开饭馆的，饭馆的装修和设施都是按照标准来的，该有的都有，像空调，冬天取暖用”（MACS-12）；“民宿里的装修的都是高级别也很干净，中央空调、卫具什么的一应俱全”（MQBF-15）。总的来说，入口社区居民的物质资本有所提高。

5. 自然资本的变化

祁连山国家公园内及周边居民祖祖辈辈以来多以粗放式农牧业为生，当实施“最严格的保护”政策以来，两村推行草原奖补资金与禁牧、减畜政策挂钩，采取禁牧休牧、围栏封育、划区轮牧退牧等针对性手段，居民的草场面积和畜牧数量都受到了一定的限制，居民谈道：“家里就剩十几亩地了，以前的地不让种了。现在种的都是草，给牛羊做饲料”（MACS－8）；“我们家有210头羊和3000亩草地，这数量比以前养的羊数量少多了，以前家家户户都养300—400只羊，现在草场面积小了，养不了那么多了”（MACS－10）；“我家有差不多两千亩草场，但是是四季草场，其实能够放牧的草场比较少了”（MQBF－13）。祁连山国家公园建设前，当地居民生活以放牧等传统畜牧业为主，对土地不合理的开垦、过度放牧以及游客的践踏使得草原生态状态较差。例如居民描述：“这个我知道的，以前祁连山里面有采矿的、挖煤的，现在为了生态修复这都关闭了。以前开矿、挖煤那个污染大得很，里面都冒黑烟，味道难闻得很，水也被污染了”（MLCU－8）；“以前像我们这里开发旅游业比较早，以前没有合理的管理，游客没有秩序地进入我们的草原，乱扔垃圾，还有乱采摘植物，环境问题严重，垃圾满天飞”（MACH－13）。

在近几年的生态恢复中，当地草原的生态环境得到改善。在问卷数据统计中也可以发现有25.9%的居民认为草场质量一般，仍有2.4%的居民认为草场质量很差。随着国家公园建设以来，可供居民放牧的草场面积减少，居民家中饲养牛羊的数量也随之减少：“是草场面积小，喂不了那么多牛羊，以前能养上300—400只羊，现在只能养200—300只，为了保护草场嘛，养得太多它（草场）就不好恢复了。”（MLCU－8）再加上当地政府实施的“草畜平衡”制度：“以高山草甸类的草质为标准，17亩草地可以放1只单位羊，如果在这个草场放养的数量超出合理牲畜数量的10%以内的居民数量则需要进行整改，超出的数量大于10%，按照一只单位羊9块钱进行行政处罚。”如此一来，居民家中饲养的牛羊等牲畜的数量有所减少。通过问卷中数据的统计也可以发现，有85.8%的居民家中饲养的牲畜数量在200只以下，饲养牲畜在400只以上的几乎没有。总的来说，国家公园建设后，当地居民拥有的草场面积有所减少，饲养的牛羊数量减少。

6. 心理资本的增加

国家公园建设以来，统筹考虑生态环境的恢复以及当地居民的切身利益，建立了有效的生态补偿制度，不断地实现生态资产向金融资产的转化，以促进实现祁连山生态与生计双赢。这有助于增强入口社区居民的主观能动性和积极性、面对困难的坚韧性和乐观性、对未来幸福生活的向往等主观心理因素，从而更好地提高居民生计的可持续性。例如："游客保护环境的意识增加了，不会乱扔垃圾，以前游客过来，草原上的垃圾多得很，现在就不会出现这种情况了，现在管得严，草原圈起来，游客也不能进到里面。我对这些还是比较满意的"（WLCS－5）；"现在政策好呀，我们从核心区搬出来以前住的都是用牦牛编的毛毡房，那个不保暖，冬天特别冷，现在全是修的彩钢房，冬天也不冷了，有钱了嘛，现在的经济条件都可以了。对以后生活还是向往的，我认为以后国家公园发展的肯定会越来越好"（MACS－15）；"以前的话就是很少和外界其他的民族接触，就没有来往，随着旅游业的发展和手机通信技术、电脑（互联网）等方面的发展，我们与其他的民族和其他人就慢慢地交流了。我对以后这里的旅游业发展有乐观的态度，因为这里（康乐草原）确实生态环境变好了"（MQBF－9）。有66.8%的居民对未来生活的改善持有乐观态度。74.1%的居民表示对目前生活满意。有77.5%的人对未来社区旅游业发展充满信心。这与居民的访谈状况较为吻合。整体来看，国家公园建设后，入口社区的居民较之前拥有了较高的心理资本。

7. 环境资本的增加

由于自然资源体现在入口社区的自然资本中，因此，环境资本主要是指入口社区的社会环境。祁连山国家公园入口社区以发展科普教育、生态旅游为主，并为游客提供特色接待服务，以最大限度地减少人为活动对国家公园的生态干扰及其影响，为祁连山国家公园生态搬迁居民提供生态巡护岗位（护林员）与社会服务岗位，发展和创新国家公园迁徙人口生计疏解的相关产业。这对改善居民生活环境和完善基础设施、增加就业机会起到了重要作用。同时，作为乡村旅游社区，社区的卫生水平、交通、购物便利等方面也是吸引旅游者到访的重要因素。因此，环境资本一方面是居民生活中必不可少的一部分；另一方面作为乡村旅游的重要吸引物，对于当地居民尤其是入口社区居民的生产生活发展产生了重要作用。居民描述道："这边的环境卫生变得干净了，路也宽敞了，门口的路去年新修的，还有这边的房子，也是政府统一给盖的。我知道景区里面拉马的、打扫卫生的、照相的、买纪念品什么的。都是个体户，自己就搞了，基本上没有合资的”（WLCS－15）；“以前的村子里缺水，喝不上水，而且人住得分散，现在这些问题都解决了，都是自来水了，娃娃们上学也方便了，交通也方便。现在居住的环境更加干净卫生了，道路都修好了，方便得很了，喜欢在这里生活，生态环境也好”（MACH－9）。

当地学生的上课环境、住宿条件以及伙食方面都有所改善，例如坐落在榆木庄村的康乐明德学校，该校实施封闭式教学，由老师对其宿舍生活进行管理和帮助，学校建有标准化的食堂。“我们住的是楼房，比以前住的平房好太多了，环境好、卫生好，而且娃娃上学问题也不用担心了，以后上学离家就非常近，这边生活就是很方便，超市、商店什么的都有，就是方便了。”（WACE－6）肃南裕固族自治县属高原阴湿寒旱地区，再加上之前生活条件较差，这里的农牧民多患有类风湿关节炎。当居民的经济条件改善后，房屋建设标准高，屋内便捷的取暖设施，使关节疼痛得以缓解。另外，还设有乡镇卫生院，医疗功能和设备较齐全，能够保障居民病有所医。从居民口中我们也可以了解到“……生活条件变好了，比如说这个住房问题，老年人的补助啥的，对老年人真的好。你别看这个地方小，派出所、医院、法院、学校等挺齐全的……”（MADF－21）对案例地的居民进行了环境资本调查，其中有47.3%的居民认为所在社区的基础设施状况很好。近年来，两村积极开展乡村道路、村庄周边、房前屋后的绿化美化工作，着力改善人居环境以及基础设施的建设。在购物便利性方面，超过80%的居民认为地方购物十分便利。在孩子上学的便利性方面，有83.4%的居民认为孩子上学很便利。此外，随着交通设施的不断修缮以及乡村医疗水平的提高，当地居民在就医方面得到了极大的便利，将近90%的人认为就医的便利度很好。总的来看，两个案例地的环境资本水平较高。

（三）居民生计结果变化

居民在拥有的生计资本基础上通过实施相关生计策略，最终应达到缓解贫困、增加生计机会、改善福利与能力、保障食物供给、提升生计多样性、赋权等多重生计目标。国家公园建立以来，入口社区依靠其地

图 7.2 祁连山国家公园缓冲区

理位置以及提供旅游接待服务的功能定位吸引着许多当地人返乡创业或就业，这既保留了农村劳动力，又增强了入口社区各家庭成员的情感交流与社会联系。可见，在国家公园建设后，居民采取与旅游相关的生计策略能够帮助人们实现多重目标的生计结果。

国家公园建设后，当地居民不再以放牧作为唯一生计方式，而是选择在旅游旺季时从事旅游接待服务，降低其因单一谋生方式所导致收入的不稳定性。每年的5—10月为旅游旺季，尤其是7—8月，拉马收入将近一万元。居民描述道："我的收入还可以，放牧牵马也比较自由，也是为了挣个零花钱就干拉马，因为景区内的草场有一部分是我家的，这边旅游发展也有人给补贴。"（MACH－3）根据问卷数据结果，发现有68.8%的居民认为他们的年收入较为稳定，这与访谈情况相一致。

生态环境一直是国家公园建设要解决的最主要问题，通过本次访谈发现，国家公园建设以来当地的生态环境得到了改善，通过封育、休牧和退化草原的人工治理，有效增加了草原植被覆盖度，增强了涵养水源能力，水土流失得到遏制，草原产草量逐步提高。通过生态工程建设，祁连山国家公园对区域气候的调节功能逐渐显现，随着热量条件水分改善，植被生长期延长，生态系统碳汇功能加强。居民描述道："以前像我们这里开发旅游业比较早，以前缺少科学管理，游客没有秩序地进入我们的草原，那树林里、河边随处可见垃圾，生火做饭、乱扔垃圾，还有乱采摘植物，像采蘑菇、攀折小树苗的。尤其是环境问题，垃圾满天飞，整改之后，这种情况就不存在了，对环境带来了极大的改善”（MACX－1）；“这几年，去农牧民家里走访的时候也说着呢，生态保护得好，近四年我们这边的熊、狼比较多，这也就反映出了一个问题，生态好了，野生动物也就多了，这肯定是好的”（MQBF－15）。根据问卷统计的结果，发现有73.7%的居民感知到当地的生态环境逐渐变好。

为保障入口社区居民也能够享受到祁连山国家公园建设带来的生态保护的绿色红利，当地政府制定了科学工作方案，采取一户确定一名护林员、一户培训一名实用技能人员、一户扶持一项持续增收项目、一户享受到一整套惠民政策的“四个一”措施。居民描述道：“景区内开牧家乐每年收入在8万—10万元，旅游业是我们的副业，收入可观，景区内还有一些卖民俗，手工艺品的，有一排小屋，政府给投资建小木屋，与马蹄寺景区统一管理，给办理一个营业执照”（MADF－15）；“把马牵到景区里面，也是有经营执照的，都要持照经营，而且每匹马也买了保险，在景区里从事旅游服务，也是政府引导，增加居民的一些收入，通过旅游业来带动，在旅游上再增加一部分收入，提高生活水平”（MADF－17）；“在落实祁连山保护政策这一方面，会优先给禁牧、搬迁特殊的人员提供岗位”（MADF－20）。在问卷数据统计中，也发现有71.2%的入口社区居民认为他们从事旅游业的能力有所增加。

入口社区地理位置相对偏远，其自然条件恶劣，基础设施落后，当地居民接收到的外界新鲜事物的机会较少，对环保理念和环保的重要性认识程度不够，无法认识到环境恶化带给人类生存的诸多挑战，而且相对目光短浅，关注的重点仅限于眼前的利益上，国家公园建设后，当地政府积极为居民宣传普及生态保护知识，居民的生态保护意识逐渐提高，并且自觉地参与到生态保护之中。居民讲道：“……村上也会请人来给我们开教育会，我们的素质都提高了”（WACS－12）；“大家都很爱护环境，我挺满意现在的生态环境的，我觉得生态保护意识提高了，保护生态环境好嘛，就是应该保护。像乱扔垃圾这些现象都改变了”（MLCU－9）。结合问卷数据统计情况，发现超过70%的调研对象认为他们从事旅游业的能力以及环保意识和综合素质得到了提升。

近年来，祁连山国家公园严格禁止开发性、生产性建设活动，坚持草畜平衡的原则，减轻经济发展对资源消耗的压力，形成绿色发展模式。为保障草原生态安全，包括康乐镇及马蹄乡在内的祁连山国家公园入口社区，实施了退牧还草工程，落实草原生态保护补助奖励政策，对生态极为脆弱、退化严重、不宜放牧以及位于水源涵养区的草原实行禁牧措施，以促进草原植被恢复。综合上文分析，国家公园建设对入口社区居民生计资本及生计结果的影响可归纳为以下三个方面（见图7.3）。第一，国家公园建设对当地生态治理实施“最严格保护”后产生的变化：当地居民可供放牧的草场面积减少与民饲养的牲畜数量减少，两者共同造成入口社区居民的自然资本降低。第二，国家公园建设对入口社区居民的生态补偿政策促使居民的金融资本、物质资本、社会资本有所增加，同时《规划》提出的建设国家公园入口社区这一要求使得入口社区居民新增了心理资本和环境资本。第三，入口社区居民通过所拥有的生计资本并通过实施一定的生计策略，最终达到了收入稳定、生态意识增强、生态良好等多重目标。

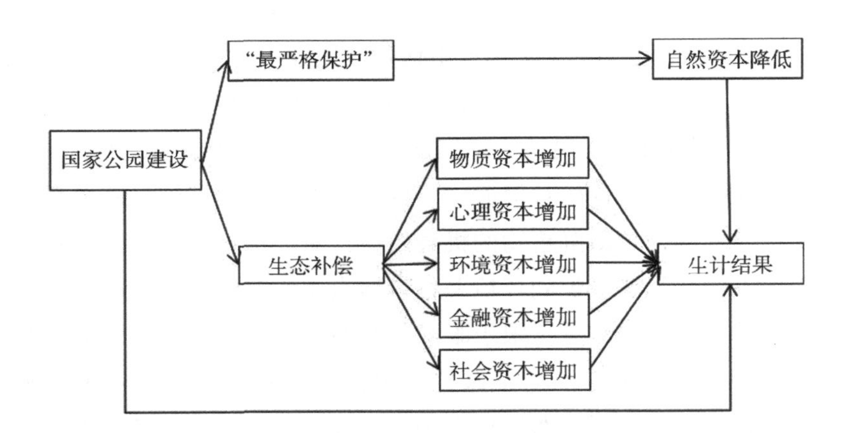

图7.3 国家公园建设对居民生计资本及生计结果影响路径

国家公园建设以来入口社区居民拥有的生计资本中，除自然资本和生计资本外，其他三类传统生计资本变化明显，具体表现为：金融资本中，祁连山国家公园建设以来居民通过获得补贴、从事旅游服务业、国家公园“管护员”工作等，收入较之前有所增加；社会资本中，入口社区居民间形成了更加相似的价值观，彼此间信任感提升，进一步促进了旅游业的稳定发展，并形成良性循环；物质资本中，用于旅游业的设施设备的品类较之前更加丰富完善。除此之外，国家公园的建设还使入口社区新增了不同于传统五大生计资本外的心理资本和环境资本。具体表现为：心理资本中，国家公园的建立使得入口社区居民的主观能动性和积极性增加，居民感受到了国家公园的建设后在生产生活上的便利，对未来社区发展旅游业充满了信心，并对未来幸福生活充满向往；环境资本中，国家公园的建设改善居民生活环境，完善基础设施，提升了对游客的吸引力。另外，在居民对生计结果的感知方面，国家公园建设以来，入口社区及其周边生态环境好转、居民的生态保护意识有所提升，当地居民通过发展旅游业，就业机会及就业能力等显著提高。

第三节　国家公园建设对入口社区居民生计资本影响效应分析

前一章节的研究得出了祁连山国家公园的建立对于案例地居民的生计资本产生了影响，生计资本的变化对生计结果产生影响以及国家公园建设通过对生计资本的影响进而对生计结果产生影响。本节深入对榆木庄村及大都麻村居民的问卷（表7.2）分析，进行三个方面的检验：（1）检验国家公园建设对生计结果的影响；（2）检验生计资本对入口社区居民生计结果的影响；（3）检验国家公园建设是否直接显著影响入口社区居民的生计资本，从而判断其是否间接影响生计结果。

一　数据分析

1. 信度分析

信度可以说明量表的稳定性或一致性，研究者大多采用该系数进行检验。本书运用 Cronbach's alpha 对有效问卷进行信度检验，克隆巴赫系数为0.913，表明问卷信度较好。

2. 效度分析

效度检验的是所测得的实际结果与预期结果之间的差距。选用标准测验或自行设计编制测量工具，首先要进行效度评价。本书主要通过因子分析对问卷效度进行检验。KMO 值取值区间为［0，1］，问卷效度越好，KMO 值越接近 1，同时也要求 Bartlett 球形检验的显著性 Sig 值小于 0.001。通过运用 SPSS 软件对 205 份问卷进行信效度检验，最终问卷 KMO 值为 0.908，巴特利特球形检验显著性值为 0.000，两项指标均达到要求标准，可以继续开展研究分析，详细结果见表 7.6：

表 7.6　　**KMO 和巴特利特检验**

KMO 取样适切性量数		0.908
巴特利特球形检验	近似卡方	2495.314
	自由度	435
	显著性	0.000

3. 权重确定

为了进一步分析生计资本中每种指标的重要性，还要继续测算不同维度各个指标的权重。由于主成分分析法拥有较高的客观性而被更多学者运用，因此本书采用主成分分析法来确定生计资本中不同维度指标的相对权重，对七种生计资本调研指标分别进行主成分分析，如表 7.7 所示。

表 7.7　　**生计资本指标权重统计**

指标	指标内容	权重
人力资本（H）	H_1 家里劳动人数	0.034
	H_2 家庭成员健康状况	0.042
金融资本（F）	F_1 每年平均得到的政府补贴（元）	0.043
	F_2 社保种类（低保、医疗等）	0.048
	F_3 每年平均得到的贷款难易程度	0.054

续表

指标	指标内容	权重
社会资本（S）	S_1 与邻居的融洽程度	0.040
	S_2 社区组织活动的次数	0.042
	S_3 与周边旅游经营商户融洽程度	0.050
自然资本（N）	N_1 家中饲养牛羊情况（只）	0.055
	N_2 家中现有草场面积（亩）	0.042
	N_3 草场的质量	0.032
物质资本（P）	P_1 家中住房改善情况	0.043
	P_2 家用电器及科技产品	0.042
	P_3 从事旅游业所需的设施设备	0.045
环境资本（E）	E_1 所在社区的基础设施状况	0.044
	E_2 购物便利性	0.054
	E_3 孩子上学的便利性	0.045
	E_4 就医的便利度	0.050
心理资本（M）	M_1 对未来生活改善的期待	0.044
	M_2 对未来生活充满自信	0.048
	M_3 对现在生活的满意程度	0.051
	M_4 对未来社区旅游业发展的信心	0.051

生计资本的调研指标权重测算结果如表 7.7 所示。以各变量的基础权重进行分析可以看出以下几点。第一，入口社区居民的家庭成员健康状况（H_2）在人力资本的指标中所占基础权重最大，为 0.042，结合调研情况，发现当地居民受到高寒气候加之长时期放牧的影响，多患有风湿病。因此提升居民健康水平对于提高人力资本具有重要作用。第二，每年平均得到的贷款难易程度（F_3）在金融资本的分量指标中的基础权重最大，为 0.054，这表明对于当地居民来说，居民贷款难易程度的变化是居民感知国家公园建立以来金融资本变化最明显的内容。第三，社区组织活动的次数（S_2）、与周边旅游经营商户融洽程度（S_3）在社会资本的分量指标中所占基础权重最大，分别为 0.042、0.050，这符合主要以人际关系为体现的社会资本的本质属性，与周围邻居相处融洽

和积极参与社区组织有利于居民进行关于旅游业发展的政策信息的交流，以促进其发展。第四，在自然资本中的草场质量也决定了大部分居民的收入水平。因此，家中饲养牛羊情况（只）（N_1）指标的基础权重在自然资本分量指标中最大，为0.055，由于当地的居民以单一的传统畜牧业为主，受国家公园建设的影响，该地区畜牧面积缩减，牛羊数量减少，直接影响当地居民的生活收入。第五，从事旅游业所需的设施设备（P_3）在物质资本的分量指标中所占的基础权重最大，为0.045，居民拥有的从事旅游的设施设备越完善，越有利于吸引游客。第六，购物便利性（E_2）在环境资本中的基础权重较高，为0.054，表明在当地居民的认知中，购物便利性是其对周边社会环境最主要的关注问题。第七，对未来社区旅游业发展的信心（M_4）以及对现在生活的满意程度（M_3）基础权重较高，均为0.051，这表明在当地居民的认知中，政府对旅游业支持力度越高越能够加大居民对于未来社区发展旅游业的乐观态度，进而更好地从事旅游业，促进入口社区旅游业的发展。

4. 相关性分析

在进行实证回归分析之前，运用Stata进行相关性分析，结果如表7.8所示，可以发现，国家公园建设与可持续生计之间的相关性系数为0.513；与人力资本、金融资本、社会资本、环境资本、心理资本、自然资本和物质资本的相关系数分别为0.138、0.381、0.433、0.632、0.489、-0.146、0.380，除了与自然资本呈显著负相关外，其余皆为正相关关系。七类生计资本与居民生计结果之间也呈正相关关系，相关系数分别为0.042、0.665、0.664、0.588、0.546、0.607、0.026，表明七种生计资本与可持续生计的相关度较高，可以进行回归分析，以便更精确地探究各变量之间的关系。

表7.8 **相关系数分析**

	Y	Z	H	E	M	F	P	S	N
Y	1								
Z	0.513**	1							
H	0.042	0.138*	1						

续表

	Y	Z	H	E	M	F	P	S	N
E	0.665**	0.632**	0.07	1					
M	0.664**	0.489**	0.157*	0.621**	1				
F	0.588**	0.381**	0.125	0.549**	0.471**	1			
P	0.546**	0.380**	0.156*	0.405**	0.443**	0.479**	1		
S	0.607**	0.433**	0.146*	0.478**	0.509**	0.443**	0.478**	1	
N	0.026	-0.146*	-0.002	-0.062	-0.116	-0.002	-0.151*	-0.023	1

注：**、* 在0.01、0.05级别（双尾），相关性显著。

二　入口社区居民生计资本对生计结果的影响效应检验

（一）模型设定

为检验七种生计资本对入口社区居民生计结果的影响，同时也为分析国家公园建设是否能够通过生计资本间接影响入口社区居民生计结果，本部分建立生计资本对居民生计结果影响的回归模型，模型如下：

$$Y = C + \alpha_1 H_i + \alpha_2 F_i + \alpha_3 S_i + \alpha_4 P_i + \alpha_5 N_i + \alpha_6 E_i + \alpha_7 M_i + \beta K + \omega$$

式中，Y表示生计结果；H_i（i=1，2），F_i（i=1，2，3），S_i（i=1，2，3），P_i（i=1，2，3），N_i（i=1，2，3），E_i（i=1，2，3，4），M_i（i=1，2，3，4）分别代表居民的人力资本、金融资本、社会资本、物质资本、自然资本、环境资本、心理资本；C表示常数项；K表示控制变量；α_i（i=1，2，…，7）、β为回归系数；ω为残差项。其中，控制变量为：是否从事旅游业（tour）、年龄（age）、性别（gender）以及受教育程度（edu）。

（二）结果分析

本书将采用最小二乘法（OLS）对各类生计资本对生计结果的影响进行回归分析，回归结果如表7.9所示。

表7.9　**生计资本对生计结果影响的回归分析结果**

Y	模型1	模型2	模型3	模型4	模型5
H	-0.126* -2.31	-0.130* -2.39	0.133** -2.44	-0.134* -2.43	-0.142** -2.60

续表

Y	模型 1	模型 2	模型 3	模型 4	模型 5
S	0. 179 *** 4. 01	0. 177 *** 3. 99	0. 178 *** 3. 99	0. 178 *** 3. 98	0. 171 *** 3. 89
N	0. 234 * 2. 50	0. 219 ** 2. 34	0. 223 * 2. 38	0. 223 * 2. 37	0. 214 * 2. 30
P	0. 257 ** 3. 48	0. 245 ** 3. 33	0. 249 ** 3. 38	0. 249 ** 3. 37	0. 239 ** 3. 27
E	0. 286 *** 4. 28	0. 264 *** 3. 92	0. 270 *** 3. 98	0. 270 *** 3. 96	0. 253 *** 3. 74
M	0. 249 *** 4. 91	0. 255 *** 5. 05	0. 251 *** 4. 93	0. 250 *** 4. 90	0. 280 *** 5. 40
F	0. 287 *** 2. 88	0. 283 ** 2. 86	0. 275 ** 2. 77	0. 275 * 2. 76	0. 266 ** 2. 70
tour		0. 129 1. 72	0. 126 1. 68	0. 126 1. 67	0. 151 * 2. 01
gender			0. 069 1. 01	0. 069 1. 01	0. 077 1. 13
age				0. 004 0. 06	0. 016 0. 23
edu					-0. 172 * -2. 48
C	-0. 964 *** -2. 32	-0. 886 * -2. 13	-0. 916 * -2. 2	-0. 918 * -2. 19	-0. 790 *** -1. 89
Adj - R^2	0. 652	0. 656	0. 656	0. 653	0. 663

注：*、**、*** 分别表示在 10%、5%、1% 的水平上显著。

由表 7. 9 可知，七类生计资本均在 1% 或 5% 的水平上显著，根据拟合优度的大小来看，本书选择模型 5 进行分析。在七类生计资本中，金融资本、环境资本和心理资本对居民生计结果的影响较显著，影响系数依次为 0. 266、0. 253、0. 280。这与祁连山国家公园建设有较大关系，一方面，入口社区通过发展旅游接待业，居民的收入不断地增加，再加上草场补贴等惠民政策的实施使得入口社区居民的金融资本和心理资本有所增加；另一方面，作为国家公园的入口社区，社区的基础设施是国家公园建设的一部分，随着国家公园的建设和发展，入口社区的基础设施也会不断改善。

关于控制变量，本书发现参与旅游业的居民的生计结果可持续性要高于未参与旅游业的居民。根据笔者调研的情况，一方面，随着国家公园的建设与发展，居民能够通过从事旅游业获得更多收入；另一方面，政府给予的贷款优惠政策以及对当地居民从事旅游服务业的技能培训都有助于当地从事旅游业的居民获得可持续发展。同时，还发现受教育水平较高的居民的生计可持续性要大于受教育水平低的居民。这是由于受教育水平高的居民接受新鲜事物以及获取信息的能力高于受教育水平较低的居民。

三　国家公园建设对生计资本的影响效应检验

（一）模型设定

上一节实证检验表明生计资本对居民生计结果具有影响，为检验国家公园建设是否能够通过增殖生计资本间接影响生计结果，本部分进一步考察国家公园建设对居民生计资本的影响，建立如下回归方程：

$$H_i = C + \alpha Z_i + \beta K + \omega \quad (7-1)$$

$$S_i = C + \alpha Z_i + \beta K + \omega \quad (7-2)$$

$$N_i = C + \alpha Z_i + \beta K + \omega \quad (7-3)$$

$$P_i = C + \alpha Z_i + \beta K + \omega \quad (7-4)$$

$$E_i = C + \alpha Z_i + \beta K + \omega \quad (7-5)$$

$$M_i = C + \alpha Z_i + \beta K + \omega \quad (7-6)$$

$$F_i = C + \alpha Z_i + \beta K + \omega \quad (7-7)$$

上式中，H_i（$i=1, 2$）表示人力资本，S_i（$i=1, 2, 3$）为社会资本，N_i（$i=1, 2, 3$）为自然资本，P_i（$i=1, 2, 3$）为物质资本，E_i（$i=1, 2, 3, 4$）为环境资本，M_i（$i=1, 2, 3, 4$）为心理资本，F_i（$i=1, 2, 3$）为金融资本，Z_i（$i=1, 2, 3, 4$）表示国家公园建

设变量；C 表示常数项；K 表示控制变量；α、β 为回归系数；ω 为残差项。控制变量同样为：是否从事旅游业（tour）、年龄（age）、性别（gender）以及受教育程度（edu）。

（二）回归结果分析

同样采用 OLS 分析国家公园建设对生计资本的影响，结果如表 7.10 所示。

表 7.10 国家公园建设对生计资本的回归分析

	H	S	N	P	E	M	F
Z	0.115 (1.87)	0.544*** (6.34)	-0.105** (-2.93)	0.271*** (5.15)	0.577*** (10.62)	0.638*** (8.26)	0.206*** (5.11)
tour	-0.006 (0.01)	-0.118 (-0.79)	0.147* (2.37)	0.002 (0.02)	-0.100 (-1.06)	-0.329* (-2.45)	0.003 (-0.04)
gender	0.077 (1.15)	0.057 (0.46)	-0.023 (-0.44)	0.012 (0.16)	0.002 (0.03)	0.153 (1.37)	0.074 (1.27)
age	0.146* (2.04)	0.025 (0.21)	-0.003 (-0.06)	0.058 (0.79)	-0.019 (-0.25)	0.109 (1.00)	0.019 (0.33)
edu	0.081 (-0.67)	-0.053 (-0.43)	-0.041 (-0.80)	-0.038 (-0.50)	-0.029 (-0.37)	0.262* (2.36)	-0.034 (-0.04)
C	2.726*** (11.52)	1.759*** (5.32)	3.187*** (23.16)	2.237*** (11.05)	1.942*** (9.28)	1.395*** (4.69)	2.281*** (14.70)
Adj-R^2	0.022	0.172	0.027	0.127	0.389	0.272	0.131

注：*、**、*** 分别表示在 10%、5%、1% 的水平上显著。

由表 7.10 可知，国家公园建设对其七类生计资本的影响除了人力资本外，其余资本在给定水平下通过了显著性 t 检验，这表明在半结构访谈分析中关于国家公园建设对生计资本产生影响是合理的。由回归结果可知，国家公园建设能够显著地影响这六类生计资本（除人力资本），从回归系数看，国家公园建设对六类生计资本影响由大到小的顺序为心理资本、环境资本、社会资本、物质资本、金融资本、自然资本，回归系数分别为 0.638、0.577、0.544、0.271、0.206、0.105。

国家公园建设兼顾生态保护和当地居民的民生福祉，在实施的过程中有一系列的惠民政策和措施，无论是生态环境的改善还是惠民政策的实施，都使当地居民对未来生活充满信心，增加了居民克服困难的信心以及发展旅游业的信心，入口社区居民心理资本显著提升。

四　国家公园建设对生计结果的影响效应检验

（一）国家公园建设对生计结果的直接效应检验

1. 方程设定

为检验国家公园建设是否对可持续生计存在直接影响效应，本部分单独分析国家公园建设与生计结果之间的关系，据此建立计量回归方程如下：

$$Y = C + \alpha Z_i + \beta k + \omega$$

式中，Y 表示居民的生计结果感知变量；Z_i（$i = 1, 2, 3, 4$）表示国家公园建设变量；C 表示常数项；K 表示控制变量；α、β 表示待检验的回归系数；ω 表示残差项。控制变量依然选择是否从事旅游业（tour）、年龄（age）、性别（gender）以及受教育程度（edu）。

2. 结果分析

同样采用 OLS 分析国家公园建设对生计结果的影响，回归分析结果如表 7.11 所示。

表 7.11　**国家公园建设对生计结果影响回归分析**

Y	模型 1	模型 2	模型 3	模型 4	模型 5
Z	0.515*** (8.51)	0.509*** (7.35)	0.506*** (7.32)	0.507*** (7.30)	0.507*** (7.31)
tour		0.026 (0.22)	0.024 (0.20)	0.023 (0.19)	0.036 (0.30)
gender			0.123 (1.24)	0.125 (1.25)	0.133 (1.33)
age				0.029 (0.30)	0.040 (0.40)

续表

Y	模型1	模型2	模型3	模型4	模型5
edu					-1.333 (-1.34)
C	1.853*** (7.59)	1.863*** (7.49)	1.796*** (7.07)	1.772*** (6.64)	1.801*** (6.74)
Adj - R^2	0.259	0.256	0.258	0.254	0.257

注：*、**、*** 分别表示在10%、5%、1%的水平上显著。

由表7.11可知，国家公园建设对可持续生计水平的影响在给定的水平下都通过了显著性t检验，本书选取修正后拟合优度较大的模型1进行分析。发现国家公园建设对于入口社区居民生计结果感知影响系数为正，表明国家公园的建设对于案例地居民的生计结果感知是有显著正向影响的，能够促进祁连山国家公园周边乡村旅游社区居民生活水平的提升。这一结果也与本书半结构式访谈得出的结果相一致。

（二）国家公园建设对入口社区居民生计结果的影响效应分析

前文的回归结果表明生计资本对入口社区居民生计结果、国家公园建设对生计资本（除人力资本）、国家公园建设对入口社区居民生计结果的影响都是显著的。国家公园建设通过影响金融资本、社会资本、自然资本、物质资本、环境资本、心理资本对入口社区居民的生计结果的间接影响分别为0.055、0.093、0.022、0.065、0.146、0.179，总间接影响效应为0.560，大于国家公园建设对生计结果的直接效应影响（见表7.12），由此可得出国家公园建设间接效应更明显（因表7.10显示国家公园建设对人力资本的影响不显著，故表7.12中未对人力资本进行计算）。

表7.12 国家公园建设对入口社区居民生计结果的影响效应

变量	国家公园建设	金融资本	社会资本	自然资本	物质资本	环境资本	心理资本
系数	0.515	0.055	0.093	0.022	0.065	0.146	0.179

因此不但要关注国家公园建设对入口社区居民生计结果感知的直接影响，更要充分把握六类生计资本的间接作用。在六类生计资本中，国家公园建设通过增加心理资本产生的间接影响效应最大，为0.179。心理资本对于当地居民尤其是以提供旅游服务接待业为主的入口社区居民的生产生活发展产生着重要作用。国家公园建设以来，各级政府建立了有效的生态补偿制度，统筹考虑地方生态环境及当地居民的切身利益，以促进实现祁连山生态与生计双赢。这些措施有助于增强入口社区居民的主观能动性和积极性、面对困难的坚韧性和乐观性、对未来幸福生活的向往等主观心理因素，更好地提高了居民生计的可持续性。此外，不可忽视的是国家公园建设对于自然资本带来的影响，由表7.12可知，自然资本产生的影响相对较小，为0.022。这与祁连山国家公园建设使当地以传统畜牧业为主的社区居民的草场面积和放牧数量减少，导致相对收入减少有关。

五　小结

本章以祁连山国家公园周边乡村旅游社区居民为研究对象，通过主成分分析法对调研数据进行加权合成，得到了居民的生计资本的权重，并在此基础上分别实证检验了国家公园建设对入口社区居民生计结果的影响、生计资本对入口社区居民生计结果的影响以及国家公园建设对生计资本的影响，通过分析得出以下结论。

一是生计资本可直接影响入口社区居民的生计结果。在生计资本中，环境资本和心理资本对生计结果的影响较大。这主要是由于在国家公园建设过程中，入口社区的基础设施不断完善，入口社区居民生活质量和水平逐步提高。另外，随着当地惠民政策的实施，旅游业快速、持续发展，当地居民收入不断增加，人们对未来的生活充满憧憬，更加积极主动地参与到生产生活之中，其心理资本得到提升。此外，也应看到，祁连山国家公园入口社区居民人力资本水平较低，从居民及其家人受教育水平的统计可知，初中及以下学历的比例近80%，可见，当地居民的文化层次较低。居民拥有不高的文化水平将成为他们改变生产、生活方式的一大阻力，这也决定了增加当地人力资本积累特别是提高入口社区居民受教育水平的必要性。

二是国家公园建设不仅可以直接提升入口社区居民的生计结果，还可以直接增加生计资本，进而间接促进居民生计状况的改善。结果表明国家公园建设和生计资本（除人力资本）对入口社区居民生计结果的影响呈显著正相关，同时国家公园建设对六类生计资本（除自然资本）的影响都为正。由于国家公园建设具有保护环境和改善民生的双重目标，国家公园的建设必然直接促进入口社区居民的生计资本及生计结果，同时现阶段的国家公园建设多数采用“最严格”的保护政策，这使得以发展旅游业为主的入口社区居民的自然资本在短时间内受到影响，但同时也应注意到国家公园的建设使得社区居民生活的自然环境、生态环境变好，使得当地的旅游资源更加具有吸引力和竞争力，以此增长了当地居民的生计可持续能力。

第四节　入口社区居民可持续生计提升对策

国家公园建设以及入口社区生计资本的变化均对居民的生计结果产生了显著影响，具体表现为入口社区及其周边生态环境、居民的生态保护意识、就业机会及就业能力等方面均显著提高。但也应注意到，由于受到生态环保政策的严格约束，在短时间内，入口社区居民的自然资本尚未恢复至之前较好的生态环境水平，且其人力资本中居民受教育的程度并未因国家公园的建设而产生明显的改变。因此，为了更好地实现入口社区生态保护、居民生计资本提升的双重目标，本书将从多种生计资本的视角提出入口社区居民可持续生计提升对策。

一　进行人力资源开发，增加人力资本

随着祁连山国家公园建设中“禁牧”政策的严格实施，案例地的青壮年劳动力外出打工，老人和妇女儿童成为留守人员，他们的就业能力及文化素质无法满足当地旅游发展的要求。另外，社区居民文化水平普遍较低，大部分居民仅为小学文化水平，普通话不标准，不善表达，更有甚者，部分居民只会讲当地方言，与游客存在交流障碍。针对乡村

旅游发展中人力资本不足的问题，可从提升居民文化水平以及提高居民旅游业就业及服务能力两方面进行，具体如下，（1）提升居民文化水平。首先，要在社区宣传教育的重要性，促使居民重视教育，树立“活到老学到老”的思想，形成教育上“比学赶超”的社会氛围。此外，在社区内倡导居民积极学习普通话，定期开展与提升相关的活动，提高居民的普通话水平，使社区居民能够与游客进行流畅的沟通交流。其次，提高居民获取市场资讯的能力。及时指导、培训居民掌握高新设备，使得居民能够及时与游客进行交流沟通，了解到游客的真实需求，找准发展方向，实现供求的有效衔接。（2）提高居民旅游业就业及服务能力。政府部门应建立相关人才培育机制，不定期对当地经营者开展培训，使其能够获得相关服务技能，提升其旅游经营管理能力。另外，鼓励当地居民或企业参与特许经营项目，引导社区居民以投资入股、合作、劳务等形式从事家庭旅馆、牧家乐等经营活动。

二　保护生态环境资源，提高自然资本

本书的访谈分析以及实证研究都表明了国家公园建设对自然资本产生负向影响。自然资本对于经济发展的重要性不言而喻，但自然资源的供给并非是无限的，其稀缺性直接制约地方经济发展，所以保护生态环境资源，实现自然资本增加保值显得尤为重要。祁连山国家公园的建设，改变了现有多头管理体制机制的现状，妥善解决了历史遗留问题，通过采取完善草场管理制度和监管制度等，不断促进自然资源的可持续发展，从而实现当地居民自然资本持续提升。（1）完善草场管理制度和监管制度。首先，建立健全草场管理制度以及草场信息公开制度，通过现代信息技术的应用，建立草场信息数据库，对其草场健康情况进行实时的动态监管。其次，落实草场破坏追究机制，增加违法行为成本，迫使其遵守相关规则。最后，加强宣传，引导居民树立“人人保护草场”的责任意识，建立共同责任机制逐渐形成道德评价约束氛围，以此最大限度地对草场资源进行保护。（2）促进自然资源的可持续利用。在发展旅游业的过程中，当地居民可以利用农家乐或者纪念品对自产的蔬菜、牛羊肉等产品进行出售来实现增值。此外，还可以依托当地生态

资源、文化资源等打造生态服务体验、裕固族文化体验等，构建生态友好产业体系，实现案例地自然资源的可持续利用和发展。

三 开展宣传指导工作，培育心理资本

祁连山国家公园周边开展乡村旅游的居民处在由经济建设为核心向生态文明建设为核心的转变之中。要使居民脱离原有的生计方式以适应新的社会环境需要较长时间。因此采用培养良好的社会关系和居民的社区参与的方式能够缓解当地居民缺乏归属感，不能自然地参与到社会活动之中等问题。(1) 培养居民对未来发展的信心。对于居民来说，面对新环境，克服困难的信心是其行动的重要力量。为此，地方政府相关部门应注重对困难居民的交流沟通，提供帮助，引导居民积极向上，走出困境。此外，要注重加大对当地通过发展旅游业不断提升生活水平的事例进行宣传，激发居民自力更生的积极性，以实现持续良好的生计结果。(2) 注重居民的社区参与。通过建立乡村旅游合作组织，引导居民参与乡村旅游发展。同时，还应加强对公众宣传教育，通过微信、微博等新媒体平台拓宽宣传推广渠道。

四 改善居民生活质量，提升环境资本

实证分析可知，在国家公园建设背景下，环境资本对生计结果的影响系数为0.146，相比较其他资本而言影响较大。所以想要进一步提升居民的生计结果离不开环境资本的增加。近年来，当地政府为探索构建社区发展新模式，落实乡村振兴战略，推进美丽乡村建设，对祁连山国家公园内及周边地区民生基础设施改善项目予以一定的支持并统一进行社区综合治理。因此，为进一步改善社区居民环境资本，促进环境资本的积累，提升居民生活质量，本书将从健全居民的生活保障体制以及提高社区基础建设及环卫水平等方面进行分析。(1) 健全居民的生活保障体制。地方政府应该加大对该地区配套服务和设施的改造，推动该地区医疗卫生、教育、生活设施等方面的完善。在医疗卫生方面，需要进一步加快乡村卫生院的建设，增加床位，引进专业医疗人员，满足居民就医需要。在教育方面，不仅要从“硬件”上下手，强化教育设施建

设，提供良好的学习环境，还要注重提升“软件”，引进师资，增强师资队伍建设。在生活设施方面，一方面要建设购物场所，满足居民日常消费需要；另一方面还要加大对乡村文化娱乐场所的建设，丰富居民精神生活。（2）提高社区基础建设及环卫水平。一是要不断改善乡村旅游地基础设施及其卫生情况。二是规范卫生标准并严格执行，对道路、公共场所内的垃圾清运做到“户保洁、村集中、镇转运、市处理”，保证保洁等工作做到标准明确、执行有力。三是按照“三集中”原则推进农村基础设施建设。此外，还要稳定社区医疗卫生人员队伍，加大对农村医疗卫生的财政投入，确保卫生院的公益性质。

第八章　祁连山国家公园生态旅游核心利益相关者利益博弈研究

习近平总书记指出：“生态是资源和财富，是我们的宝藏。”丰富的自然资源和良好的生态环境是人类生存的基础，也是经济发展与可持续利用的必要条件。国家公园作为我国重要的生态屏障，是我国推进生态文明、建设美丽中国的重要保障，其经济、社会和生态环境的协调发展一直以来受到众多学者的高度重视。近年来，由于国家公园内自然资源较为丰富，众多资本进入公园深处进行大量破坏行为，致使区域内土地、植被和景观遭受大范围的破坏，环境恶化趋势严重，已经威胁到国家公园的可持续发展。如何在国家公园保护生态环境的同时促进生态旅游发展，成为当下国家公园发展过程中亟须解决的重要科学问题。生态旅游作为国家公园可持续发展的有力举措，其通过较小范围的适度开发实现大范围的有效保护，现已成为大众广为接受且较为主流的旅游方式。2021 年，我国林草系统统计生态旅游游客量为 20.83 亿人次，同比增长超过 11.5%，超过国内旅游人数的一半。

国家公园生态保护与生态旅游发展是一项涉及诸多利益主体的系统工程。在国家公园内，生态旅游利益主体的权利、地位和利益诉求指向的差异使得各类冲突不断涌现。即在该区域生态旅游发展中，相关利益主体以短期经济利益为目标的过度开发、不合规操作、管理越位等问题引发一系列经济冲突，产生了“公地悲剧”，严重扰乱了国家公园的市场秩序。政府、旅游经营者、当地居民、旅游者等利益相关者之间的利益冲突逐渐凸显，若不及时采取针对性的措施平衡各方利益，将会使得各方主体不再关心甚至反对开发或发展生态旅游。国家公园生态旅游发展与生态环境保护矛盾尖锐，全面、协调、可持续发展已成为该区域一大难题。基于此，如何较好地平衡国家公园生态旅游利益相关者之间的利益关系，厘清其利益相关者的利益冲突是当前国家公园生态旅游发展过程中亟须解决的重要问题。

第一节 旅游利益相关者相关研究进展

一 国外旅游利益相关者研究进展

利益相关者的早期思想可追溯至20世纪30年代。到了20世纪60年代，Freeman系统地探讨了利益相关者概念，他将此概念定义为“能够影响企业或受企业决策和行为影响的个人、组织或团体”，比如股东、职工、顾客、环保者等。Freeman对利益相关者的定义对后来学者的研究具有极其重要的指导意义。20世纪90年代中期，国外学者逐渐将管理学中的利益相关者理论用于旅游学领域中，旅游业的快速发展给环境、人地关系等带来了诸多挑战，亟须新的思想来指导旅游发展，而将利益相关者理论应用于旅游领域中诸如民主决策、利益公平分享、旅游平等参与等问题的研究，有利于解决相关利益纠纷、矛盾。所以从利益相关者的角度来处理旅游发展中的问题得到了学者们的广泛认同。对国外文献进行分析可知，学者们多聚焦于利益相关者的界定、旅游发展规划和可持续发展这三方面的研究。

旅游业作为一个综合性较强的产业，相对比其他行业所涉及的利益相关者都要多，这使得对旅游利益相关者的界定变得更加错综复杂。经研究发现，对于不同类型的旅游目的地，旅游利益相关者的界定也存在差异。如Yang和Wall（2009）研究发现良好的旅游环境需要处理好旅游企业、政府、少数民族和旅游者四方核心利益主体的利益关系。Matilainen等（2018）认为该环境下主要包括外部专家、当地政策制定者、旅游发展机构、当地发展代理机构、当地社区成员5类利益主体。Mitchell（1997）基于权力性、合法性、紧迫性三个维度，将利益相关者划分为确定型、预期型和潜在型利益相关者。米切尔评分法的有效性推动了利益相关者理论的运用，并成为利益相关者界定和分类的常用方法。

Jamal 和 Getz（1995）运用利益相关者理论分析了旅游活动、旅游规划和当地社区在旅游发展中组织之间的相互协作关系，并针对利益相关者提出了在旅游目的地规划和管理的 6 项协作建议。Pedro Longart 等（2017）研究了在社区需求规划活动中的利益相关者，发现难以协调和沟通的问题源于各利益相关者对其角色和责任、权利及合法性缺乏清晰的认知。研究方法多种多样，如访谈分析法（Yuksel et al.，1999）、调查问卷法（Christina et al.，2005）、权力－利益矩阵图谱（Ritchie，2011）、圆桌会议（Geoffrey I. Crouch，1999）等。

学者们普遍认为旅游景区想要获得长足的发展，必须关注“人”的因素，将利益相关者充分吸纳为管理团队的一员，让他们参与到旅游景区的管理中，从而服务于旅游发展（Maureen G. Reed，1997；Fisun Yuksel et al.，1999）。Marion Mark wick（2000）通过利用“利益相关者权力－利益矩阵”来对利益相关者之间的关系进行识别和解释，并寻求解决利益相关者之间的矛盾和冲突的方式、途径。Khodadadi、Nematpour 等（2021）通过对 15 名遗产旅游利益相关者的访谈数据进行分析，为伊朗及其他地方的可持续遗产旅游发展提供了建设性的策略。

二 国内旅游利益相关者研究进展

20 世纪 80 年代，旅游领域开始出现利益相关者理论，早期研究聚焦于利益相关者的界定、角色分析以及交互关系等。利益相关者研究作为旅游目的地可持续发展的核心，有效识别利益相关者及其分析是各方利益主体进行有效合作的基础。通过分析并分类回顾文献资料，国内旅游利益相关者研究主要关注旅游利益相关者界定、角色分析、研究方法和视角以及利益协调机制研究领域。

不同旅游形态下，旅游利益相关者的界定存在一定的异质性，不同旅游形态除了有共性的利益相关者之外，还存在诸多特殊的利益相关者。吴忠军、韦俊峰（2014）认为民族旅游所涉及的利益主体不仅包括旅游者、旅游目的地原住民、当地政府和旅游企业，还包括投资者、竞争者、媒体等。在乡村旅游中，李墨文和赵刚（2020）认为该领域的旅游利益相关者普遍包括旅游者、当地政府机构、当地居民和旅游企业。在生态旅游中，以政府机构、社区居民、压力集团和旅游企业的利益相关者分类使用最多。从上述分析可知，旅游利益相关者的界定通常都是结合不同旅游地类型的特点，从狭义或广义的角度进行界定，并根据各利益相关者与旅游形态的关系，划分了核心与非核心、内部与外部等多重分类标准，以便更好地识别和了解不同利益相关者的角色及其作用。

探析旅游利益相关者的角色有助于更好地了解各利益相关者的关系，分析其利益诉求，并进一步明确各利益相关者的冲突、矛盾，进而建立契合的协调机制。在具体实践中，旅游利益相关者扮演着多元化的角色：社区是参与者、受益者；旅游企业是开发者、执行者；政府是调控者、管理者；保护地是监督者、保护者；旅游者是实践者、体验者、消费者；相关科研机构是指导者；非政府组织是协助者；媒体是宣传监督者。利益相关者群体在不同旅游发展阶段承担的角色会发生改变，更加需要进行动态的、纵向的历时研究，建立旅游利益相关者利益协调机制。赵静（2019）研究并建立了乡村旅游利益相关者关系图谱，并从管理、供给、需求三个维度整合了社区居民、政府管理机构、旅游经营者和旅游者四方核心利益相关者，政府管理机构为行政管理方，旅游经营者和社区居民为服务供给方，旅游者为旅游消费方。

研究方法方面，案例研究和结构化访谈是目前使用较为普遍的研究方法。包乌兰托亚、高乐华（2021）基于一体化乡村旅游框架理论，运用案例分析方法探究乡村旅游协同发展的内在基础与阶段特征，剖析乡村旅游协同发展的驱动机制与实现路径。时少华、李享（2020）运用指数随机图模型方法，对北京市爨底下村中各利益主体的信任与利益网络效应进行研究。在结构化访谈中，张晓等（2018）通过深度访谈分析了四川省马边彝族自治县的旅游情况，对当地旅游扶贫现存的问题进行了深度剖析，并基于利益相关者视角，构建了涉及本地企业、当地居民、公益组织、政府机构、旅游者以及科研机构等七类主体为核心的多主体参与旅游扶贫理论框架，清晰地展示了各利益主体在旅游扶贫实践过程中所应扮演的角色及其产生的作用。研究视角方面，社会冲突、社会资本、社会网络、演化博弈均是近年较为新颖的利益相关者研究视角，特别是社会资本和演化博弈是利益相关者研究的未来发展方向。在社会网络视角下，时少华、李享（2020）以云南元阳哈尼梯田典型旅游村寨为例，对两村寨利益相关者从网络凝聚性、网络互惠性、网络核心边缘等5个方面展开关系数据分析。在博弈论中，任青丞（2019）基于博弈论分析了满洲里市边境旅游发展中各利益主体之间的博弈并提出针对性的建议。

三 研究述评

近年来，国内外学者对旅游利益相关者的研究视角较为广泛，内容融合管理学、经济学、社会学等多个学科的研究成果。相较于国内，国外学者无论是对基础理论的探讨，还是对具体案例的分析，均较为深入。在不同旅游类型中，国外学者都将利益相关者置于一个共同的系统中，并强调各利益主体之间的协调、配合以及每个利益相关者的充分参与，实现系统的良性运行和发展。尽管国外学者的相关研究较为深入，研究方法也更加多元化，但仍存在一些问题，如在具体实践中，利益相关者的相关研究是否真正有效等。而国内学者主要进行利益相关者的界定研究，探析各利益主体之间的两两交互关系，探讨不同旅游类型下各利益相关者的最优发展模式，如民族旅游、遗产旅游、社区旅游、宗教旅游等。其中，对利益相关者之间的利益分配和利益协调也是学者们研究的一个重点。学者们多以利益诉求、利益冲突等产生的原因为基础，提出相应的解决方案。为更好地实现旅游目的地的可持续发展，学者们较多采用深度访谈、调查问卷、案例研究、博弈分析、结构方程模型等研究方法，集中在管理与规划等理论方面的探讨。总之，国内学者将利益相关者理论应用于旅游领域的研究已经比较成熟，这为本书的研究奠定了良好的理论基础。目前，祁连山国家公园生态旅游利益相关者的利益关系较为复杂，对其利益相关者利益博弈的研究，有利于厘清祁连山国家公园利益矛盾、促进其可持续发展。

第二节　案例地概况与调研数据分析

国家公园作为开展生态旅游的重要载体，探索其生态旅游发展路径具有重要的意义。国家公园生态旅游发展依托于丰富的自然资源和独特的生态环境，通过生态旅游产业将利益相关者纳入国家公园规划和决策过程中，既满足了公众需求，体现全民公益性，也能为国家公园自身发展提供资金支持，保证国家公园健康发展。

祁连山国家公园试点区发育并保持着大面积的原始生态系统，该区域拥有着得天独厚的生态旅游资源，极具生态旅游发展潜力。与此同时，作为水源涵养林重要保护区，祁连山国家公园具有极其脆弱和敏感的生态系统。而发展生态旅游能有效遏制传统农林牧业对资源环境的消耗式开发，提供可持续发展的动力。加之生态旅游作为扶贫效果好、强调社区受益的产业之一，能够有力促进社区发展。近些年，祁连山国家公园试点区开展了科考探险、生态观光、民族文化体验等生态旅游性质的活动。研究发现，自 1999 年以来，该区域旅游接待人数和旅游发展收入屡创新高，生态旅游发展势头良好，但总体上经济发展水平仍然较低。究其原因，祁连山国家公园在多项生态环保措施的作用下，生态保护与旅游发展方面相互制约，利益主体交互关系复杂，需要处理的利益分割较多。因此，在祁连山国家公园发展生态旅游，需要识别利益相关者在哪些方面会对国家公园的可持续发展产生影响。生态旅游活动对利益相关者“三生”空间（即生产空间、生活空间和生态空间）的影响主要表现在哪些方面。如何协调利益相关者之间的利益关系，破解国家公园发展困境。这些问题都值得思考和研究。

一　案例地概况

（一）马蹄藏族乡区位条件

肃南裕固族自治县位于甘肃张掖市南部，东西长 650 千米，南北宽 120 千米—200 千米，总面积 2.38 万平方千米。全县辖明花乡、大河乡、祁丰藏族乡、白银蒙古族乡、马蹄藏族乡 5 乡；皇城镇、红湾寺镇、康乐镇 3 镇；102 个行政村和 3 个国有林牧场，是全国唯一的裕固族自治县。①

本书选取的马蹄藏族乡地处祁连山北麓中段腹地，平均海拔 3000 米左右，地势东南高，西北低，属高寒湿润草原气候，年平均气温 1℃—3℃，无霜期 90—120 天，日照时数 2700 小时左右，年平均降水量 360—490 毫米。其主要灾害性天气有干旱、低温、寒潮、大雪、冰雹、连阴雨和霜冻。同时，该区域属于青藏高原北部地震区，祁连山河西走廊地震带中段，地震基本烈度为 8 度，生态系统十分敏感和脆弱。

（二）马蹄藏族乡社会经济状况

截至 2021 年，马蹄藏族乡境内包括 23 个行政村，包括蒙古、藏、土、裕固、回、汉六种民族，共有一千八百余户，共计 5024 人，其中藏族人口数量最多，占马蹄藏族乡总人口的 55%。② 近年来，马蹄藏族乡全乡经济不断攀升，“十二五”末全乡经济总收入达 0.794 亿元，到“十三五”末，全乡经济总收入达到 1.3 亿元，其增长量是“十二五”期间总收入的 64%。③ 全乡经济总量持续增加，综合实力不断增强。该乡基础设施建设不断完善，人民生活水平显著提高，民生保障成效显著，住房、就业、医保、养老、低保、救助等各项民生工作稳步发展。全乡上下呈现出经济快速发展、社会和谐稳定、人民安居乐业的良好局面。④

（三）马蹄藏族乡生态旅游发展状况

马蹄藏族乡生态旅游发展主要依靠马蹄寺景区的旅游资源。马蹄寺景区以金塔寺、马蹄寺为代表的马蹄寺石窟群不仅是全国重点文物保护单位，也是丝绸之路的重要组成部分。马蹄藏族乡境内旅游资源十分丰富，既有历史文化遗迹，如马蹄寺、金塔寺等，又有民族民俗文化，如

① 《肃南裕固自治县人民政府—肃南概况》，http：//www.gssn.gov.cn/sngk/sngk/202107/t20210709_672804.html，2021 年 7 月 9 日。

② 《肃南裕固自治县人民政府—马蹄藏族乡情况》，http：//www.gssn.gov.cn/sngk/xzjs/202107/t20210709_672807.html，2021 年 7 月 9 日。

③ 2021 年 8 月 30 日在肃南裕固族自治县马蹄藏族乡第五届人民代表大会第一次会议上的工作报告（内部资料）。

④ 《肃南裕固自治县人民政府—马蹄藏族乡》，http：//www.gssn.gov.cn/ztzl/dqzl/202111/t20211122_747613.html，2021 年 11 月 22 日。

裕固族、藏族等民族风情；既有石窟壁画艺术，又有藏传佛教文化，以及雪山、幽谷、深涧、冰川、森林、瀑布、河流、草原等，当地生态旅游发展形势持续向好。[①] 马蹄寺景区处在祁连山国家公园一般控制区内，其自然景观多样性、优美性，生物多样性，生态重要性在整个西部地区均位于前列。此外，以甘肃特有裕固族风情为代表的少数民族文化是中国第一批国家非物质文化遗产，该地区珍贵的人文与自然景观构成了该风景区丰富、独特的景观资源。马蹄寺景区所特有的高品位、复合型资源是其生态旅游发展的最大优势。

图 8.1　肃南县马蹄乡自然风光

近年来，马蹄寺风景名胜区生态旅游得到较大的发展，旅游收入大体呈上升趋势（2020 年受新冠病毒影响，旅游收入出现大幅下降），如表 8.1 所示。

表 8.1　　**马蹄寺风景名胜区 2016—2021 年旅游接待情况**

年份	游客量（万/人次）	门票收入（万元）
2016 年	17.1	926
2017 年	20.1	1107

① “马蹄藏族乡”，360 百科，https：//baike.so.com/doc/1990707 -2106666.html，2021 年3 月5 日。

续表

年份	游客量（万/人次）	门票收入（万元）
2018 年	21.6	1022
2019 年	19.2	983.2
2020 年	16.2	694.8
2021 年（截至 11 月）	16.5	890

资料来源：《马蹄寺风景名胜区管理委员会 2016—2021 年工作总结》。

二 数据来源

本书选取马蹄藏族乡的马蹄村和药草村两个行政村作为主要的调研地。马蹄村现有回、裕固、汉、藏、土 5 个民族，总计 100 户 274 人，少数民族人口占比达 71.5%，是一个以藏族为主的多民族聚居村。马蹄村草地面积为 10.8 万亩，耕地面积达 1158 亩，没有集体土地、草原。全村集体产业以生态畜牧业为主，旅游产业（拉马服务）、劳务经济为辅，饲养各类牲畜 1.6 万头。药草村村域面积为 21 平方千米，草原面积和耕地面积分别为 3800 亩、1800 亩。村民 73 户 191 人，2020 年末，药草村村民年人均纯收入达 19830 元。

为全面了解马蹄藏族乡生态旅游发展和生态问题现状，本书通过多种渠道了解马蹄藏族乡的发展现状，如表 8.2 所示。

表 8.2 研究资料来源

资料形式	资料概况	
深度访谈	预访谈	马蹄藏族乡政府人员 2 人、马蹄寺风景名胜区游客 2 人、马蹄村村民 1 人、药草村卖菜摊主 2 人。对政府人员的访谈内容主要是近年来该地的生态保护措施，居民生计保障措施以及旅游发展现状。对游客的访谈内容主要集中于对该地旅游资源、旅游发展的感知以及旅游体验。对村民（兼旅游经营者）的访谈内容是现存社区问题以及参与旅游发展的各方面感受
	正式访谈	马蹄藏族乡村民 22 人，马蹄藏族乡政府管理人员 5 人，马蹄寺风景名胜区管理人员 8 人，马蹄寺风景名胜区游客 20 人。有效访谈人数 55 人

续表

资料形式	资料概况	
现场观察与非正式访谈	案例地村落	于2021年7月、2021年9月、2021年12月三次前往马蹄藏族乡各村进行田野观察和非正式访谈。田野观察内容包括村落景观风貌、村民生活形态、旅游商业形态等，非正式访谈即与村民就村落旅游发展进行自由交流，调查收集形成相关录音及文字资料
肃南裕固族自治县马蹄藏族乡旅游发展官方资料	（1）《马蹄寺风景区总体规划》 （2）《关于印发肃南县落实新一轮草原生态保护补助奖励政策实施方案（2016—2020年）的通知》 （3）《肃南县马蹄寺文化旅游有限责任公司2016—2021年工作总结》 （4）《肃南县国民经济和社会发展统计公报》 （5）《肃南县实施乡村振兴战略政策文件汇编（2021年9月）》	
网络报道	肃南："三到位"推动农牧村三变改革深入推进等相关报道（澎湃新闻）、肃南生态治理相关报道（《人民日报》、新甘肃、《张掖日报》、中新网、甘肃生态环境网）	

三　生态旅游核心利益相关者的界定

基于不同旅游地的真实政治环境、资源条件、社会结构等背景，各种类型的旅游利益相关者也不尽相同，如张玉钧等（2017）对仙居国家公园公盂园区的生态旅游研究，发现其主要利益相关者包括原住民、驴友、民宿经营者、法国开发署等；荣芷颖和胡芬（2019）发现，生态旅游发展中涉及的利益相关者包括普通游客、公园管理局、驴友、旅游经营者、当地居民、区政府以及专家学者团体。通过资料查询和实地考察，将利益相关者理论与当地实际情况相结合，确定本书利益相关者包括政府管理机构、旅游者、旅游经营者、当地居民、非政府组织（NGO）、行业协会、科研机构、媒体。这些利益相关者的利益行为对祁连山国家公园生态旅游发展产生了显著性的影响。

综合上述学者们的研究，本书尝试对祁连山国家公园核心利益相关者进行界定，即在祁连山国家公园生态旅游发展中同时具备重要性、主动性、紧急性三个属性的个人、组织或群体，他们与生态旅游发展有着直接的联系，在生态旅游发展中直接获益，对生态旅游发展产生重要影响，同时也受生态旅游发展的直接影响，需要给予重视。非核心利益相关者是指具备重要性、主动性、紧急性中一个或两个属性的个人或组织，他们与生态旅游发展有着直接或间接的联系，在生态旅游中直接或间接获益，对生态旅游发展产生影响，同时也受生态旅游发展的影响，包括边缘层利益相关者和外围层利益相关者。

学者们研究利益相关者的细分方法多种多样，如米切尔评分法、多锥细分法、评价分级系统等。Mitchell 等美国学者提出的米切尔评分法具有很强的操作性和实用性，受到国内外学者的广泛运用。本书借鉴米切尔评分法的细分思路，以主动性、重要性、紧急性为细分维度，邀请马蹄藏族乡政府官员，保护站管理人员，西北师范大学、北京林业大学、兰州大学、陕西师范大学、浙江工商大学、四川大学教授或博士，共计 19 位有关专家进行评分，得到了利益相关者专家评分均值分析表，如表 8. 3 所示：

表 8. 3 **祁连山国家公园利益相关者**

利益相关者	样本数量	重要性均值	主动性均值	紧急性均值
政府管理机构	19	4. 7	4. 4	4. 1
非政府组织（NGO）	19	3. 4	3. 7	3. 1
当地居民	19	5. 0	4. 5	4. 1
行业协会	19	4. 0	3. 3	3. 0
旅游者	19	4. 2	4. 0	4. 1
科研机构	19	4. 2	3. 3	3. 1
旅游经营者	19	4. 7	4. 2	4. 2
媒体	19	3. 7	2. 8	2. 4
其他	19	1. 2	1. 2	1. 2

本书判断依据为：重要性、主动性、紧急性三个属性中三项得分为 4—5 分，即为核心层利益相关者；有两项得分为 3—4 分，即为外围层利益相关者；有两项得分为 1—3 分，即为边缘层利益相关者。根据得

分，祁连山国家公园利益相关者的具体划分如图 8.2 所示。本书仅对核心层利益相关者进行研究。

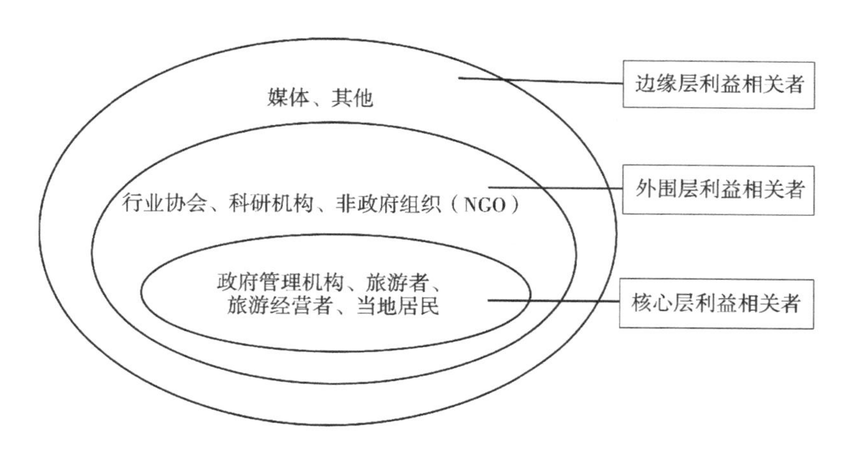

图 8.2　祁连山国家公园生态旅游利益相关者结构

四　生态旅游核心利益相关者的角色分析

上述界定的三类利益相关者群体随着案例地的发展阶段而动态变化，同时伴随着角色的转变，需要结合实际情况具体分析。本书基于马蹄藏族乡的发展现状，对核心利益主体进行角色分析。“角色”一词意为处于一定社会地位的个体，依据社会客观期望，借助自己主观能力适应社会环境表现出的、具有情景性的行为模式（周晓虹，2001）。基于祁连山国家公园特殊的资源现状和政策背景，当地居民多以提供旅游服务的形式参与到当地的生态旅游发展中，表现了当地居民与旅游经营者的身份高度重合。鉴于此，本书在分析祁连山国家公园生态旅游发展核心利益主体时，将居民与经营者身份合并，称为“旅游经营者”，其他两个核心利益主体分别确定为“政府”和“旅游者”。

（一）政府

政府是最主要的执行主体，包括省级政府、市级政府、县级政府、乡镇政府。作为直接执行者，政府的职能包括制定相关政策和法规，通过建立祁连山国家公园生态旅游的一系列制度体系，对旅游者和旅游经营者进行管理。因此，政府既是规则的制定者，也担任着管理者、生态保护倡导者、社区发展支持者以及旅游发展监督者等多重复杂的角色。

（二）旅游经营者

祁连山国家公园生态旅游发展中，当地居民扮演的角色既是旅游发展的利益主体，从事着旅游服务及经营活动，同时也是生态旅游发展中负面影响的承受者。由于该区域生态环境的敏感性和脆弱性，作为该区域的主人，仅有小部分居民通过担任森林巡护员、生态管护员①等职位，参与生态保护工作，其他居民有开农家乐（牧家乐），从事餐饮、住宿接待服务的，也有在景区拉马或从事环卫工作等，以不同方式充当旅游经营者角色，为旅游者提供旅游服务。

（三）旅游者

旅游者是旅游活动的主体，国家公园的旅游者大多是指访问、了解、鉴赏、体验当地自然及民俗文化的生态游览者。大多具有一定的环保意识和了解生态知识的需求，具备对当地传统文化的尊重和敏感性，希望获得自然教育和当地原真性的旅游文化体验，期望自己能够对公众前往国家公园开展游览和生态鉴赏与保护起到一定的宣传引导作用。

五　生态旅游核心利益相关者利益诉求扎根分析

本书扎根分析的主要数据来源于2020年7月、2021年9月对马蹄藏族乡13位管理人员、20位游客、22位村民和村民兼旅游经营者的正式访谈。政府访谈文本共51333字，村民兼旅游经营者访谈文本共102381字，旅游者访谈文本共120094字，具体访谈对象基本信息详见表8.4。访谈过程中的录音和文字记录，均是在取得访谈对象许可的情况下进行的。其中，要求政府管理人员要熟悉马蹄藏族乡近5年旅游发展情况、居民生计状况等现状、相关政策导向；当地居民必须在此地居住5年以上；旅游经营者必须在此地经营或居住5年以上；旅游者必须具有游览马蹄寺景区的旅游经历。本次调研均采用深度访谈方式，政府

① 调研发现，马蹄藏族乡的森林巡护员和生态管护员的任职标准为：从生态脆弱区全面搬迁的居民中，以户为单位，采取一户一名生态管护员或森林巡护员。

和旅游经营者的访谈时间控制在30—40分钟，旅游者访谈时间不得低于20分钟。首先，通过深度访谈三类核心利益相关者得到访谈笔记。其次，通过对实地观察、正式访谈所获取的马蹄藏族乡（包括马蹄寺风景名胜区）的相关资料加以思考提炼，撰写备忘录。在调研中所获得的访谈笔记、备忘录共同组成了本书的原始资料。

本书选取扎根理论进行研究主要源于祁连山国家公园这一特殊区域，旅游利益相关者利益关系复杂、利益矛盾凸显，现有研究很少对利益相关者的利益诉求形成的前因后果进行探析。为厘清祁连山国家公园生态旅游核心利益主体利益诉求及冲突，有必要运用程序化扎根理论分析各因素之间的逻辑关系，深入挖掘各因素之间的联系，明确核心利益相关者的利益生成机制，以便协调其交互关系。

表8.4　**受访者基本信息**

编号	性别	民族	年龄	学历	社会身份
1 - MHACU	男	汉族	55岁	初中	牧民
2 - MZACS	男	藏族	48岁	小学	餐馆老板
3 - WZACS	女	藏族	40岁	初中	餐馆老板
4 - MHLCU	男	汉族	65岁	小学	牧民
5 - MZLCU	男	藏族	75岁	未上学	牧民
6 - WZACH	女	藏族	50岁	初中	景区牵马者
7 - MZACS	男	藏族	46岁	初中	商店老板
8 - WHACS	女	汉族	43岁	小学	商店老板
9 - WHACS	女	汉族	42岁	初中	餐馆老板
10 - WHACS	女	汉族	31岁	初中	餐馆老板
11 - MYACH	男	裕固族	45岁	初中	景区牵马者
12 - MYAGS	男	裕固族	40岁	中专	餐馆老板
13 - MYACU	男	裕固族	46岁	小学	牧民
14 - MHACU	男	汉族	52岁	初中	牧民
15 - MZACS	男	藏族	48岁	初中	餐馆老板
16 - WZACS	女	藏族	56岁	小学	商店老板

续表

编号	性别	民族	年龄	学历	社会身份
17 - MZACH	男	藏族	53 岁	小学	景区牵马者
18 - WZACS	女	藏族	50 岁	小学	景区摄影师
19 - MYACH	男	裕固族	55 岁	小学	景区牵马者
20 - MYACH	男	裕固族	50 岁	小学	景区牵马者
21 - MZACX	男	藏族	55 岁	小学	景区保洁员
22 - MYAGH	男	裕固族	54 岁	高中	景区牵马者
23 - MZABF	男	藏族	35 岁	本科	乡政府工作人员
24 - WHABN	女	汉族	32 岁	大学	景区管理人员
25 - MZADN	男	藏族	25 岁	大专	景区管理人员
26 - MHABF	男	汉族	40 岁	本科	环保局工作人员
27 - MYADN	男	裕固族	42 岁	大专	景区管理人员
28 - WHABN	女	汉族	39 岁	本科	景区管理人员
29 - MYQDN	男	裕固族	34 岁	大专	景区管理人员
30 - MZABF	男	藏族	39 岁	本科	乡政府工作人员
31 - MZABF	男	藏族	39 岁	本科	乡政府工作人员
32 - MYABN	男	裕固族	36 岁	本科	景区管理人员
33 - MYQBF	男	裕固族	35 岁	本科	乡政府工作人员
34 - MYQGN	男	裕固族	32 岁	高中	景区管理人员
35 - MYQBF	男	裕固族	28 岁	本科	乡政府工作人员
36 - WHADT	女	汉族	30 岁	大专	企业工作人员
37 - WHAJT	女	汉族	44 岁	研究生	事业单位工作人员
38 - WHQBE	女	汉族	30 岁	本科	自由职业者
39 - WHAJP	女	汉族	53 岁	研究生	大学教授
40 - WHQBP	女	汉族	33 岁	本科	辅导机构教师
41 - WHQGE	女	汉族	35 岁	高中	自由职业者
42 - WZQBO	女	藏族	20 岁	本科	在校学生
43 - MHQDP	男	汉族	29 岁	大专	辅导机构教师
44 - MYQBO	男	裕固族	19 岁	本科	在校学生
45 - MHQGI	男	汉族	30 岁	高中	司机

续表

编号	性别	民族	年龄	学历	社会身份
46 - MHQGS	男	汉族	24 岁	高中	旅游从业者
47 - MHQDE	男	汉族	35 岁	大专	自由职业者
48 - WHQGE	女	汉族	32 岁	高中	自由职业者
49 - MHADT	男	汉族	40 岁	大专	事业单位工作人员
50 - WHQBT	女	汉族	31 岁	本科	企业单位工作人员
51 - WHAGE	女	汉族	42 岁	高中	自由职业者
52 - WHAGK	女	汉族	37 岁	高中	家庭主妇
53 - MHQCI	男	汉族	35 岁	初中	司机
54 - MYACE	男	裕固族	37 岁	初中	自由职业者
55 - WZACE	女	藏族	39 岁	初中	自由职业者

注：1—55 表示被访者顺序编号；第一个字母表示性别（W 表示女性，M 表示男性）；第二个字母表示民族（H 表示汉族，Z 表示藏族，Y 表示裕固族）；第三个字母表示年龄①（Q 表示青年，A 表示中年，L 表示老年）；第四个字母表示学历（C 表示初中及以下，G 表示高中或中专，D 表示大专，B 表示本科，J 表示研究生及以上）；第五个字母表示社会身份（职业）（F 表示政府工作人员、N 表示景区管理人员、U 表示牧民、S 表示旅游经营者、H 表示景区牵马者、X 表示景区保洁员、T 表示企事业单位工作人员、E 表示自由职业者、I 表示司机、K 表示家庭主妇、P 表示教师、O 表示在校学生）。

（一）开放性编码

开放性编码就是将调研获取的原始资料进行分解、比较、概念化和范畴化的过程，此阶段是扎根理论的基础。通过对马蹄藏族乡乡政府工作人员及马蹄寺景区的管理人员进行深度访谈，在政府方面共收集到 13 份访谈录音文档，根据程序化扎根理论的分析步骤，本书对 13 份原始资料进行分解，共得到 194 个彼此独立的有效标签，用 a1—a194 进行标注。在分析过程中对多个指向同一问题的标签进行识别和归纳，故对上述标签进行归纳，得到 120 个概念，用 A1—A120 标注。在旅游经营者方面共收集到了 26 份访谈录音，剔除不完整的录音，最后整理出 22 份文档，在旅游者方面共收集到 20 份访谈录音材料。相关操作与政

① 我国通常将公民年龄大致分为：婴儿（出生 - 1 岁）、幼儿（1—4 岁）、儿童（5—11 岁）、少年（12—18 岁）、青年（19—35 岁）、中年（36—60 岁）、老年（60 岁以上）。

府一致。

通过对上文的概念进行分析，发现有不少概念存在关联性。本书在对政府这一主体进行利益诉求扎根分析中，通过对相关内涵的频次进行统计，共提炼出了50个范畴，用B1—B50表示，如表8.5所示（旅游经营者和旅游者的扎根分析过程与政府一致）。

表8.5　马蹄藏族乡政府利益诉求开放式编码信息

贴标签	概念化	范畴化
a1 搬迁后土地归国家所有（1）a2 半禁牧草场易发生违规行为（1）a3 半禁牧草场不易操作（1）a4 保护措施越发严格（2）a5 核心区要求全民搬迁（1）a6 旅游设施全部拆除（3）a7 管理权所属不同致使执行政策灵活度不同（2）a8 禁止景区建设对旅游影响较大（2）a9 政府采取四种措施解决农牧民放牧问题（1）a10 草原奖补政策（5）a11 草原禁牧措施（3）a12 提供草原生态管护员岗位（4）a13 将社区诉求层层上报上级管理部门（2）a14 引导并帮扶当地社区后续生计（2）a15 畜牧业受国家政策影响大（2）a16 采取措施规避当地对游客利益的侵犯（1）a17 纯粹的观光旅游（2）a18 加强当地旅游、生态的宣传（3）a19 当地旅游资源十分丰富（1）a20 当地生计方式多样（1）a21 该地属于祁连山国家公园区域（2） …… （共194个初始概念）	A1 严格执行国家政策规定（a1a5a23a25a85a187a188a190）A2 半禁牧草场易发生违法行为（a2a3）A3 严格保护生态环境（a6a117）A4 管理权分散在各级管理部门（a7）A5 生态保护措施（a8a10a11a67a70a75a84a101a109a154）A6 实行最严格保护（a4a57a129a130）A7 政府致力解决农牧民问题（a9a161）A8 提供就业岗位（a12a56a72a94a125a134a181）A9 多部门层层审批（a13a87a178）A10 禁止建设影响当地旅游发展（a8） …… （共120个概念）	B1 强制执行国家政策规定（A1A3A6A117A19A40）B2 管理失当引发的负面影响（A2A113A120）B3 多头管理现象（A4A35A95）B4 生态保护措施（A5A25A52A118）B5 政府采取多项措施解决民生问题（A7A17A26A55） …… （共50个范畴）

（二）主轴编码

主轴性编码通过在类属和子类之间建立连接，将片段化的资料重新组合在一起。政府方面，通过多次循环阅读访谈转录文本，反复比较开放性阶段所获得的概念、范畴，深入挖掘各范畴之间的逻辑关系，最后得到 7 个主范畴和 24 个副范畴。旅游经营者和旅游者最后获得的主范畴是一致的，副范畴存在部分差异，具体的编码结果及其对应的开放式编码范畴如表 8.6—8.8 所示。

表 8.6　**政府利益诉求主轴式编码信息**

开放性编码获得的范畴	主轴性编码获得的范畴	
	副范畴	主范畴
B12 加强旅游宣传	c1 社会关系诉求	C1 利益诉求
B45 合理协调利益相关者关系		
B18 推动当地旅游发展	c2 经济诉求	
B25 改善当地经济状况		
B50 提供更多就业岗位		
B26 保护当地文化	c3 文化诉求	
B28 加强生态保护力度	c4 环境诉求	
B43 合理划分生态区域		
B14 完善国家公园体制机制建设	c5 政策诉求	
B44 推进立法进程		
B46 出台成熟且灵活的政策		
B13 地理区位特性	c6 地理特性	C2 背景控制因素
B38 地区贫困		
B21 季节性特征明显	c7 自然因素	
B32 自然因素对生态的重要性		
B47 不可抗力因素的影响		
B1 严格执行国家政策规定	c8 制度因素	
B20 生态补偿政策		
B29 人为破坏生态环境	c9 环境质量	

续表

开放性编码获得的范畴	主轴性编码获得的范畴	
	副范畴	主范畴
B19 旅游带动当地经济发展	c10 正面感知	C3 主体感知
B33 交通更加便利		
B41 生活质量提高		
B42 生态效益显著		
B51 游客尊重当地文化		
B2 管理失当引发负面影响	c11 负面感知	
B22 收入减少		
B17 管理工作不当		
B4 生态保护措施	c12 政策支持	C4 思寻因果
B5 采取措施解决民生问题		
B10 重视并维护游客权益		
B16 规范景区管理		
B35 开展生态教育		
B3 多头管理现象	c13 管理冲突	
B6 多部门层层审批		
B24 信息沟通不畅		
B23 各级管理部门矛盾冲突大	c14 利益冲突	
B34 居民与政府的矛盾冲突		
B49 政策引发游客的不满情绪		
B9 居民生计深受政策影响	c15 权力制约	
B39 居民权益受政策制约		
B7 旅游发展与生态保护相互制约	c16 政策交叉	
B37 各项政策相互矛盾		
B51 公共声誉	c17 公共声誉	
B15 政策的了解程度	c18 主观规范	C5 主观规范
B27 认可国家政策		
B40 满足社区需求		

续表

开放性编码获得的范畴	主轴性编码获得的范畴	
	副范畴	主范畴
B1 强制执行国家政策规定	c19 依法使用强制性手段	C6 表达方式
B36 制定管理制度	c20 制定管理办法	
B31 发挥调控作用	c21 协商解决	
B8 生产性发展	c22 生态管理	C7 行为意向
B11 保护性发展		
B30 地方监管不力	c23 消极管理	
B52 观望状态	c24 不作为	

表 8.7　**旅游经营者利益诉求主轴式编码信息**

开放性编码获得的范畴	主轴性编码获得的范畴	
	副范畴	主范畴
B2 实事求是执行国家政策	c1 政策诉求	C1 利益诉求
B49 出台成熟政策		
B50 受到政府的关注		
B13 尊重和保护本土文化	c2 文化诉求	
B14 宣传生态环保知识		
B44 获得教育培训机会		
B43 完善基础设施	c3 环境诉求	
B51 获得更多就业机会	c4 经济诉求	
B46 提高社区整体福利		
B5 人身和财产安全得到保障		
B7 生活条件改善	c5 正面感知	C2 主体感知
B25 生态效益显著		
B30 旅游带动当地就业多元化		
B33 旅游带动当地经济		
B34 增长了见识		
B35 整体素质提高		
B48 社区治安变好		
B55 卫生条件得到改善		

续表

开放性编码获得的范畴	主轴性编码获得的范畴	
	副范畴	主范畴
B15 地方政府失职是现有问题的重要原因	c6 负面感知	C2 主体感知
B29 旅游收入不及原来收入引发的消极感知		
B37 利益分配不公引发的消极感知		
B54 与外界景点相比产生的剥夺感		
B1 当地气候情况使旅游淡旺季明显	c7 自然因素	C3 背景控制因素
B21 放牧的季节性特征		
B39 自然因素引发生态问题		
B53 不可抗力因素引发的负面影响		
B3 严格的国家政策环境	c8 制度因素	
B8 基于公平理念的制度规定		
B10 当地政策执行情况		
B12 国家政策背景限制了当地旅游发展		
B9 人为破坏环境严重	c9 环境质量	
B17 收入的满意度	c10 生计感知	C4 思寻因果
B18 牧民生产生活方式的改变		
B6 社区的生存压力	c11 政策风险	
B36 没有社区参与意识		
B42 生活得不到保障		
B11 草场争夺引发牧民冲突	c12 利益争夺	
B31 旅游经营者竞争状况		
B38 个人能力较弱	c13 能力限制	
B47 路径依赖		
B52 社区不平衡发展		
B22 权力之下服从政府管理	c14 权力制约	
B27 剥夺社区基础性需求		
B45 缺乏话语权		
B16 政府培训并提高社区能力建设	c15 政策支持	
B23 政府引导社区参与当地发展		
B41 自主参与经营		
B56 政府的调节功能		

续表

开放性编码获得的范畴	主轴性编码获得的范畴	
	副范畴	主范畴
B4 认可国家公园建设	c16 主观规范	C5 主观规范
B19 遵循生态优先的发展方式		
B26 认同国家政策		
B40 可持续发展要求		
B58 利益受损积极应对	c17 积极协商	C6 表达方式
B24 牧民违规行为抵抗政策	c18 行为抵抗	
B32 利益受损无力改变	c19 无力改变	
B57 消极参与旅游发展	c20 行为意愿	C7 行为意向
B28 积极支持生态旅游		
B20 强烈反对旅游发展		

表 8.8　**旅游者利益诉求主轴式编码信息**

开放性编码获得的范畴	主轴性编码获得的范畴	
	副范畴	主范畴
B6 完善景区旅游设施	c1 环境诉求	C1 利益诉求
B10 增加景区体验项目		
B22 对景区进行适宜性保护		
B25 加强生态保护力度		
B40 提高游客保护意识		
B26 加强景区管理		
B15 创新旅游产品	c2 文化诉求	
B19 体验淳朴的民风民俗		
B28 保护当地文化		
B17 加强景区的宣传力度	c3 社会关系诉求	
B41 提高当地居民素质		
B46 增进交互关系		
B52 合理协调商品价格	c4 经济诉求	

续表

开放性编码获得的范畴	主轴性编码获得的范畴	
	副范畴	主范畴
B36 制度影响	c5 制度因素	C2 背景控制因素
B38 人为破坏致生态脆弱	c6 环境质量	
B21 地理特征		
B20 当地生态环境脆弱		
B5 景区的内在属性	c7 资源禀赋	
B14 景区的文化内涵		
B42 天气因素的影响	c8 自然因素	
B45 自然因素的影响		
B11 生态效益	c9 正面感知	C3 主体感知
B30 旅游体验的正面感知		
B9 感受文化氛围		
B13 独特的旅游体验		
B18 旅游带动当地经济的发展		
B29 基于公平理论的旅游服务供给		
B12 拆除旅游设施产生的负面影响	c10 负面感知	
B27 环境惨遭破坏引发的负面影响		
B32 旅游体验的负面感知		
B37 同类景区相比产生的剥夺感		
B3 制约化发展	c11 发展冲突	C4 思寻因果
B39 利益各方相互矛盾		
B7 不公平的旅游体验	c12 不公平待遇	
B16 景区管理不当引发的系列问题	c13 管理不当	
B31 景区整体环境状况感知	c14 环境特征感知	
B1 旅游动机	c15 主观规范	C5 主观规范
B33 认可国家政策		
B43 个人认知		
B44 文化认同		

续表

开放性编码获得的范畴	主轴性编码获得的范畴	
	副范畴	主范畴
B23 不愿意惹麻烦	c16 无奈接受	C6 表达方式
34 积极维权	c17 积极维权	
B35 抵抗无效转为无奈接受	c18 消极维权	
B4 不再重游	c19 不再重游	C7 行为意向
B8 推荐意愿	c20 推荐意愿	
B24 发展环境友好型旅游	c21 重游	
B47 重游		

（三）选择性编码

选择性编码阶段需要反复对比原始数据并持续地进行理论抽样，逐步提升数据分析的抽象层次，形成囊括性强、抽象程度高的范畴作为核心范畴，并将其作为扎根理论的核心概念。

本书将三方利益主体的范畴进行结合分析，整理范畴的故事线抽象为“国家公园生态旅游核心利益相关者利益诉求生成”的过程模型，模型呈现了核心利益主体在国家公园这一特殊区域生态旅游的阶段特点及过程关系。基于国家公园特殊的自然因素、制度因素、环境质量（地理特性和资源禀赋作为两个特殊因素），核心利益主体在此环境旅游时，由于国家政策和生态旅游发展，使得各利益主体面临着一系列的生态影响和旅游影响。扎根分析发现各利益主体分别受内、外部因素影响产生正、负面感知，共同影响核心利益主体的主观规范，形成了一系列的利益诉求。通过三方的利益博弈，核心利益主体以积极、消极或中立的方式表达了自身的利益诉求，采取积极行为或消极行为参与生态旅游的后续发展，并依据国家公园生态旅游发展阶段，将可能引发下一轮的利益诉求，即进入下一轮的动态发展的循环变化。

（四）理论饱和检验

对于国家公园这一特殊区域旅游发展，相对于其他区域类型的旅游发展，各利益相关者的行为受到一定的限制。因此，祁连山国家公园生态旅游核心利益相关者的利益诉求可能受旅游淡旺季、地理环境感知等诸多限制因素的影响。鉴于此，笔者于2021年12月，再次前往马蹄藏族乡，随机调研村民6名，游客9名，管理人员3名，以此来进行本书的理论饱和性检验。分别将这三类利益主体的访谈资料进行编码和分析，发现其利益诉求生成的框架仍在已得到的核心类属范围内。因此，该数据的核心类属已达饱和。

（五）生态旅游核心利益主体利益诉求生成机制模型构建及阐释

通过对政府、旅游经营者和旅游者三方利益主体的利益诉求生成机制模型进行对比分析、深度凝练、理论抽象，构建了一个适用于祁连山国家公园生态旅游核心利益相关者的利益诉求生成机制模型，如图8.3所示。对于各因素在该模型中的作用机制，作如下阐释。

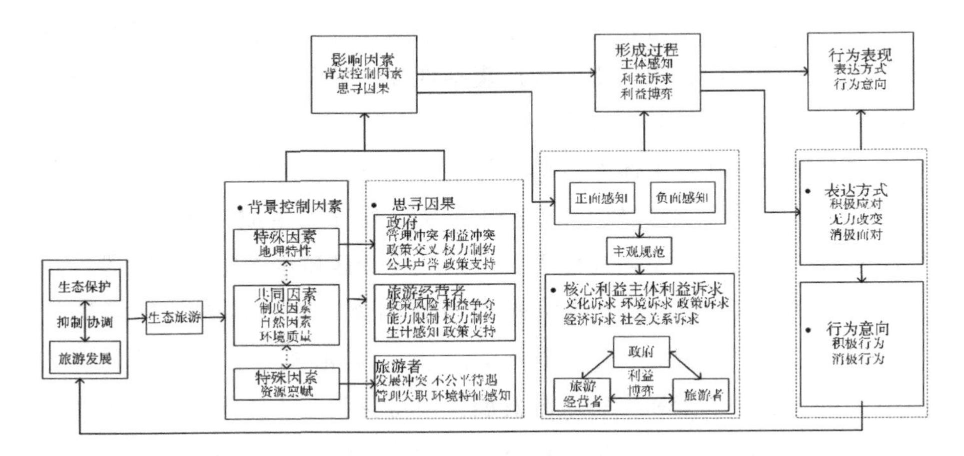

图8.3 祁连山国家公园生态旅游核心利益主体利益诉求形成机制模型

1. 背景控制因素

背景控制因素对祁连山国家公园生态系统发展起着调控的作用，是核心利益主体利益诉求生成的外部情景因素，反映了各利益主体在选择行为策略时所受的外部约束，影响核心利益主体的利益诉求形成过程。通过扎根分析，背景控制因素包括核心利益主体共同因素：自然因素、制度因素和环境质量，以及特殊因素（资源禀赋、地理特性）。

自然因素具有不可控制性，直接影响着祁连山国家公园的生态质量，并间接影响该区域旅游质量，最终影响到国家公园生态旅游利益相关者。祁连山国家公园长期以来生态旅游发展受限，其一是源于当地恶劣的气候条件使得旅游旺季较短。其二是自然灾害、降雨量较少，加剧了生态系统的脆弱程度，使得作为旅游吸引物的自然景观质量下降，造成该地旅游质量不佳。

制度因素主要表现为政府通过制度、政策等手段来调控旅游利益相关者的生态行为。生态保护措施的执行（暂停核心区的旅游经营项目、禁牧休牧、全民搬迁等）改变了社区居民传统的生产生活方式，政府倡导发展替代性生计方式来解决生态搬迁遗留问题。地方各类规章制度严格规制了各利益主体的行为，保证了该地旅游服务质量。

环境质量作为国家公园生态系统客观存在的一种本质属性，描述该生态环境系统所处的阶段状态。国家公园环境质量主要是指其生态环境与旅游环境在各类扰动因素影响下表现出的环境敏感度。近年来，国家公园环境质量面临的机遇与挑战并存。2021 年 10 月我国发布的《中国的生物多样性保护》白皮书提出，秉持人与自然和谐共生的理念，提高生物多样性保护成效和提升生物多样性治理能力。环境质量主要依赖自然力恢复和政府的监督管理，自然力恢复属于生态系统的自我修复、自我治理功能；而监督管理主要是指政府对自然资源进行有效监测，对破坏自然生态系统等违法行为进行严惩，并加以实施一系列严格的生态保护措施，促使环境质量得到较大提升。

资源禀赋为影响旅游者的特有因素，其作为祁连山国家公园的生态旅游资源吸引力，包括自然资源和文化资源，是旅游者的主要出游动机。资源禀赋作为衡量景区资源质量的主要指标，在很大程度上决定了旅游者的重游意愿与推荐意愿。

地理特性为政府的独有因素，表现为国家公园的地域分布与经济贫困的高度耦合。国家公园因其重要生态地位受到了国家的高度重视，为推进生态文明建设，政府对该区域生态环境实行了严格保护，在生态发展取得一定成效的同时，产生了一系列的遗留问题，呈现了该区域复杂的利益问题。

其中，资源禀赋和地理特性这两个特殊的因素可能存在与三个共同因素之间的相互作用，但这一关系还需进一步的验证。

2. 思寻因果

思寻因果作为核心利益主体的内驱因素，该因素主要通过对预期收益、生态利益的感知与风险成本进行评估来引导其行为策略的选择，是利益诉求形成的前置因素。

政府方面：政府主要受政策交叉、管理冲突、权力制约、利益冲突、政策支持和公共声誉六个因素的影响。一方面，保护与利用作为祁连山国家公园体制试点建设的原生矛盾，在对其生态环境进行严格保护的同时，政府也加快推进当地生态旅游发展、社区发展。但在具体实践中，祁连山国家公园普遍存在人地活动和生态保护措施的矛盾，各项政策的实施存在交叉重叠、相互制约的问题。祁连山国家公园建设尚处于初级阶段，区域协调机制尚未建立，各区域协调机构之间的层级不够，难以解决“一区多制”问题，以致引发一系列利益冲突。另一方面，为解决祁连山国家公园发展中的遗留问题，促进社区居民生计的可持续发展，政府多措共举。例如政府先后设立了景区保洁员、护林员、公共设施管理员等公益性岗位，有效拓展了就业扶贫渠道。政府也为社区居民提供免费的不定期培训，强调旅游就业规范，积极提升旅游从业人员的服务质量。在协调核心利益主体利益关系中，公共声誉表现为旅游经营者、旅游者对政府行为的支持度、信任度及其效益评价。对于政府而言，公共声誉在一定程度上决定了其在该区域的话语权，公共声誉越高，旅游经营者和旅游者对政府的各项决策的支持度越高，其管理成效也会获得各方主体的认同，有助于协调各方关系，促进祁连山国家公园的可持续发展。

旅游经营者方面：旅游经营者主要受政策风险、能力限制、权力制约、利益争夺、生计感知和政策支持六方面因素的影响。在空间整合上，我国国家公园整合多类型保护地，并对国家公园附近诸多社区及居民的生产生活产生影响，相关管理机构对国家相关政策的认识不当，解读不够引发诸多民生问题和发展障碍。生态移民转产失败等可能忽视了社区居民长期以来建立的人与自然生态系统的平衡。农林牧业往往是传统生计的核心，脱离草场、森林、耕地等生产资料导致原本拥有的生计链条中的农副产品、经济作物、粮食等的缺失，促使日常采购成本急剧提高。国家公园内的社区居民往往居住在较为偏远的地区，个人能力较弱，路径依赖严重，同时，生态旅游也会对社区居民造成收益上的较大差距，主要与其是否直接就业、参与程度和形式、参与部门等因素有关，极易造成社区发展不平衡。旅游经营者在参与该地生态旅游发展中处于弱势地位，对事关自己切身利益的事情并非没有立场观点，只是他们的立场和观点容易被人忽视。不平等的权力关系、话语权的缺失等制约了旅游经营者的个人发展，产生了利益争夺，如牧民之间主要由于草场界限不明，各方为争夺草场引发的矛盾。而经营者之间的矛盾主要还是商品的同质化严重，容易出现恶性竞争。但在国家公园内政府对旅游经营者的政策支持力度较大，主要表现为生态补偿、住房补贴、就业培训以及提供岗位等支持策略，以保障旅游经营者生计的可持续。生计作为人类最主要的行为方式，对人地系统的演化起着主导驱动作用（Arians Piteri 和 Sanj Ayk，2008）。作为国家公园生态旅游重要的利益相关者，旅游经营者的生计感知会促进其生产生活方式的转变，从而影响该地的可持续建设。随着国家公园生态旅游的发展，传统的生计方式逐渐被替代性生计方式所取代，大多数居民对此转变为积极的态度。

旅游者方面：旅游者主要受发展冲突、不公平待遇、管理失职、环境特征感知四个因素的影响。国家公园的发展冲突主要源于生态保护与旅游发展的冲突，一方力求保护，一方力促发展。旅游者对国家公园的开发状况、发展状况、风景状况等环境特征感知，直接对旅游者的旅游体验质量造成影响。国家公园生态旅游发展大多以自然资源作为旅游吸引物，除了基础设施之外，少有其他旅游设施。加之管理不当，存在诸多安全隐患，商品价格高、旅游产品同质化严重、交通不便、服务质量欠佳等，让旅游者旅游体验感较差。

3. 主体感知

在祁连山国家公园生态旅游发展过程中，核心利益主体也逐渐感受到旅游影响，各利益主体在享受生态旅游发展带来的积极影响时，也面临大量旅游者涌入公园内所带来的负面影响。生态旅游发展对旅游经营者的经济发展、经济意识和文化观念上都有不同程度的影响，旅游影响被认为包含环境影响、文化影响、社会影响和经济影响四个方面，核心利益主体对旅游发展的影响会产生部分相同的感知，也存在差异化感知。祁连山国家公园的生态旅游发展或多或少都会给环境带来一定的负面影响，政府应采取措施将破坏控制在合理的范围内，规避旅游影响对旅游者旅游体验的负面感知，抑制环境破坏对旅游经营者生活生产方式的负面影响，降低旅游经营者环境影响的负面感知。毋庸置疑，核心利益主体的旅游影响感知在不同的生态旅游发展阶段是动态变化的。

4. 主观规范

主观规范作为该模型的中间变量，是指在国家公园这一特殊环境下，三方利益相关者选择其利益诉求产生的行为策略所感知到的社会压力，这种压力来自各方利益相关者。本书中的主观规范主要包括国家政策认同、个人认同、遵循生态优先的可持续发展要求。其一，国家政策认同是三方利益主体对国家政策导向的响应与支持。其二，个人认同是利益相关者本身所固有的理想信念。在利益博弈中，利益主体只是将其运用于其中来强化自己的相关认识。其三，遵循生态优先的可持续发展要求是指国家公园在发展生态旅游时，坚持生态保护为前提，协同保护与发展双措共举，在带动当地经济发展的同时，实现国家公园生态环境的原真性和完整性保护，提高社会公众的福祉。

5. 利益诉求

利益诉求是该模型研究核心，是引致利益博弈的原动力，因三方博弈主体具有极其复杂的利益关系，各方都会根据另外两方的策略做出相应的调整。三方的利益诉求汇总为文化诉求、环境诉求、政策诉求、经济诉求以及社会关系诉求五个方面的内容。其中，政府偏向于保护生态环境、促进经济发展和完善祁连山国家公园体制机制的诉求；旅游经营者倾向于保障社区生计、完善基础设施、提供就业平台和机会的诉求；旅游者聚焦于感受当地民俗和自然风景、获得高质量的旅游体验的诉求。

6. 表达方式

本书中的表达方式主要表现为积极应对、无力改变和消极面对三种状态，分别表示三方趋于合作共赢的概率。表达方式主要是对利益相关者在利益博弈中所感知到的利益诉求满足程度，针对满足程度较高的利益主体就趋向于积极应对；对于其利益诉求满足程度中等的趋向于无力改变；对于其利益诉求满足程度较低的趋向于消极面对。

7. 行为意向

依据“感知—态度—行为”理论，通过利益博弈，三方根据各自利益诉求满足程度采取相应的表达方式，进而促使其行为策略的选择，或采取积极行为，或采取消极行为，行为策略选择主要依赖于各方利益主体的成本－收益感知。

（六）生态旅游核心利益主体利益诉求分析

1. 政府利益诉求分析

（1）政策诉求：由于祁连山国家公园发展尚处于初级阶段，各项政策法规还未完善，该区域长期存在一地多牌、权属不清等乱象。在这种情况下，政府希望推进立法进程、出台成熟且灵活的政策、完善祁连山国家公园体制机制建设。

（2）环境诉求：国家公园政策不稳定，国家缺少相关顶层设计的指导，使得当地政府在管理时，无法确定各个区域的生态保护强度，以致采取一刀切的策略，禁止任何人进入。因此，政府希望国家可以出台相关规范，合理划分生态区域，实行差异化管理，加大生态保护力度，促进国家公园保护事业的发展。

（3）文化诉求：在国家公园发展生态旅游时，由于大量游客的进入使得当地环境遭受破坏、传统文化发生异化。政府希望通过进行生态文明宣传教育、专家专题讲座、培育文化传承人等方式加强当地文化的保护与传承。

（4）经济诉求：国家公园内普遍存在生态脆弱、人地关系复杂、经济发展缓慢等问题，政府部门依托国家公园辐射效应，强调当地多产业发展，提高当地经济发展水平，改善当地经济状况。此外，由于生态搬迁、草畜平衡等生态保护措施的实行，严重影响了当地居民的生计发展方式。政府通过再就业培训等能力提升计划，依托生态补偿、草原奖补等政策支持，内部提升和外部支持相结合，为当地居民提供更多就业岗位的同时，保障了当地居民的生计可持续。

（5）社会关系诉求：一方面，国家公园大多位于偏远地区，经济较为落后。政府为推动当地经济的发展，致力于加强旅游宣传，塑造良好的旅游形象，吸引更多的旅游者前往，旨在建立良好的主客交互关系；另一方面，国家公园最严格保护措施的施行，衍生了诸多复杂的利益关系，政府致力于协调旅游经营者、旅游者等多方利益主体的关系，形成良好的合作关系。

2. 旅游经营者利益诉求分析

（1）政策诉求：政府作为国家公园的直接管理人员，长期对各利益相关者进行调控管理，具有绝对的权威。而旅游经营者认为该地是其生产生活的主要区域，政府对该地的相关规划决策影响了自身发展，责任与权力共存，旅游经营者认为他们有权参与该地相关发展规划，有责任进行生态保护运动。因此，旅游经营者希望出台成熟的政策，规范政府的管理；根据当地实际情况，实事求是地执行国家政策，并在旅游发展中有参与决策和管理的权力。

（2）文化诉求：在国家公园内，大多数旅游经营者都是原住民，长久以来形成了独具特色的民俗文化。但大量游客的到来，势必会对其文化造成一定的威胁、冲击。因此，旅游经营者希望传统文化得到保护与传承，以防传统的生产生活方式和民俗文化受到约束和冲击。同时，因旅游经营者个人能力较低，多重因素限制，亟须获得旅游相关知识和教育技能培训，为旅游者提供高质量的服务。

（3）环境诉求：自颁布生态保护相关政策以来，国家公园实行了最严格保护，一般控制区拆除了大量的旅游基础设施，仅保留了少数必需设施，给当地居民造成诸多不便。旅游经营者认为完善旅游基础设施在一定程度上能够促进当地的生态保护。同时，生态旅游的相关开发应与当地生态环境相协调，不能影响当地居民正常的生产和生活。

（4）经济诉求：旅游经营者早期主要靠农作和放牧维持生计，但政府通过地役权和草畜平衡等制度限制了旅游经营者对自然资源的利用，加之其自身能力不足（或受年龄限制、伤病影响）等因素，旅游经营者迫切希望政府能够通过优先保障其就业、旅游收益按比例回报社区、旅游开发征地补偿合理等方式提高社区整体福利，并增加就业平台和机会来保障社区生计。

3. 旅游者利益诉求分析

（1）文化诉求：旅游者前往国家公园旅游的主要目的是回归自然，获得高品质的旅游体验，如体验当地淳朴的民风民俗和观赏优美的自然风光。但因旅游经营者大多是当地居民，其区域较近导致旅游经营者提供的旅游产品同质化现象严重，旅游者希望旅游经营者能够创新旅游产品来提高旅游体验质量。同时将当地文化融入旅游服务中，并使旅游者在旅游过程中学习自然生态知识，实现当地文化的传承与传播。

（2）经济诉求：在国家公园公益化背景下，大多旅游者反映景区内的商品价格偏高、门票价格偏高和一些特色消费手段等，引起了旅游者的不满情绪，旅游者希望当地政府能够响应国家公园公益性，制定“低门票价格”管理制度，合理协调各类商品价格，降低公众出游心理成本，公平对待旅游者。

（3）环境诉求：由于祁连山国家公园旅游资源的特殊性，当地政府对该区域内的珍稀动植物进行最严格的保护，景区主要开展生态旅游发展模式。旅游者希望政府在对景区进行适宜性保护的基础上，实现该区域自然遗产的福利化，增加景区参与式体验项目。同时，旅游者在游览中发现，国家公园景点呈块状分布格局，生境破碎化较为严重，通过控制景区游客数量，加大生态保护力度，加大各景点之间的联系，实现连通性保护。其中，完善基础设施有助于旅游安全得到保障。

（4）社会关系诉求：首先，祁连山国家公园因其地理区位及其发展现状，其旅游宣传普遍较弱，旅游者希望政府能够采取多元渠道、多样形式加大景区的宣传力度，提高景区在公众间的知名度。其次，当地居民大多是从保护区搬迁出来的，个人素质较低、服务意识较弱，旅游者希望通过多方面、全覆盖的培训来提高当地居民的素质。最后，旅游者希望当地居民热情友善，并与其建立良好的交互关系。

（七）生态旅游核心利益相关者的利益冲突

1. 核心利益相关者内部的利益冲突

政府之间的利益冲突。一是因祁连山国家公园存在一地多牌、空间管理难以统一、相关法律法规缺乏精准性和适应性等问题，导致祁连山国家公园受不同管理机构共同管理。但因各管理部门的侧重点不一致，各项政策存在交叉重叠，使得各级管理机构在该地频繁发生管理冲突。二是祁连山国家公园各级管理人员因管理权属不清，长期存在权力制约。各利益主体因职责、权限和考虑问题的着力点不同，所有决策均以切身利益为标准，由此产生利益分割、职能交叉等利益冲突。

旅游经营者之间的利益冲突。一是空间利益冲突。祁连山国家公园利益主体为寻求自我发展出现空间争夺的矛盾，如马蹄村居民主要是通过口头协定来进行草场划界，因草场界限不清引发利益冲突。二是竞争利益冲突。在旅游经营者所经营的项目中，存在大量相似或相同的商品，导致当地旅游经营商品同质化严重。旅游经营者为获得更多的经济利益，都会采取一些手段来追求利润的最大化，从而引发一系列利益冲突。

旅游者之间的利益冲突。在生态旅游过程中，由于旅游者的旅游目的、环保意识、个人素质等存在一定程度的差别，旅游者对于不文明旅游行为的容忍程度不同。有些旅游者环保意识较强，在生态旅游中对旅游目的地的旅游资源较为尊重，但也存在一些旅游者以乱刻乱画等破坏行为来获取旅游快感，这将会产生一些意识上的碰撞。

2. 核心利益相关者外部的利益冲突

（1）政府与旅游经营者之间的利益冲突

一是土地利益冲突。为严格保护祁连山国家公园脆弱的生态环境，政府通过国家的土地政策，如生态搬迁、草畜平衡、地役权的方式实现土地的流转。但政府在土地流转过程中对当地居民的补偿资金存在落实不到位等情况。当地居民在土地流转中没有得到足够的利益补偿，其生计也遭受威胁，引发冲突。

二是主体权利利益冲突。当地居民虽作为旅游目的地的主人，但在旅游发展的实践中，由于当地居民自身能力不足、缺乏相关的经营管理技能等因素，他们参与规划和经营管理的能力、程度和层次有限，当地居民只能被动地接受政府的各项行政命令。在相关决议中，政府在一定程度上忽略了当地居民的需求，缺乏社区参与制度，引发冲突。

三是目标利益冲突。旅游经营者以追求利益最大化为目的，在生态旅游发展中，旅游经营者为了眼前利益，竭尽所能获得尽可能多的有利资源迅速盈利，以致存在旅游服务质量欠缺、破坏生态环境等不合规行为。而各级管理机构以保护生态环境为主，促进当地经济发展为辅，通过生态资源转化为生态资本的形式来协同当地生态保护与生态旅游发展。因此，政府严格监管旅游经营者的行为来确保该地旅游市场的稳定，对不合规的利益主体进行严厉惩罚，从而产生利益冲突。

四是管理利益冲突。在疫情等不可控因素的影响下，政府严控旅游景区的卫生、安全质量，严格执行各项防护措施等，旅游经营者的经营成本上升了，但因背景控制因素的影响，经济效益却下降了，由此引发利益冲突。

五是经济利益冲突。在祁连山国家公园中，政府致力于保护生态系统的原真性和完整性。当地经常出现动物伤人、动物破坏农作物等人与野生动物的冲突，尽管近年来政府加大力度保护当地珍稀的动植物，但对于野生动物给当地居民造成的利益损失，政府还未出台相关法律保障措施，使得当地居民饱受利益损失。

（2）旅游者与旅游经营者之间的利益冲突

一是经济利益冲突。一方面，为实现祁连山国家公园可持续发展，必须控制该地的旅游承载量。旅游者为了获得高质量的旅游体验，希望将游客量控制在一定范围；而旅游经营者渴盼通过旅游宣传吸引更多的旅游者前往该地旅游，促进当地经济的发展。另一方面，由于信息不对称和不充分，无法辨别旅游商品和服务质量好坏和真伪的旅游者往往难以做出正确的判断，容易导致上当受骗，因而产生利益冲突。

二是资源利益冲突。其一，发展祁连山国家公园生态旅游，必然促使大量旅游者涌入该地，对当地居民的三生空间造成一定程度的负面影响。同时，旅游者乱扔垃圾等不文明行为造成自然环境、人文环境的污染，使得当地居民对旅游者的态度变得敌视和不友好。其二，游客的到来伴随着大量外来文化的入侵，对国家公园内的传统文化造成了强烈冲击。同时，旅游者在体验当地特色的文化使得当地民风民俗舞台化严重，丧失了该地文化的原真性。

三是供给利益冲突。一方面由于祁连山国家公园开展的旅游形式单一，旅游经营者能力受限，所能提供的旅游服务质量有限，无法满足旅游者多样化的旅游需求，致使旅游者的旅游体验质量较差。另一方面祁连山国家公园实行最严格保护策略，缺乏相关基础设施的建设，导致景区存在安全隐患，无法保证旅游者的人身、财产安全。

（3）政府与旅游者之间的利益冲突

一是资源利益冲突。政府的主要职责是协同生态保护与生态旅游发展，而大量旅游者的涌入带来了大量的垃圾，并造成噪声污染等问题，不利于当地生态资源的保护与发展。旅游者不文明行为对环境造成破坏。外来游客人数过多对于当地来说是一种负担，也给政府管理带来一定的挑战。

二是管理利益冲突。旅游者在景区游览时，祁连山国家公园为落实严格保护，拆除大量的旅游设施，致使多个景点均存在不同程度的安全隐患，造成旅游者的不满情绪。

三是公益性冲突。国家公园的全民公益性理念要求国家公园的建设和管理均要以造福于民为主旨，让全体公民有机会享受国家公园发展带来的益处。但在具体实践中，由于国家公园相关机制体制不完善，资金来源渠道较为单一，门票价格偏高，从而引发冲突。同时，政府实施“最严格保护”管理措施，关闭了一些景点，限制了旅游者在国家公园的可进入范围，降低了旅游者的旅游期望，引发其强烈不满。

六　小结

通过深度访谈资料，运用扎根理论研究表明，祁连山国家公园因其特殊的环境特征和政策背景，核心利益主体在参与生态旅游时，面临着一系列的生态影响和旅游影响。研究发现：政府将受管理冲突、利益冲突、政策交叉、权力制约、政策支持以及公共声誉因素影响；旅游经营者的利益将受政策风险、利益争夺、能力限制、权力制约、政策支持因素影响；旅游者将受发展冲突、不公平待遇、管理失职、环境特征感知因素影响，产生的正、负面感知共同影响核心利益主体的主观规范，进而形成了一系列的利益诉求。核心利益主体通过对自身利益诉求的分析和博弈，进而采取积极、消极或中立的方式表达自身的利益诉求，采取积极措施或不作为两种行为参与后续旅游发展，并在此基础上，进一步分析了三方利益主体利益诉求及其利益冲突。通过对其利益诉求生成机制的解读和对其利益冲突的细化分析，一是为后文博弈分析奠定基础，二是了解核心利益主体在不同阶段的利益诉求和利益冲突，以便从源头上对核心利益主体的负面感知进行调节，增强其对祁连山国家公园生态旅游发展的正面认同，有效地协调各方利益主体的矛盾。

第三节 核心利益相关者利益博弈分析

一 核心利益相关者利益博弈模型构建

祁连山国家公园旅游发展的核心利益相关者是政府、旅游经营者和旅游者。政府作为外部参与者主要是通过政策干预、教育引导、资金扶持等措施介入祁连山国家公园的旅游发展；旅游经营者在公园生态旅游发展过程中发挥中介作用，促进资金、产品、信息的交换，推进生态旅游的发展；旅游者是祁连山国家公园旅游产品的最终消费者，只有消费者消费了该地的旅游产品，旅游经营者才能获取收益，该地的旅游才得以发展。祁连山国家公园旅游的核心利益相关者，有着各自的角色定位和利益诉求，在各群体内部及其之间均存在利益冲突。祁连山国家公园旅游可持续发展需要三方共同努力、积极参与、有效合作，通过演化博弈找到有限理性条件下最优策略，解决各项利益冲突，有利于实现祁连山国家公园旅游可持续发展。各方最优策略的选择，需要通过构建动态演化博弈模型进行分析。

1. 三方博弈主体行为假设

（1）博弈主体假设：核心利益相关者为政府、旅游经营者以及旅游者，三类主体均为有限理性，且各方信息不完全。

（2）政府有两种博弈策略：①监管（x），记为 A_1。即政府通过奖励或惩罚的方式对旅游经营者和旅游者的行为情况进行实时监管。②不监管（1-x），记为 A_2。即政府放任旅游经营者和旅游者利益的自主甚至违规行为等的发生。

(3) 旅游经营者有两种博弈策略：①合规 (y)，记为 B_1。即旅游经营者服从国家政策安排，规范合理经营。②不合规 (1 - y)，记为 B_2。即旅游经营者以个人利益优先，为了私利进行违规操作。

(4) 旅游者有两种博弈策略：①支持 (z)，记为 C_1。即旅游者为追求自身长远发展，积极参与旅游。②不支持 (1 - z)，记为 C_2。即旅游者对生态旅游模式不敏感，抑或是旅游者在该地旅游体验质量不佳，不愿意前往该地进行旅游。

其中，x、y、z 分别表示三方博弈主体选择监管、合规和支持策略的概率，且 x、y、z $\in[0, 1]$。其中政府、旅游经营者和旅游者的策略集分别为 $\{A_1, A_2\}$、$\{B_1, B_2\}$、$\{C_1, C_2\}$。

2. 参数变量设置

当政府采取监管策略 A_1时，会获得中央政府的财政补贴和政策支持，记为 F_1；对合规的旅游经营者给予补贴和政策支持，记为 F_2，对不合规的旅游经营者进行经济惩罚和停业整顿，记为 N_1；对支持旅游发展的生态旅游者给予门票优惠和积分福利等奖励，记为 J_1，对不支持当地旅游发展的生态旅游者的罚没成本，记为 G_6。政府选择监管付出的成本，记为 G_1，有效监管后获得的基本收益，记为 R_1。如果政府选择不监管策略 A_2时，不作为状态下的经济收益，记为 R_2，获得的中央财政补贴，记为 F_3，由于其不作为产生的机会成本，记为 G_2。

旅游经营者选择合规 B_1，所需支付的成本，记为 G_3；获得的正常收益，记为 R_3；产生良好声誉带来的附加效益，记为 L_1；在政府进行监管的情况下，旅游经营者合规获得补贴和政府支持，记为 F_2。旅游经营者选择不合规 B_2，不合规受到的惩罚，记为 N_1，所获得的额外收益记为 ΔR，基本成本为 G_4，当旅游者支持当地旅游发展，但旅游经营者不合规造成的口碑、名誉损失，记为 L_2。

旅游者采取支持当地旅游发展 C_1，获得的收益，记为 R_4；所需支付的成本，记为 G_5；在政府进行有效监督的背景下，获得的奖励，记为 J_1；旅游者采取不支持当地旅游发展策略 C_2，获得收益，记为 R_5；不支持旅游发展的罚没损失，记为 G_6。

3. 损益变量设定与模型构建

结合上一节中的假设，梳理博弈主体各自可选择策略、选择概率与损益变量，可以得到各主体的损益变量表，详见表 8.9。

表 8.9　　祁连山国家公园旅游核心利益相关者损益变量

博弈者	概率	损益变量及解释
政府	监管 A_1（x）	F_1：实施保护政策后获得的中央财政补贴
		R_1：获得的基本收益
		G_1：监管所需支付的成本（$G_0+K_1(1-y)+K_2(1-z)$）（注：G_0为基本成本）
		F_2：对合规旅游经营者的补贴和政策支持
		J_1：对支持旅游发展的生态旅游者给予奖励
		N_1：对不合规的旅游经营者的惩罚
		G_6：政府监管下，生态旅游者不支持旅游发展的罚没损失
	不监管 A_2（1-x）	G_2：不作为造成发展受损，产生的机会成本
		F_3：不监管状态下获得的中央财政补贴
		R_2：不作为状态下的经济收益（$R_2>R_1$）
旅游经营者	合规 B_1（y）	F_2：政府监管时，合规获得的补贴和政策支持
		R_3：合规正常经营收益
		L_1：生态旅游者支持旅游发展时，其合规获得良好声誉带来的附加效益
		G_3：合规所需支付的成本
	不合规 B_2（1-y）	R_3：不合规获得的基本收益
		ΔR：不合规带来的额外收益
		G_4：旅游经营的基本成本（$G_3>G_4$）
		L_2：生态旅游者支持当地旅游发展，不合规带来的口碑、名誉等损失
		N_1：政府监管时，其不合规带来的惩罚

续表

博弈者	概率	损益变量及解释
旅游者	支持 C_1 (z)	J_1：政府监管时，支持旅游发展所获得的奖励
		R_4：支持旅游获得的直接收益
		G_5：支持旅游发展所需的成本
	不支持 C_2 (1-z)	R_5：不支持旅游发展获得的收益
		G_6：政府监管下，生态旅游者不支持旅游发展的罚没损失

注：所有损益变量均大于0，下同。

4. 支付函数分析

根据上节政府、旅游经营者和旅游者的博弈树模型，三个主体都可从自身策略集的两个策略中进行选择，共有八种组合。这三个主体在博弈时，选择不同策略将会获得不同的收益值。根据其策略选择、各种策略组合的相关收益值，构建三者的博弈支付矩阵，详见表8.10。

表8.10 祁连山国家公园旅游核心利益相关者博弈支付矩阵

情形	策略组合	政府	旅游经营者	旅游者
1	(监管，合规，支持)	$F_1+R_1-G_1-F_2-J_1$	$F_2+R_3+L_1-G_3$	$J_1+R_4-G_5$
2	(监管，合规，不支持)	$F_1+R_1-G_1+G_6-F_2$	$F_2+R_3-G_3$	R_5-G_6
3	(监管，不合规，支持)	$F_1+R_1-G_1+N_1-J_1$	$R_3+\Delta R-G_4-L_2-N_1$	$J_1+R_4-G_5$
4	(监管，不合规，不支持)	$F_1+R_1-G_1+G_6+N_1$	$R_3+\Delta R-G_4-N_1$	R_5-G_6
5	(不监管，合规，支持)	$R_2+F_3-G_2$	$R_3+L_1-G_3$	R_4-G_5
6	(不监管，合规，不支持)	$R_2+F_3-G_2$	R_3-G_3	R_5
7	(不监管，不合规，支持)	$R_2+F_3-G_2$	$R_3+\Delta R-G_4-L_2$	R_4-G_5
8	(不监管，不合规，不支持)	$R_2+F_3-G_2$	$R_3+\Delta R-G_4$	R_5

二 核心利益相关者动态演化博弈模型分析

(一) 演化稳定策略分析

演化稳定策略是分析有限理性博弈的有效均衡。在博弈过程中，三方博弈主体需要不断学习，对失误策略逐渐改正，经过一段时间的模仿与改进，所有博弈方都会趋于某个稳定的策略，即为演化稳定策略。而政府、旅游经营者、旅游者之间的利益关系和策略选择并不是一成不变的，每方策略都会随着其他方策略的变化进行调整，是一个不断演化、逐步稳定的过程。通过复制动态方程的分析，确定一个大于其他平均收益的策略，演化博弈形成稳定策略，并且能够保持一定的稳定性。由上文分析可知，政府选择监管国家公园旅游发展的概率为 x，不监管其旅游发展的概率为 1 - x；旅游经营者选择合规经营国家公园旅游的概率为 y，对其不合规经营的概率为 1 - y；旅游者选择支持国家公园旅游发展的概率为 z，不支持其旅游发展的概率为 1 - z（x，y，z ∈[0，1]）。

1. 政府选择监管策略时，期望收益为 U_{11}，选择不监管策略时，期望收益为 U_{12}，平均期望收益为$\overline{U}_1$，复制动态方程为 Q（x）。

$$U_{11}=y\times z(F_1+R_1-G_1-F_2-J_1)+y(1-z)(F_1+R_1-G_1+G_6-F_2)+(1-y)z(F_1+R_1-G_1+N_1-J_1)+(1-y)(1-z)(F_1+R_1-G_1+G_6+N_1)=F_1+R_1-G_1+(1-y)N_1+(1-z)G_6-yF_2-zJ_1 \tag{8-1}$$

$$U_{12}=R_2+F_3-G_2 \tag{8-2}$$

$$\overline{U}_1=xU_{11}+(1-x)U_{12}=x[F_1+R_1-G_1+(1-y)N_1+(1-z)G_6-yF_2-zJ_1]+(1-x)(R_2+F_3-G_2) \tag{8-3}$$

$$Q(x)=x(U_{11}-\overline{U}_1)=x(1-x)(U_{11}-U_{12})=x(1-x)[F_1+R_1+N_1(1-y)+(1-z)G_6-G_1-yF_2-zJ_1-R_2-F_3+G_2] \tag{8-4}$$

$$Q'(x)=(1-2x)[F_1+R_1+N_1(1-y)+(1-z)G_6-G_1-yF_2-zJ_1-R_2-F_3+G_2] \tag{8-5}$$

根据演化稳定理论，若存在行为策略 α^*，使得 Q（α^*）=0，$\left.\frac{dQ(a)}{d\alpha}\right|_{\alpha=\alpha^*}<0$，则该策略处于稳定状态。

（1）当 $F_1+R_1+N_1(1-y)+(1-z)G_6-G_1-yF_2-zJ_1-R_2-F_3+G_2$时，Q（x）≡0，对于所有的 x 值都是政府的稳定状态，此时 x=0 和 x=1 均为稳定演化策略，即政府策略不随旅游经营者、旅游者的策略改变。

（2）若 $F_1+R_1+N_1(1-y)+(1-z)G_6-G_1-yF_2-zJ_1-R_2-$

$F_3+G_2<0$，即 $\frac{F_1+R_1+N_1(1-y)-yF_2-G_1-R_2+G_2-F_3+G_6}{J_1+G_6}<0$,恒有 $z>\frac{F_1+R_1+N_1(1-y)-yF_2-G_1-R_2+G_2-F_3+G_6}{J_1+G_6}$，此时要满足 $Q'(x)<0$，$Q'(x)=\left.\frac{dQ(x)}{dx}\right|_{x=1}>0$，$Q'(x)=\left.\frac{dQ(x)}{dx}\right|_{x=0}<0$，则 $x=0$ 为稳定点，政府会选择“不监管”策略。

（3）若 $F_1+R_1+N_1(1-y)+(1-z)G_6-G_1-yF_2-zJ_1-R_2-F_3+G_2>0$，$\frac{F_1+R_1+N_1(1-y)-yF_2-G_1-R_2+G_2-F_3+G_6}{J_1+G_6}>0$，则有两种情况需要考虑。

①若 $z>\frac{F_1+R_1+N_1(1-y)-yF_2-G_1-R_2+G_2-F_3+G_6}{J_1+G_6}$ 时，$Q'(x)=\left.\frac{dQ(x)}{dx}\right|_{x=0}<0$，$Q'(x)=\left.\frac{dQ(x)}{dx}\right|_{x=1}>0$，此时 $x=0$ 是稳定点，经过长期的演化博弈，有限理性的政府选择“不监管”国家公园的旅游发展策略。原因与前文分析相同。

②若 $z<\frac{F_1+R_1+N_1(1-y)-yF_2-G_1-R_2+G_2-F_3+G_6}{J_1+G_6}$ 时，$Q'(x)=\left.\frac{dQ(x)}{dx}\right|_{x=0}>0$，$Q'(x)=\left.\frac{dQ(x)}{dx}\right|_{x=1}<0$，此时 $x=1$ 是稳定点，$U_{11}-\overline{U}_1>0$，期望收益大于平均收益，经过长期的演化博弈，有限理性的政府选择“监管”国家公园的旅游发展。

综上，当 $F_1+R_1+N_1(1-y)+(1-z)G_6-G_1-yF_2-zJ_1-R_2-F_3+G_2=0$ 时，政府策略不随旅游经营者、旅游者的策略改变。当 $F_1+R_1+N_1(1-y)+(1-z)G_6-G_1-yF_2-zJ_1-R_2-F_3+G_2\neq0$ 时，政府的策略选择与旅游经营者、旅游者的行为决策密切相关，并依赖于旅游经营者和旅游者博弈的结果。

2. 旅游经营者选择合规策略时，期望收益为 U_{21}，选择不合规策略时，期望收益为 U_{22}，平均期望收益为 $\overline{U}_2$，复制动态方程为 $Q(y)$。

$U_{21}=x\times z(F_2+R_3+L_1-G_3)+x(1-z)(F_2+R_3-G_3)+(1-x)$

$$z(R_3+L_1-G_3)+(1-x)(1-z)(R_3-G_3)$$

$$=xF_2+zL_1+R_3-G_3 \quad (8-6)$$

$$U_{22}=x\times z(R_3+\Delta R-G_4-L_2-N_1)+x(1-z)(R_3+\Delta R-G_4-N_1)$$
$$+(1-x)z(R_3+\Delta R-G_4-L_2)+(1-x)(1-z)(R_3+\Delta R-G_4)$$
$$=R_3+\Delta R-G_4-xN_1-zL_2 \quad (8-7)$$

$$\overline{U}_2=yU_{21}+(1-y)U_{22}=y(xF_2+zL_1+R_3-G_3)+(1-y)$$
$$(R_3+\Delta R-G_4-xN_1-zL_2) \quad (8-8)$$

$$Q(y)=y(U_{21}-\overline{U}_2)=y(1-y)(U_{21}-U_{22})=y(1-y)$$
$$[xF_2+zL_1-G_3-\Delta R+G_4+xN_1+zL_2] \quad (8-9)$$

$$Q'(y)=(1-2y)[xF_2+zL_1-G_3-\Delta R+G_4+xN_1+zL_2]$$
$$(8-10)$$

（1）当 $z=\frac{G_3+\Delta R-G_4-x(F_2+N_1)}{L_1+L_2}$ 时，无论 y 取值多少，均可得到 Q（y）≡0，也就是说 y 在［0，1］上取任何值，都是稳定状态，即政府策略不随旅游经营者、旅游者的策略改变。

（2）当 $xF_2+zL_1-G_3-\Delta R+G_4+xN_1+zL_2>0$，即 $\frac{G_3+\Delta R-G_4-x(F_2+N_1)}{L_1+L_2}<0$，恒有 $z>\frac{G_3+\Delta R-G_4-x(F_2+N_1)}{L_1+L_2}$，此时要满足 Q′（y）<0，$Q'(y)=\left.\frac{dQ(y)}{dy}\right|_{y=1}>0$，$Q(y)=\left.\frac{dQ(y)}{dy}\right|_{y=0}>0$，则y＝1 为稳定点，旅游经营者选择合规策略。

（3）当 $xF_2+zL_1-G_3-\Delta R+G_4+xN_1+zL_2<0$，即 $\frac{G_3+\Delta R-G_4-x(F_2+N_1)}{L_1+L_2}>0$，此时有两种情况需要考虑。

①若 $z>\frac{G_3+\Delta R-G_4-x(F_2+N_1)}{L_1+L_2}$，此时要满足 Q′（y）<0，$Q'(y)=\left.\frac{dQ(y)}{dy}\right|_{y=1}<0$，$Q'(y)=\left.\frac{dQ(y)}{dy}\right|_{y=0}>0$，则 y＝1 为稳定点，经过长期的演化博弈，有限理性的旅游经营者选择合规策略，原因与前文相同。

②若 $z < \frac{G_3 + \Delta R - G_4 - x(F_2 + N_1)}{L_1 + L_2}$，此时要满足 Q′（y）<0，$Q'(y) = \left.\frac{dQ(y)}{dy}\right|_{y=0} > 0$，$Q'(y) = \left.\frac{dQ(y)}{dy}\right|_{y=1} > 0$，则 y=0 为稳定点，经过长期的演化博弈，有限理性的旅游经营者选择不合规策略。究其原因，$U_{21} - \overline{U}_2 < 0$，期望收益小于平均收益，故旅游经营者选择不合规策略。同时，旅游经营者的策略选择与政府、旅游者的行为决策密切相关，并依赖于政府、旅游者博弈的结果。

3. 旅游者选择支持策略时，期望收益为 U_{31}，选择不支持策略时，期望收益为 U_{32}，平均期望收益为 $\overline{U}_3$，复制动态方程为 Q（z）。

$$U_{31} = x \times y(J_1 + R_4 - G_5) + x(1-y)(J_1 + R_4 - G_5) + (1-x)y(R_4 - G_5) + (1-x)(1-y)(R_4 - G_5) = xJ_1 + R_4 - G_5 \quad (8-11)$$

$$U_{32} = x \times y(R_5 - G_6) + x(1-y)(R_5 - G_6) + (1-x)y \times R_5 + (1-x)(1-y) \times R_5 = R_5 - xG_6 \quad (8-12)$$

$$\overline{U}_3 = zU_{31} + (1-z)U_{32} = z(xJ_1 + R_4 - G_5) + (1-z)(R_5 - xG_6) \quad (8-13)$$

$$Q(z) = z(U_{31} - \overline{U}_3) = z(1-z)(U_{31} - U_{32}) = z(1-z)(xJ_1 + R_4 - G_5 - R_5 + xG_6) \quad (8-14)$$

$$Q'(z) = (1-2z)(xJ_1 + R_4 - G_5 - R_5 + xG_6) \quad (8-15)$$

（1）当 $x = \frac{G_5 + R_5 - R_4}{J_1 + G_6}$ 时，无论 z 取值多少，均可得到 Q（z）≡0，也就是说 z 在［0，1］上取任何值，都是稳定状态，即旅游者策略不随政府、旅游经营者的策略改变。

（2）若 $xJ_1 + R_4 - G_5 - R_5 + xG_6 > 0$，即 $\frac{G_5 + R_5 - R_4}{J_1 + G_6} < 0$，此时要满足 Q′（z）<0，$Q'(z) = \left.\frac{dQ(z)}{dz}\right|_{z=1} < 0$，$Q'(z) = \left.\frac{dQ(z)}{dz}\right|_{z=0} > 0$，则 z=1 为稳定点，旅游者选择支持策略。

（3）若 $xJ_1 + R_4 - G_5 - R_5 + xG_6 < 0$，即 $\frac{G_5 + R_5 - R_4}{J_1 + G_6} > 0$，则有两种情况需要考虑。

①若 $x > \frac{G_5 + R_5 - R_4}{J_1 + G_6}$，此时要满足 Q′（z）<0，$Q'(z) = \left.\frac{dQ(z)}{dz}\right|_{z=1} < 0$，$Q'(z) = \left.\frac{dQ(z)}{dz}\right|_{z=0} > 0$，则 z=1 为稳定点，旅游者选择支持策略。原因与前文分析相同。

②若 $x < \frac{G_5 + R_5 - R_4}{J_1 + G_6}$，此时要满足 Q′（z）<0，$Q'(z) = \left.\frac{dQ(z)}{dz}\right|_{z=0} < 0$，$Q'(z) = \left.\frac{dQ(z)}{dz}\right|_{z=1} > 0$，则 z=0 为稳定点，旅游者选择不支持策略。因为 $U_{31} - \overline{U}_3 < 0$，期望收益小于平均收益，因此旅游者经过长期演化博弈后将会选择不支持国家公园旅游发展策略，以获得更好的收益。

（二）均衡点分析

根据上文中求得的政府、旅游经营者和旅游者的复制动态方程，求解演化博弈均衡解。首先联立（8-4）、（8-9）、（8-14），建立方程组（8-16）。

$$
\begin{aligned}
&Q(x) = x(1-x)[F_1 + R_1 + N_1(1-y) + (1-z)G_6 - G_1 - \\
&\qquad yF_2 - zJ_1 - R_2 - F_3 + G_2] \\
&Q(y) = y(1-y)[x(F_2 + N_1) + zL_1 - G_3 - \Delta R + G_4 + zL_2] \\
&Q(z) = z(1-z)[xJ_1 + R_4 - G_5 - R_5 + xG_6]
\end{aligned}
\quad (8-16)
$$

通过计算，上式存在 8 个特殊均衡点 X_1 =（0，0，0），X_2 =（1，0，0），X_3 =（0，1，0），X_4 =（0，0，1），X_5 =（1，1，0），X_6 =（0，1，1），X_7 =（1，0，1），X_8 =（1，1，1），这 8 个点构成演化博弈解域的边界 {x，y，z | x=0，1；y=0，1；z=0，1}，它们围成的区域是三方演化博弈的均衡解域，同时，还存在满足以下式子的均衡解 X =（x，y，z）。

$$
\begin{aligned}
&F_1 + R_1 + N_1(1-y) + (1-z)G_6 - G_1 - yF_2 - zJ_1 - R_2 - F_3 + G_2 = 0 \\
&x(F_2 + N_1) + zL_1 - G_3 - \Delta R + G_4 + zL_2 = 0 \\
&xJ_1 + R_4 - G_5 - R_5 + xG_6 = 0
\end{aligned}
\quad (8-17)
$$

通过计算，剩余解分别是：

$$X_9 = (0, \frac{G_3 + \Delta R - G_4}{L_1 + L_2}, \frac{F_1 + R_1 + N_1 + G_6 + G_2 - G_1 - R_2 - F_3 (L_1 + L_2) - (G_3 + \Delta R - G_4)(J_1 + G_6)}{(J_1 + G_6)(L_1 + L_2)})$$

$$X_{10} = (1, \frac{G_3 + \Delta R - G_4 - F_2 - N_1}{L_1 + L_2}, \frac{(F_1 + R_1 + N_1 + G_6 + G_2 - G_1 - R_2 - F_3)(L_1 + L_2) - (G_3 + \Delta R - G_4 - F_2 - N_1)(J_1 + G_6)}{(J_1 + G_6)(L_1 + L_2)})$$

$$X_{11} = (\frac{G_5 + R_5 - R_4}{J_1 + G_6}, 0, \frac{F_1 + R_1 + N_1 + G_6 + G_2 - G_1 - R_2 - F_3}{J_1 + G_6})$$

$$X_{12} = (\frac{G_5 + R_5 - R_4}{J_1 + G_6}, 1, \frac{F_1 + R_1 + G_6 + G_2 - G_1 - R_2 - F_3 - F_2}{J_1 + G_6})$$

$$X_{13} = (\frac{G_3 + \Delta R - G_4}{F_2 + N_1}, \frac{F_1 + R_1 + N_1 + G_6 + G_2 - G_1 - R_2 - F_3}{F_2 + N_1}, 0)$$

$$X_{14} = (\frac{G_3 + \Delta R - G_4 - L_2 - L_3}{F_2 + N_1}, \frac{F_1 + R_1 + N_1 + G_2 - G_1 - R_2 - F_3 - J_1}{F_2 + N_1}, 1)$$

$$X_{15} = (\frac{G_5 + R_5 - R_4}{J_1 + G_6}, \frac{(F_1 + R_1 + N_1 + G_6 + G_2 - G_1 - R_2 - F_3)(L_1 + L_2) - (G_3 + \Delta R - G_4)(J_1 + G_6) + (G_5 + R_5 - R_4)(F_2 + N_1)}{(F_2 + N_1)(L_1 + L_2)}, \frac{(G_3 + \Delta R - G_4)(J_1 + G_6) - (G_5 + R_5 - R_4)(F_2 + N_1)}{(J_1 + G_6)(L_1 + L_2)})$$

政府、旅游经营者、旅游者在博弈过程中，三个有限理性的利益主体都会结合自己的收益和成本选择相应的行为策略。根据 Lyapunov 稳定性理论，联立（8－5）、（8－10）、（8－15）组成方程组（8－18）。其中，均衡点 X_9—X_{15} 因其涉及参数众多，其对应的雅可比矩阵的行列式与迹的值符号无法确定，稳定性不可判断，故不予以分析讨论。

$$Q'(x) = (1-2x)[F_1 + R_1 + N_1(1-y) + (1-z)G_6 - G_1 - yF_2 - zJ_1 - R_2 - F_3 + G_2]$$

$$Q'(y) = (1-2y)[x(F_2 + N_1) + zL_1 - G_3 - \Delta R + G_4 + zL_2]$$

$$Q'(z) = (1-2z)[xJ_1 + R_4 - G_5 - R_5 + xG_6] \quad (8-18)$$

根据演化博弈的性质可知，将各均衡点代入式（8－18）。当 $Q'(x) < 0$，$Q'(y) < 0$，$Q'(z) < 0$ 时，均衡点 x、y、z 分别表示演化博弈过程中政府、旅游经营者、旅游者所采取的稳定策略，系统的 Jacobian 矩阵为：

$$\begin{bmatrix} (1-2x)[F_1 + R_1 + N_1(1-y) + (1-z)G_6 - \\ G_1 - yF_2 - zJ_1 - R_2 - F_3 + G_2] \\ y(1-y)(F_2 + N_1) \\ z(1-z)(J_1 + G_6) \\ x(x-1)(N_1 + F_2) \\ (1-2y)[x(F_2 + N_1) + zL_1 - G_3 - \Delta R + G_4 + zL_2] \\ 0 \\ x(x-1)((J_1 + G_6) \\ y(1-y)(L_1 + zL_2) \\ (1-2z)(xJ_1 + R_4 - G_5 - R_5 + xG_6) \end{bmatrix}$$

将各均衡值分别代入上述 Jacobian 矩阵，求出相应的特征值，如表 8.11 所示。

表 8.11　**博弈均衡特征值**

均衡点 (x, y, z)	特征值 1	特征值 2	特征值 3
(0, 0, 0)	$F_1 + R_1 + N_1 + G_6 - G_1 - R_2 - F_3 + G_2$	$G_4 - G_3 - \Delta R$	$R_4 - G_5 - R_5$
(1, 0, 0)	$-(F_1 + R_1 + N_1 + G_6 - G_1 - R_2 - F_3 + G_2)$	$F_2 + N_1 - G_3 - \Delta R + G_4$	$J_1 + R_4 - G_5 - R_5 + G_6$
(0, 1, 0)	$F_1 + R_1 - F_2 + G_6 - G_1 - R_2 - F_3 + G_2$	$-(R_2 + L_2 - G_2 - R_3)$	$R_4 - G_5 - R_5$
(0, 0, 1)	$F_1 + R_1 + N_1 - G_1 - R_2 - F_3 + G_2 - J_1$	$L_1 - G_3 - \Delta R + G_4 + L_2$	$-(R_4 - G_5 - R_5)$
(1, 1, 0)	$-(F_1 + R_1 - F_2 + G_6 - G_1 - R_2 - F_3 + G_2)$	$-(F_2 + N_1 - G_3 - \Delta R + G_4)$	$J_1 + R_4 - G_5 - R_5 + G_6$

续表

均衡点 (x, y, z)	特征值 1	特征值 2	特征值 3
(0, 1, 1)	$F_1 + R_1 - G_1 - F_2 - J_1 - R_2 - F_3 + G_2$	$-(L_1 - G_3 - \Delta R + G_4 + L_2)$	$-(R_4 - G_5 - R_5)$
(1, 0, 1)	$-(F_1 + R_1 + N_1 - G_1 - J_1 - R_2 - F_3 + G_2)$	$F_2 + N_1 + L_1 - G_3 - \Delta R + G_4 + L_2$	$-(J_1 + R_4 - G_5 - R_5 + G_6)$
(1, 1, 1)	$-(F_1 + R_1 - G_1 - F_2 - J_1 - R_2 - F_3 + G_2)$	$-(F_2 + N_1 + L_1 - G_3 - \Delta R + G_4 + L_2)$	$-(J_1 + R_4 - G_5 - R_5 + G_6)$

通过对上述均衡点及其特征值的分析讨论，得知各均衡点的特征值的符号不确定，因此，需要讨论 8 种情况。

1. 当 $F_1 + R_1 + N_1 + G_6 - G_1 - R_2 - F_3 + G_2 < 0$，$G_4 - G_3 - \Delta R < 0$，$R_4 - G_5 - R_5 < 0$ 时，均衡解 X_1（0，0，0）为演化稳定策略，此时政府选择不监管、旅游经营者选择不合规经营，旅游者选择不支持策略。

此种情况为生态旅游开发的准备阶段，因前期对生态旅游发展的信息不对称，旅游经营者无法估计发展生态旅游所带来的收益与损失，为规避风险，选择不合规经营，这一做法较为注重眼前利益，目光短浅，尽可能地从现有资源中获取利益满足自身的利益。同时，旅游者因旅游经营者的不合规经营使得市场秩序较为混乱，给其造成了较差的环境感知和旅游体验，使得旅游者选择不再支持该地区旅游发展。政府在此情况下，由于经验不足，缺乏相关宣传教育，同时监管难度较大，其所需成本较大，收益较小，继续保持不作为的状态。这种演化趋势为该地旅游业最差的发展状况，势必会对当地生态资源造成严重的负面影响，阻碍该地旅游业的长远发展。

2. 当 $F_1 + R_1 + N_1 + G_6 - G_1 - R_2 - F_3 + G_2 > 0$，$F_2 + N_1 - G_3 - \Delta R + G_4 < 0$，$J_1 + R_4 - G_5 - R_5 + G_6 < 0$ 时，均衡解 X_2（1，0，0）为演化稳定策略，此时政府选择监管、旅游经营者选择不合规经营、旅游者选择不支持策略。

这一趋势表明，为响应国家相关政策规划，政府率先开展生态旅游发展实践，依附于当地丰富的旅游资源进行生态旅游产品的设计和开发，加强生态旅游宣传教育，并对旅游经营者、旅游者等相关利益主体行为设立标准。但旅游经营者因学识较低，缺乏长远的规划，只顾眼前的短时利益，通过采取不合规经营获取更多的利益。而旅游者在旅游经营者不合规经营下遭受了严重的利益损失，同时，政府监管也没能够给予旅游者较大的补偿，旅游者对该地生态旅游失去信心，以致选择了不支持的策略，以保护现有的利益。

3. 当 $F_1 + R_1 - F_2 + G_6 - G_1 - R_2 - F_3 + G_2 < 0$，$R_2 + L_2 - G_2 - R_3 > 0$，$R_4 - G_5 - R_5 < 0$ 时，均衡点 X_3（0，1，0）为演化稳定策略，此时政府选择不监管、旅游经营者选择合规经营、旅游者选择不支持策略。

通过长期的发展，旅游经营者正确认识到生态旅游的发展规律，发现短视效应是弊大于利的，即过于注重短时利益，一味地追求一时的利益最大化是不科学且不合理的，甚至使当地旅游业逐步走入发展恶性循环。只有懂得合作，在合作中分享利益，才能实现帕累托最优，实现资源的最优配置。在此情况下，旅游经营者将采取合规经营实现自身的长远发展，开始主动承担社会责任，乐意在旅游发展中提供高质量的旅游服务，给予旅游者更优质的旅游体验。对于旅游者而言，在旅游发展前期，其支持旅游发展所遭受的利益损失历历在目，且该地旅游环境虽有好转，但经历了一些不确定后，旅游者选择观望态度以维护自己的利益。而对于政府而言，游客的不支持策略使其收益减少，即使旅游经营者进行合规经营，旅游市场秩序逐渐向好，所以政府即使不监管也能维持良好的市场秩序。

4. 当 $F_1 + R_1 + N_1 - G_1 - R_2 - F_3 + G_2 - J_1 < 0$，$L_1 - G_3 - \Delta R + G_4 + L_2 < 0$，$R_4 - G_5 - R_5 > 0$ 时，均衡解 X_4（0，0，1）为演化稳定策略，此时政府选择不监管、旅游经营者选择不合规经营、旅游者选择支持策略。

此种情况属于当地生态旅游发展的初期阶段，面临诸多利益的驱使，抑或是经验不足、补贴力度较低，政府的策略演化总体表现为弱监管或不监管策略，此时旅游经营者在没有政府的规制下，肆意进行诸多不合规行为以实现利润最大化，导致当地旅游环境逐渐恶化。而旅游者在当地旅游发展前期，受当地丰富旅游资源的吸引，以积极的行为支持当地旅游发展，但在旅游过程中，由于政府的不监管、旅游经营者不合规经营，致使旅游者的合法权益遭受侵犯，使得旅游者的重游意愿、推荐意愿降低，逐渐不支持当地旅游的发展。

5. 当 $F_1 + R_1 - F_2 + G_6 - G_1 - R_2 - F_3 + G_2 > 0$，$F_2 + N_1 - G_3 - \Delta R + G_4 > 0$，$J_1 + R_4 - G_5 - R_5 + G_6 < 0$ 时，均衡解 X_5（1，1，0）为演化稳定策略，此时政府选择监管、旅游经营者选择合规经营、旅游者选择不支持策略。

在经历了（不监管，合规，不支持）这一发展阶段后，在旅游经营者合规经营的影响下，当地旅游市场秩序渐渐变好，但苦于旅游者的不支持策略，客流量较少，使得政府的旅游收入较少。政府发现只有当其采取有效的监管策略，实施一系列针对性措施，积极宣传，重拾旅游者的信心，使旅游者继续支持当地旅游发展时，政府才能在促进区域经济发展、实现生态效益稳步提升当中，提高自身的公信力和政绩。鉴于此，政府发现积极监管既可改变现实困境，增加收益，还可提升自己的声誉。由于前期利益受损严重，旅游者对政府和旅游经营者所表现出的积极行为反应较为迟钝，且须在该地旅游发展具有一定反响之后，旅游者才会调整自身的策略。

6. 当 $F_1 + R_1 - G_1 - F_2 - J_1 - R_2 - F_3 + G_2 < 0$，$L_1 - G_3 - \Delta R + G_4 + L_2 > 0$，$R_4 - G_5 - R_5 > 0$ 时，均衡解 X_6（0，1，1）为演化稳定策略，此时政府选择不监管、旅游经营者选择合规经营、旅游者选择支持策略。

在此情况下，旅游经营者通过采取积极行为策略，有效地提升了自我服务意识和服务技能，规范了经营方式，为旅游者提供了高质量的旅游体验服务，满足了旅游者在该地的旅游需求，使得旅游者通过重游或推荐的方式支持当地旅游发展。此时，政府已经完善了相关规章制度，包括奖惩机制、利益分配机制等，旅游经营者也与旅游者形成了稳定的合作联盟，市场秩序良好。该地已经进入了良性循环，即使政府减少监管也不会影响利益的平衡。

7. 当 $F_1 + R_1 + N_1 - G_1 - J_1 - R_2 - F_3 + G_2 > 0$，$F_2 + N_1 + L_1 - G_3 - \Delta R + G_4 + L_2 < 0$，$J_1 + R_4 - G_5 - R_5 + G_6 > 0$ 时，均衡解 X_7（1，0，1）

为演化稳定策略，此时政府选择监管、旅游经营者选择不合规经营、旅游者选择支持策略。

这一演化趋势表明，尽管政府采取了监管策略，即采取有效措施解决旅游经营者和旅游者所面临的困境，相关政策惠及旅游经营者和旅游者。旅游者也可通过支持当地的旅游发展而获益，但是在当地旅游发展的影响下，势必会对当地的三生（生态、生产、生活）空间产生多方面的负面影响，从而导致旅游经营者不得不对此不良后果买单。在此情况下，一旦所需成本过高，甚至超过旅游经营者所得时，他们将会产生心理偏差，对当地旅游发展表现出不合规经营的态度，甚至采取极端手段进行反抗，以此来争取更多的利益。

8. 当 $F_1+R_1-G_1-F_2-J_1-R_2-F_3+G_2>0$，$F_2+N_1+L_1-G_3-\Delta R+G_4+L_2>0$，$J_1+R_4-G_5-R_5+G_6>0$ 时，均衡解 X_8（1，1，1）为演化稳定策略，此时政府选择监管、旅游经营者选择合规经营、旅游者选择支持策略。

这一演化趋势为政府、旅游经营者和旅游者的最佳发展方向，此刻各利益主体均能有效地参与到生态旅游中来。其一，政府作为国家利益的维护者，必然会响应国家的号召，积极投身于生态环境的保护当中，不再以牺牲生态环境来获取利益，摒弃因不作为而忽略旅游经营者和旅游者的利益行为，开始注重当地旅游和生态可持续发展，乐于在当地旅游发展中承担更多的社会责任，给予旅游经营者和旅游者更多的利益。其二，在当地旅游发展进程中，囿于政府的制度规制和政策支持，旅游经营者采取合规经营的策略，对政府和旅游者均显示出极大的热情，主要表现为采取自主经营、就业，自愿维护当地旅游形象等行为。其三，鉴于国家公园丰富的旅游资源以及良好的市场秩序，旅游者支持当地旅游发展，愿意前往该地进行旅游活动，愿意向其他潜在客源推荐该地旅游景点等。经过一段时间的学习与演化，各利益主体尝试了（不监管，合规，不支持）、（监管，不合规，支持）等不稳定路径之后，最终形成了（监管，合规，支持）的演化稳定格局。

三　小结

在国家公园核心利益主体利益诉求形成机理研究的基础上，本书运用演化博弈理论对三方博弈主体的策略演化趋势进行了详细的探讨，研究发现：在不同的条件限制下，国家公园的核心利益主体策略的演化趋势不同。通过对各演化博弈主体的稳定性的讨论可知，在收益和成本等因素的影响下，总共出现了15种组合演化趋势（因 X_9—X_{15} 的参数过多，无法确定其演化趋势，故本书不予讨论）。其中，趋势一的演化稳定点为 X_1（0，0，0），政府采取“不监管”策略，产生的一系列负面影响主要由旅游经营者承担，环境质量的下降也使得该地的旅游吸引力削弱，从而使旅游经营者和旅游者将策略调整为“不合规”经营、“不支持”策略，由此构成纳什均衡。此种趋势若不加以改善，该地旅游业将会走向衰亡。趋势二到趋势七都是演化博弈的不稳定路径，各利益主体均受扎根分析的各类因素的影响，关注并选择自身利益最大化的策略，从而产生一系列的生态问题和旅游问题，不利于国家公园旅游的可持续发展。趋势八的演化稳定点为 X_8（1，1，1），这一趋势是最为理想的演化趋势，是旅游地发展的最佳状态。在这一发展趋势下，各利益主体关系和谐、生态环境向好、旅游市场秩序良好等。经历了一系列不稳定演化路径后，三方博弈主体最终形成了“监管—合规—支持”的演化稳定格局。

第四节　国家公园生态旅游核心利益主体利益均衡建议

一　协调利益相关者的相互关系

（一）畅通利益诉求表达与社会沟通制度

研究发现，国家公园当地居民等利益相关者在参与当地旅游的经营管理活动中，存在参与渠道不完善、参与程度不足等问题，政府部门应当构建畅通的利益表达和社会沟通制度、社区听证会制度等，以便各利益主体借助各种有效形式，与政府进行“对话”等方式实现利益表达，促使各利益主体借助多种形式、高程度地参与建设该景区旅游经营管理及其旅游服务设施和生态文化，建设包含乡村性和当地文化特色的旅游景观和旅游设施，以最大限度地保护和展示地方文化景观，并保证当地居民等利益主体最大程度地从中受益（王维艳等，2007），使冲突等负面能量得以缓解甚至释放。

（二）构建合法的利益协调组织

对于国家公园生态旅游发展来说，最为有效的措施就是构建公平合法的利益协调组织，当出现个别利益相关者的利益无法得到满足、彼此之间的矛盾和冲突无法协调时，通过民主和谐的方式来加强沟通交流、协商完善。这样有助于化解内部矛盾，实现和谐共生。

（三）设计合理的产权契约

在国家公园生态旅游发展过程中，政府和旅游经营者均投入了相应的生产性要素。分析发现，草场界限不清、土地分配不当等是马蹄藏族乡内当地居民之间的现存矛盾之一。如若不能合理地安排各利益主体的权利与责任，那么该地区的旅游发展就会难以持续。因此，有必要设计合理的产权制度，各利益主体之间通过签订严格的契约，并对各利益主体进行严格利益约束和行为监督，减少甚至是杜绝各利益相关者行为的外部性，尽可能达到集体福利的“帕累托最优”。

二　建立公平合理的利益分配制度

（一）调整利益相关者参与旅游收益分配比例

从国家公园生态旅游发展中获得一定的经济收益是各利益相关者涉及的利益诉求。所以旅游收入分配是否均衡、公平，成为决定各利益相关者能否和谐共处的关键。为保障国家公园生态旅游发展中各利益相关者的合法利益，首先需要对各利益相关者的旅游收益分配获得的比例按其贡献程度进行相应的调整，其次需将旅游收入所得的一部分用于基础设施的修缮，最后需要加大政府的监督管理力度，建立完善的收入分配制度，协调好各利益相关者的利益，并全程接受社会公众的监督。此外，利益分配制度在可调整的范围内可以灵活变动，并根据该景区旅游发展的创收情况，以月或年为调整周期，对这一比例进行调整，使制度更具人性化、合理化。

（二）加强观念转变和技能培训

研究发现，国家公园内的居民和旅游经营者受教育程度普遍不高，对旅游服务相关方面的专业知识的了解甚少。因此，当地政府应积极主动地为国家公园核心利益相关者提供教育和培训的机会。一方面，通过培训当地居民相关文化、生存技能等，提升国家公园内核心利益主体的个人能力，使其能够胜任园内相关工作；另一方面，宣传教育国家公园生态旅游发展的相关知识，转变当地居民和旅游经营者的观念认知，使其积极参与到当地旅游发展中。因此，当地的利益相关者既没了观念上的障碍，也具备了一定的知识技能基础，定会在国家公园生态旅游发展中做出更大的贡献。

三 塑造利益相关者的地方认同

（一）加强利益相关者与当地生态环境的协调

国家公园生态景观的建设必须注重挖掘和融入当地生态文化，提升旅游经营者对该景区生态景观和生态文化保护的积极性、自豪感和责任感。同时，强调在国家公园生态景观的规划、开发与生态文化展示的过程中，加强对景区生态环境的保护，提高旅游者的旅游体验质量，促进整个生态旅游环境的可持续发展。

（二）促进利益相关者的生态文化认同

在国家公园生态旅游发展中，政府应当允许当地居民适当进行合理的生产活动，并有序地控制各类建设，保持各类活动与当地生态环境相协调。同时，政府还应引导旅游经营者积极发展生态农业和生态旅游，形成国家公园休闲社区。这样，一是当地居民通过多样化的旅游资源、人力资源等方式参与旅游服务，获取一定的经济效益；二是通过大力发展国家公园的生态旅游，利用当地特色文化，形成文化感知，加强国家公园文化认同，进而获得社会效益；三是加强社会参与，加强社区居民、旅游者、景区管理人员、非正式组织等社会公众的生态环境保护意识，规范各利益主体的行为，实现该区域社区居民、旅游者和政府等利益相关者关系的协调发展。

第九章　祁连山国家公园生态保护与游憩利用协调机制构建

按照世界自然保护联盟（IUCN）的国家公园功能界定，生态环境保护、游憩机会供给是国家公园的两个基本目标。生态环境保护与游憩利用是一项系统工程，涉及诸多利益主体，这一特点在我国国家公园现实背景下尤其明显。基于此，我国未来国家公园运营管理的关键问题在于如何平衡游憩利用与生态保护的冲突与矛盾。本章在对祁连山国家公园体制建设进行深入调研的基础上，分别从生态环境保护机制、游憩利用管理机制、统筹协调发展机制等三个方面阐述这一问题。

第一，构建生态环境保护机制方面，着重强调构建生态系统管理机制、多元化生态保护补偿机制以及生态保护数字化机制。这主要涉及生态系统保护的执法机构、产业结构优化、科研支撑体系等多方面的内容。第二，构建游憩利用管理机制方面，由于祁连山国家公园依然存在土地利用、资源权属、管理方式、资源类型等多方面的特殊因素，制约着游憩机会的供给，因此本部分提出应按其资源特性与土地利用形态划分不同管理分区和游憩机会谱系，以不同措施达成保护与利用功能。特别是应从强化游憩服务管理机制、健全特许经营机制和加强公众环境教育机制入手，综合规划国家公园内一般控制区游憩资源的保护利用与管理。第三，构建统筹协调发展机制方面，应以完善生态保护法治保障机制为切入点，逐步健全社区居民参与机制、非政府组织的合作机制、科研机构的决策咨询机制、志愿者服务机制等，同时构建完善的监督管理机制，为持续推进祁连山国家公园游憩利用与生态保护协调工作提供全方位保障。

第一节 生态环境保护机制

一 构建生态系统管理机制

在自然资源管理发展过程中，生态系统管理概念应运而生。与自然资源管理以最大可持续产量为原则、以多用途为目标，不同生态系统管理更加关注整个系统的可持续，以整个系统的多目标管理为中心（吴承照等，2014）。生态系统管理机制是科学、合理地利用资源，确保区域生态空间安全，推动地区可持续发展的重要工具。该机制旨在进行国家公园生态系统的完整性、原真性保护，以实现其生态系统的良性循环，进而促进公园生态与经济的协同发展。

在生态系统管理实践中，首先，要统一整合祁连山国家公园及其邻近区域文化资源和自然资源，划定并完善保护区域的功能分区，成立国家生态文明体制改革试验区，打造“大保护区”的整体治理局面；建立省际联系会商机制和积极探索“山长制”；设立综合管理协调机构、跨区域统一管理的执法机构。

其次，推动祁连山产业链结构优化。依据祁连山的资源状况及其可持续发展能力，引导并鼓励各功能区积极探索该区域独特的产业发展模式，并推进各区域生态产业的建设。加速退出环境破坏型产业，推动产业结构优化升级。对旅游规划和开发项目必须进行生态影响评价，经过可行性论证和科学规划设计，达到资源的有效保护和适度利用。

最后，建立祁连山生态保护科研支撑体系。汇聚祁连山国家公园生态治理的优势科研力量，与国内外主流科研机构加强合作，继续探索生态保护基础及其技术创新；设立生态保护研究专项基金，支持构建祁连山生态保护科研体系；加快设立祁连山生态环境保护专家委员会，推动科学决策支撑科技建园。

二 建立多元化生态保护补偿机制

在国家公园制度建设及其运行过程中，生态补偿被视为一种经济手段为其顺利发展提供重要支撑。目前，祁连山国家公园生态补偿渠道过于单一、补偿强度不足、补偿分配不均等，构建适合祁连山国家公园发展需要的多元生态补偿机制是必要且紧急的。

自“最严格保护”的提出，祁连山国家公园社区居民在土地权、林权以及旅游资源等方面的使用权遭受严重限制。现阶段，祁连山境内被执行诸多禁令、措施，如很多旅游相关设施被强制拆除、一些旅游景区景点被关停等，致使国家公园游憩功能发挥受限，无法保障国家公园全民公益性得到严格落实，无法保障公众能够公平地享受到国家公园所带来的民生福祉，社区居民生计受限。并且，受多类因素的影响，中央财政和当地政府在对当地居民生态补偿方面，存在补偿方式单一、补偿标准较低，当地居民的生计效益受到了一定程度上的影响。生态补偿机制坚持“利用者付费、受害者补偿”的原则，是平衡生态效益和经济利益的重要手段。同时，该机制运用经济手段来对国家公园各利益主体的行为进行规制，能有效调和甚至规避各类矛盾冲突，对公园内的生态资源保护产生一定的积极作用（杨阿莉和张文杰，2021）。

在具体实践中，对于生态搬迁居民的生态补偿，主张改变传统的被动式单一补偿，探寻主动式多元帮扶，如为社区原住居民开展必要的生计培训、科普教育等帮扶手段，鼓励社区居民积极创业、择业、就业，帮助迁出居民获得可持续生计；而保护区内的居民，在其生态补偿上，要明确其生产生活方式与生态保护对象之间的关系和联系，科学制定管理手册，即科学监测居民生产生活方式对生态保护对象的影响程度，制定鼓励、限制和禁止的行为规范和规定，借助管理契约合同相互约束，形成能造血、多元化、可持续的生态补偿方案（杨阿莉和张文杰，2021）。

建立生态保护补偿机制，还应落实四项措施。一是确定科学统一的补偿标准。开展祁连山国家公园生态资产产值、生态系统服务质量、生态工程效益等生态资产价值评估，研究不同资源类型和补偿对象，设立科学统一补偿标准，细化补偿行动方案，构建各利益主体权责利相匹配的政策框架，做到生态补偿公平、合理。二是建立健全国家公园生态监测及其评估体系（李宏彬和郭春华，2006）。科学核算国家公园生态服务价值、自然资源价值、文化资源价值，编制生态资源资产负债表，制定能够反映生态价值的生态补偿制度与资源有偿利用制度。三是建立可持续的社会参与机制。社会参与机制是协调生态环境内各类社会利益关系的重要工具。[①] 生态环境保护表面上看是主体（人）与客体（自然环境）之间的关系问题，实际上是不同利益主体为实现自身利益最大化而争夺资源、空间的利益问题。面对如此复杂的利益关系，国家公园内需要设立可持续的社会参与机制，多措并举平衡各类关系，进而实现社区综合治理，从整体上促进人与自然和谐共存。四是充分利用市场机制，引入社会资本，拓宽生态补偿资金来源渠道。构建以中央财政为主，以企业与地方资金、社会各类专项以及国家公园专项项目作为补充的生态补偿基金体系（张一群，2016）。通过税费改革、财政补贴、人才投入以及技术补偿等多元方式，加大财政资金转移支付力度，引导核心保护区居民有序搬迁，推进国家重大生态工程建设和各项生态补偿政策有序落实。[②]

三　探索生态保护数字化机制

生态保护数字化是指将数字化技术运用在国家公园生态保护领域的实践，是指导国家生态文明建设治理体系以及治理能力现代化的重要技术手段。它通过 Web 3.0 技术、移动互联网、云计算、虚拟现实等现代信息化技术，改变以往对不同资源、数据、平台、主体、网络、系统、技术和功能的简单相加，实现向智慧服务、智能融合、智慧治理等智能化转变。生态保护数字化统一国家公园生态保护模式创新、技术创新，重点关注在生态保护各方面、全流程信息技术的应用。推动国家公园生态环境实现数字化保护，既是推进我国生态文明建设的重大机遇，又是我国国家公园高质量发展将要面临的巨大挑战。

因祁连山国家公园复杂的地理环境、多样化的生态类型等，传统的保护与管理手段无法满足国家公园动态化、体系化、精细化管理需要。因此，在新一轮产业变革和科技革命的新发展机遇下，祁连山国家公园

---

① 国家林业和草原局：《祁连山国家公园（青海片区）利用大数据建设智慧国家公园》，https：//www. forestry. gov. cn/qls/1/20201023/201531046804850. html，2020 年 10 月 23 日。

② 祁连县人民政府：《以祁连山国家公园试点为引擎努力打造祁连生态建设“三大”高地》，http：//www. qilian. gov. cn/html/4936/264138. html，2019 年 8 月 15 日。

在生态文明建设中更要走好网络化、数字化、智能化的发展道路，特别是要找到运用数字技术推动国家公园生态环境保护的发力点，发挥好数字技术对生态环境保护的放大、叠加、倍增作用，为助力祁连山国家公园生态系统实现数字化管理，对建造生态保护高地、生态科研高地奠定良好基础。具体来看，需要从以下方面着手。

一是大力建设生态环境综合治理数字化平台，构建在生态文明建设方面的治理体系和推动生态环境治理能力现代化。最重要的是要借助大数据技术以及数字化集成平台，实时动态监测生态环境指标，如水、土壤、空气等，通过监测评估人类行为以及自然现象的生态风险，实现"天—地—空—人"一体化的动态监测和调控。与此同时，借助云计算技术、区块链，区域化开发生态资产，推动环境、生态、旅游等领域衍生出的健康产业、养生休闲产业以及新兴技术产业发展。此外，运用遥感监测、大数据等科技手段，构建"云—管—端"协同促进的产业信息链生态。

二是建立生态资产数据库，加快生态价值评估、生态产品交易以及生态价值补偿的数字化建设。依托云计算技术、大数据、虚拟现实等，通过生态资产数字台账来明确生态资产现状，并构建生态资产价值评估模型。此外，建议推进生态补偿机制数字化，设立多层次、全方位的生态补偿智能化平台。同时，还需健全生态产品交易机制等内容，有机结合生态产品市场交易、生态损害赔偿以及生态保护补偿机制等，形成发展合力。

三是构建生态资产价值核算体系。在实践中，利用生态系统生产总值（GEP）核算体系管理生态资产，借助数字化核算系统，量化评估生态产品的经济价值，为交易和融资提供参考与依据。同样，在生态补偿资金分配、绿色发展的财政奖补等方面，生态系统生产总值核算体系为其提供精准的数据支持。

四是积极构建生态文明信用体系，构建包括整治生态环境、管理生态资产、践行社会绿色低碳行为等内容的信用系统，推进生态文明信用体系智能化、数字化发展。并依托生态文明信用数字化动态管理平台，加快形成绿色的生活生产方式（李洪义等，2020）。

第二节　游憩利用管理机制

一　强化游憩服务管理机制

祁连山国家公园游憩服务管理旨在利用最小化的设施为游客提供高质量的游憩服务，其主要包括以下几个方面。

游憩服务设施是指为社会公众提供游憩活动服务的各类支持设施。合理规划国家公园游憩设施及其空间布点对挖掘国家公园游憩潜力、提高公众游憩体验质量以及维护生物多样性等有着重要影响。国家公园游憩设施大体可分为交通设施，如游径、自行车道、公交车站、生态停车场等；休闲设施，如运动类、游乐类、休憩类等；服务设施，如野餐区、购物场所、生态旅馆、户外露营地、导航设施等；解说教育设施，如标识系统、宣传牌、游客中心、户外解说场地等及其他设施。祁连山国家公园游憩设施建设及空间布局秉承游憩机会谱理论、生态承载力理论、可持续发展理论，遵循生态化、可达性、游客体验最大化原则，考虑公园资源禀赋、自然人文环境、客源市场及政策因素对游憩设施建设的影响，实现国家公园的可持续发展。

国家公园游憩活动管理是指对资源进行适度的分配，以便为公众提供优质的游憩体验项目或活动。在研究访客行为及其活动的基础上，统筹游憩活动的数量、质量、空间、时间、状态等维度，综合考虑国家公园内需要开展的游憩活动类型、游憩设施空间布局、游客的可利用程度。依据不同类型的游憩环境对资源和环境保护的实际要求，祁连山国家公园应有重点地开发出差异化、多样化的游憩活动，来匹配不同的游憩环境类型，如传统利用区主要开展民俗文化体验活动，生态旅游区则主要开展科普教育、文化体验、生态观光活动，核心区则仅开展科学考察活动。并结合游客多样化的游憩需求设计合适的游憩产品，为游客带来高品质的游憩服务。

解说与教育服务管理是指以教育功能为前提，为访客提供有意义且深刻的学习机会和游憩体验，倡导公众积极实践并保护好国家公园丰富的资源，是国家公园有效发挥环境教育功能和引导公众环保行为的重要抓手。具言之，解说与教育服务管理一方面能为公众创造欣赏和享受自然环境、文化资源的机会，激发公众环境保护意识和责任感；另一方面可以实现从空间和时间上引导公众负责任的游憩行为，并反作用于国家公园“生态保护”的核心功能。在祁连山国家公园内，解说与教育服务管理要针对国家公园发展历程、珍稀动植物保护技术等相关知识进行启发性、教育性设计。并直接与祁连山国家公园的资源建立联系，提高游客对祁连山国家公园的资源及其价值的认知能力，提升游客的体验与感知，并且使游憩活动不会对国家公园生态环境系统造成不可控制的负面影响（赵敏燕等，2019）。

游憩经营管理服务方面，特许经营因其特有的经管分离模式成为祁连山国家公园及其他类型保护地游憩发展普遍采取的经营管理模式。一般地，国家公园管理机构属于非营利性机构，而对于公园内的各类商业经营活动，如娱乐、住宿、餐饮等的游憩服务均采取特许经营制度，并依法依规进行管理。此外，依据祁连山国家公园生态资源特有的珍稀性和脆弱性，实施“园内游，区外住”的公园管理模式，坚决拆除违法违规建筑物，遏制公园内的人工化和商业化现象，缓解国家公园的游憩压力，更好地保护公园的资源与环境，减少污染。还要结合旅游者游憩体验的差异化需求以及同一旅游者多样化游憩体验需求，依据各游憩目的地特色梯级设计不同的休闲娱乐类型，提供高满意度的游憩体验服务。此外，应从全局性、整体性和互补性的视角出发，整合不同类型游憩环境的资源，与社区达成管理契约，并建立相应的特许经营机制。

二　健全特许经营机制

国家公园特许经营是指在保证国家公园自然资源可持续发展与社会公共利益最大化的前提下，由政府经过竞争性程序引入社会不同主体参与公园游憩利用活动，依法授权特许经营者按照特许经营协议约定在规定时间开展规定范围和数量的非资源消耗性经营服务活动，并向相关管理部门缴纳特许经营费的过程。

国家公园中开展的特许经营是将公园内的经营性项目通过竞争性程序，签订管理契约，交由更专业、更规范的社会资本经营。该经营模式既能顺应专业化、市场化趋势，又能分散国家公园中自然资产利用的经营风险，同时为公众提供更优质的游憩经营服务项目。相反，若由国家公园管理主体来兼任经营主体的话，缺乏竞争的经营环境会滞缓游憩产品及其设施的更新，低市场敏感度、非专业性更会影响到公园最终的游憩服务质量。在国家公园建设过程中，特许经营机制具有激活社会资本活力、提高生态治理效率、缓解公共财政压力的重要作用，是推动国家公园科学运营、永续利用的重要机制。

目前，祁连山国家公园已在特许经营机制建设方面做了诸多探索，[①] 思路也日益清晰。2020 年 6 月，《祁连山国家公园总体规划（试行）》[②] 出台，明确了祁连山国家公园特许经营的原则、范围，并初步建立了特许经营管理框架。同年，祁连山国家公园管理局颁布《祁连山国家公园特许经营管理暂行办法》，对特许经营权的主体、适用范畴及权责进行明确规定，通过相关政策法规对建设国家公园特许经营项目进行限定性规范。但祁连山国家公园在关于引导农牧民参与国家公园特许经营的激励机制以及利益分配机制等方面的理论与实践探索仍处于初始阶段，国家公园区域内各景区积极引导区域内社区居民参与特许经营，管理机构既是游憩服务经营者，又是生态保护参与者，这不可避免带来游憩利用与生态保护的协调问题。同时，由于当地特许经营规范化发展的时间较短，经验较少，特许经营各个管理环节同样存在诸多问题。因此，祁连山国家公园应继续健全特许经营机制，使这种分权、限权的权力配置方式既能充分利用市场经济的高效率促进资源配置以及竞争与优化，又能较好地平衡游憩利用和生态保护的利益关系。

一是要建立绿色商业模式激励机制。建立国家公园特许经营黑名单、白名单，将园区的项目进行科学的整合、打包，限制、淘汰落后产业业态，大力引导国家公园经营利用活动向多样化、生态化转型发展，促进业态转型升级，确保项目能够有可持续的盈利能力。同时，在项目运营初期可采取减免特许经营费等方式以保证特许经营者利益，鼓励更

---

① 国家林业和草原局：《祁连山国家公园特许经营管理暂行办法》，2020 年 8 月。

② 国家林业和草原局（国家公园管理局）：《祁连山国家公园总体规划（试行）》，2020 年。

多企业参与特许经营项目，这有利于培育和发展特许经营市场。在项目运营中期，可以实施定期审查制度，对区域环境资源现状及项目发展情况进行定期考核，奖励做得好的经营主体，惩罚或淘汰做得不够好的经营主体，最大化地实现其经济、生态和社会效益。

二是加强特许经营资金的有效监管机制。其一，要建立特许经营者和各利益主体部门之间的利益分配机制，制定并出台特许经营费用使用规范和管理办法，健全特许经营资金收支两线管理制度，建立一套权责清晰、管理精益、运行高效的资金业务收支流程。其二，明确资金管理责任主体，建立统一部门预算管理机制，将特许经营资金归在一般公共预算专项管理中，上缴财政由中央和地方遵循政府财政部门规定统筹使用，主要用于公园管理和日常运营及政府购买公共产品和服务的支出。其三，明确特许经营在政府财政资金中的收支范围，其中，公益性项目不划入特许经营范围。充分考虑政府管理部门管理成本和特许经营者利润，遵循保护优先、公平性原则，科学制定特许经营费缴费标准，规范收入分配，确保分配公平。其四，在特许经营收支流程中融入特许经营项目实施规范性过程管理、经费使用绩效管理的监管，按特定时间规定组织专家对已实施的特许经营项目进行监管和绩效评价，并实时公示评审结果，实现特许经营资金安全在控可控，进一步明确特许经营业务管理及财务管理职责和义务（张海霞和吴俊，2019）。

三是推进国家公园第三方动态评估机制运行。建设祁连山国家公园特许经营信息管理平台，强化第三方机构动态监督和评估国家公园特许经营实施成效，并推动年报制度、信息公开制度、举报制度以及权益保障机制等建立，全方面提升国家公园特许经营商业服务的质量。

三　加强公众环境教育机制

国家公园的加速发展迫切需要环境教育体系化的强力支撑。但因国家公园存在土地利用、资源权属、管理方式、资源类型等多方面的特殊因素，制约了环境教育体系化进程。加强公众环境教育，对提高公众生态文明思想、规范其文明行为具有重要意义。我国自 2013 年就陆续进行国家公园体制试点建设，明确了国家公园在保护生态系统原真性、完整性等方面的重要作用。同时，国家公园也逐步演化成发挥全民公益性的天然户外教育场所，担负着公众环境教育的重要功能，但我国国家公园建设目前尚处于起步阶段，所承担的环境教育功能仅仅停留在较浅显的层面，存在教育内容形式单一、缺乏创新和吸引力、环境教育评价和立法体系不够健全等诸多问题。针对祁连山国家公园的自身特点，我们认为加强公众环境教育，亟须从以下几方面进行。

（一）规范环境教育规划与管理体系

制定规范统一的环境教育规划体系，确保国家公园环境教育工作有序、高效完成并达到预期成效。环境教育的对象主要是国家公园访客以及园区范围内的国家机关、企事业单位、社会团体、社区居民及志愿服务者；环境教育实施主体主要是国家公园各级管理机关、教育主管部门、高等院校、中小学校、科研院（所）及有条件的企业和生态环境保护组织，同时还有当地的原住居民。构建统一的环境教育规划和管理体系，包括完备的规划流程、技术标准、管理办法和动态评估机制，指导祁连山国家公园各个景区的总体发展规划。组建具备多学科背景的专业团队，结合区域特色资源，制定一套既具有地区特色，又有统一标准的环境教育方案。其中，方案内容涵盖受众对象、配套设施、教育形式及内容等多方面，并对方案实施效果进行定期跟踪和总结评估，及时进行调整，以便有效落实环境教育工作。

建立健全的管理体系是全面落实国家公园环境教育工作的基本前提。在祁连山国家公园建设进程中，专门增设环境教育管理部门，由该部门全权负责设计、开发、实施和管理国家公园环境教育项目，并呼吁社会公众积极参与到国家公园环境教育的宣传工作中。环境教育管理部门还应加强与学校、企业、科研院所、专业环保志愿组织等合作，逐步构建起社会参与机制，充分发挥各合作组织在人力、宣传、专业、资金和管理等方面的优势，共同参与环境教育项目的组织、策划与实施等工作，保证国家公园环境教育工作能够高效、科学、广泛地落实。

（二）设置内容丰富的环境教育活动

开展内容丰富、形式多样的环境教育活动，是激发公众主动参与国家公园环境教育的重要手段。祁连山国家公园应充分挖掘当地特有的气候、地质地貌、动植物及人文历史等自身资源特色及其所蕴含的生态文化知识、环境保护知识，向公众宣传有关国家公园生态科普、伦理、文化及审美等知识。同时，也可将在祁连山生态环境保护中所进行的珍稀物种的保护、珍稀动物活动的监测工作及其成果作为基础素材，纳入环境教育内容体系。另外，针对不同细分群体，有针对性地开展和设计适合细分群体需求和认知特点的环境教育活动以及多样化的教育形式。例如，结合学校教育内容，将国家公园作为学生课外实践教学或环境考察学习的重要场所；为专业科研人士开展科研监测与现场实践活动提供科研场所；为社区居民设计有趣的科普宣传活动、节日庆典、环境主题教育活动等。大力宣传国家公园政策立法、伦理知识、环境问题和生态文化资源等内容，鼓励社区居民充当志愿者积极参与到公园的环境教育活动中。同时，有标准地选择当地社区具备环境专业素质和能力的牧民做环境教育的向导或解说员，原住牧民的身份决定了他们十分熟悉祁连山国家公园的自然生态系统，而且他们对环境和生命的敬畏也能很好的感染到访者，激发访客对保护生态环境的热情和责任心；通过设计、实施游憩体验型环境教育活动，依托场地实践、实景体验、游戏拓展等方式，增加访客对国家公园生态环境的综合认知，使其在实践中获得教育和启发，从而更加敬畏自然、尊重自然，自觉地保护自然。

第三节 统筹协调发展机制

一 完善生态保护法治保障机制

生态保护法律体系是国家公园可持续发展的基本依据与重要保障。健全的法律制度体系是实现国家公园利益相关者利益诉求、调和各类利益冲突矛盾的重要保障。祁连山国家公园各级管理机构要着力推进国家公园科学、民主立法，塑造政府、社会、市场多元建构的共建共治共享生态环境法治秩序。

加快推进国家公园基础性、全局性立法进程，以《国家公园法》作为立法基础，以宪法为指导，综合实际情况合理制定“一园一法”。在《甘肃祁连山国家级自然保护区管理条例》等法律法规的基础上，推进《祁连山国家公园管理条例》的立法进程，解决现行多部单行的有关环境资源的法律法规交叉所造成的管理制度疏漏、重叠以及分散等问题。建立完善且健全的立法协商制度，拓宽公民有序参与立法、议法的渠道，倾听和反映社会、市场的诉求和意愿，使祁连山国家公园相关立法符合宪法精神和获得多元利益主体的支持。承认社会、市场的生态治理地位，规范国家公园自然资源管理、生态保护、自然教育、科研监测、特许经营等工作内容，明确各利益相关者的权、责、利，保证有法可依，做到依法有序治理。

完善生态环境保护的法律制度建设，健全生态环境及其资源的保护、利用、修复、补偿、监测、处罚等配套规章制度，规范环境保护、生态建设工作的法制化建设，牢固树立底线思维，强化法律意识，划定并严守保护国家公园生态环境的三大红线。与此同时，要加大力度完善大气污染防治、工业三废治理、森林和水资源保护、资源综合利用、水土流失治理等领域的本土化法律规章制度，做到环境保护和生态建设有法可依、环境监督有章可循，为国家公园生态文明建设营造一个良好的法治环境。

二 健全利益相关者参与机制

目前，我国国家公园各试点建设区均已开始重视各利益相关者的参与和协作，充分发挥社区居民、非政府组织、科研机构、志愿者等各利益主体的优势，共同参与到国家公园建设、保护和管理中来（吴星星，2021）。祁连山国家公园在实现生态保护及游憩利用协调发展的过程中，应逐步建立起主要利益相关者广泛参与的机制，通过法律、法规明确规定各利益主体的知情权、参与权、决策权以及监督权，细化其参与内容、形式和流程，真正实现“全民共管”的宗旨。

（一）社区居民参与机制

社区居民是国家公园生态保护与游憩管理的重要参与主体，应当鼓励社区居民积极参与国家公园建设与管理。社区参与机制是指在国家公园系统内各要素之间相互作用、联系和制约的方式和原理，一个良好的机制能够优化国家公园系统结构，充分发挥系统功能，达到多元利益主体的良性互动。祁连山国家公园所处位置与当地牧民的生产生活高度融合，无论是关于执行环境保护和修复的政策还是开展自然游憩体验活动，都需要当地社区居民（牧民）作为主体力量参与其中。祁连山国家公园社区居民参与机制包括健全社区居民民意表达机制和探索社区居民民主参与途径两个方面（吴星星和杨阿莉，2022）。

健全社区居民民意表达机制。首先，要明确民众合法享有一定程度上国家公园政策规划制定、管理与保护决策的知情权、决策权，尤其是涉及国家公园内社区居民利益的政策、规划和决策。其次，国家公园管理局和社区要构建民意表达渠道，如召开国家公园内社区居民大会，征求社区居民的决策意见；对社区居民进行问卷调查；关于国家公园重大决策问题举办社区居民听证会；制定法规以确保民意表达渠道得到保障，居民的诉求得以表达出来，相关管理部门应当及时解决社区居民反映的问题并对结果予以公示（吴星星，2021）。增强居民在国家公园建设过程中的主人翁意识，积极参与到国家公园的建设中来，促进居民为自己谋求发展的同时，保护国家公园生态建设，从而实现国家公园的良性发展。

探索社区居民民主参与途径。首先，建立健全共同管理制度。祁连山国家公园管理部门应与社区居民共同承担管理责任与义务，并承认双方的利益诉求，考虑资源保护、权利共享、协商决策和公平分配利益等方面的问题。例如，在生态保护方面，可发动社区居民积极参与国家公园的环境保护与治理工作，鼓励当地社区居民通过从事社会服务性公益岗位主动承担生态管护，为保护祁连山国家公园生态环境做出贡献；在制定游憩管理方案时，要充分考虑社区居民的利益诉求，引导和鼓励社区居民参与国家公园生态保护和游憩利用活动，形成社区居民和国家公园管理人员之间的共同管理制度。

其次，明确国家公园土地权属。国家公园土地权属及相关土地利用政策的制定，是调和国家公园社区各类关系的“润滑剂”。相关管理部门要尊重包括土地所有权、居民宅基地使用权以及资源使用权在内的社区居民的各类正当权益。根据当地实际情况，国家公园管理部门应使用各类土地政策来应对公园的土地冲突，如土地收购、土地租赁、土地共管协议以及激励措施，适当给予社区居民土地补偿，减少或避免给居民造成利益损失。

然后，提高社区居民的话语权。国家公园社区增权内容主要涉及制定社区居民参与国家公园相关决策、相关管理部门应当适当下放权力到社区居民并将社区居民代表吸收进相关管理委员会等方面。在国家公园建设与管理中，祁连山国家公园的管理人员要充分考虑社区居民的意见和需求，即让居民参与到国家公园游憩利用、规划、管理、监督等旅游发展的全过程中，如通过举办国家公园游憩利用主题论坛让社区居民亲身参与，共同讨论，有效发声，重视和采纳社区居民的意见与建议，让他们在国家公园游憩管理中发挥更大的作用。

最后，建立健全利益分配机制。利益分配不均和利益补偿不足整体表现为内部效益外部化的现象，即为保护国家公园生态系统的完整性和原真性，社区居民承担了大部分保护成本，但生态效益分配在整个区域甚至整个国家，居民得不到相对应的补偿。为避免此类问题的出现，祁连山国家公园管理部门应对社区居民建立公平的利益分配机制和补偿机制。政府要发挥自身的主导和协调作用，主动提供社区居民适当参与旅游经营的机会。例如，对于距离景区较近的居民或入口社区居民，应提供文艺展演、民族特色餐饮、民宿接待、旅游产品制作与销售等可持续生计发展路径，使居民参与祁连山国家公园的建设与发展，同时拿出部分收入对居民实行利润分红，允许居民以投资入股方式参与特许经营，订立契约成立自己的旅游公司；对于距离景区和交通要道较远或能力不足的居民，可通过担任文化解说员、护林员以及为园区提供蔬菜水果等形式参与国家公园建设，使居民成为国家公园建设的直接或间接的参与者和管理者。

（二）非政府组织的合作机制

非政府组织一直被认为是国家公园旅游发展中重要的利益相关者之一，在促进社区参与和保护生态环境方面发挥着关键作用。在国家公园情境下，非政府组织指围绕国家公园的保护管理，以促进各利益相关者实现自身利益为目的的第三方非政府组织，包括社会公益组织和志愿者组织等。世界自然基金会（WWF）、大自然保护协会（TNC）等国际非政府环境保护组织的参与，为我国自然保护地建设提供了丰富的实践样本，为推进我国国家公园的发展奠定了坚实的基础。近年来，我国不断涌现出许多科普机构和民间环境保护组织，例如各大高校的环境保护协会、阿拉善 SEE 生态协会、绿色和平等环保组织、发展较早的自然之友等，这些组织拥有大量的会员和志愿者，是我国开展环境保护方面工作的重要民间力量（杨锐，2001）。

强化与具有权威性和代表性的国内外组织的合作机制，拓宽合作范围，谋求祁连山国家公园在应对全球气候变暖、生物多样性保护等世界性环境主题方面深入开展环境教育相关合作。同时建立志愿者团队，让公众能够更广泛地参与到生态保护、环境教育、环境解说、生态修复等环境问题中来，体现公众担当，共同助推开创生态文明建设新局面。

（三）科研机构的决策咨询机制

一般地，在国家公园生态保育和游憩利用协调机制中，科研机构通过扮演顾问的角色来从事资源调查、环境控制和生态规划三方面工作，为国家公园的可持续发展建言献策。例如，黄石国家公园在很早之前就联合科研机构调查了园内的动植物系统发展状况；佛罗里达州立大学通过长期追踪并控制大沼泽国家公园外来植物，对园内原生植物的生存空间进行了有效的保护。丹佛规划设计中心为保证规划设计的质量，招揽了众多领域的人才。祁连山国家公园管理局应成立国家公园专家委员会，并与国内外及省内外著名科研院所和高校的科研团队密切合作，为国家公园及各类自然保护地发展战略、总体规划方案、重大项目以及重要专题等有关政策和重大问题提供决策咨询和建议。

（四）志愿者服务机制

2019 年，中共中央办公厅，国务院办公厅印发的《关于建立以国家公园为主体的自然保护地体系的指导意见》（以下简称《指导意见》）指出，要建立起志愿者服务体系，激励社会组织、企业、个人参与到以国家公园为主体的自然保护地保护、建设和发展中来。让公众以志愿服务的方式广泛参与到国家公园的管理工作中，有效提升公众的主人翁意识，使其自觉投身到森林资源的保护中去，增强了参与保护管理的力量，同时也有效减少了在森林资源游憩利用过程中产生的生态破坏以及资源浪费，实现保护和利用协调发展。在国外，志愿者服务历史悠久、经验成熟，已成为国家公园建设与管理中的重要组织形式。目前，祁连山国家公园志愿者服务还处于起步阶段，如何让广大民众参与到国家公园及各类自然保护地的建设和管理工作中，需从以下几方面加强研究。

首先，积极开展志愿者招募与选拔活动。相关部门应采取多种途径、方式进行广泛宣传，让公众了解需要志愿者参与的环境资源保护、旅游接待服务以及日常管理等工作事项的招募细则，并采用多元化的激励手段吸引公众参与。同时，向特定的人群定向发送招募信息，吸收掌握高新技术或具有特殊技能的志愿者。祁连山国家公园应积极探索志愿者注册制度，对注册志愿者进行甄选、确定录取名单、建立注册志愿者档案和服务需求档案。同时，政府及其相关部门需建立相应的奖惩和表彰机制，明确志愿者的责任与义务，提高志愿者的社会地位和公众认知度，为志愿者积极参与国家公园的建设提供可靠保障。

其次，完善志愿者培训体系。志愿者培训是指国家公园相关管理部门对志愿者所需的志愿服务知识、技能和态度进行培训和不断优化的过程。培训分职前培训和在职培训。前者主要通过角色扮演、讲授、实地参观等培训方式，通过对祁连山国家公园的发展历程、规章制度等主要内容与形式进行介绍，增强志愿者的相关知识储备，为志愿者顺利开展工作提供便利。后者是对志愿者在工作过程中遇到的问题进行培训，致力于提高志愿者的服务质量水平。同时要建立起祁连山国家公园志愿者考核评价制度、增加志愿者星级评定制度，精准把控志愿者的服务质量、服务时间以及服务业绩。对于志愿者的培训方面，祁连山国家公园管理局通过与相关领域优秀从业者或高校建立长期合作关系，聘请专业老师就行业专业知识及其技能等方面进行指导教育，并就此达成长期、高效、稳定的合作机制（杨开轩，2020）。

最后，加强对志愿者的管理。祁连山国家公园管理局应成立由不同学科专业人员组成的专门的志愿者协会，负责志愿者的管理工作，确定志愿者在国家公园内的主要工作，比如园区展馆导览和游客咨询服务、生态旅游推广活动、环境教育及解说服务。另外，针对各个区域的具体情况，祁连山国家公园相关管理部门应完善相关的志愿者条例和章程，加快国家公园志愿服务的各项政策及其法律保障机制的制定，明晰志愿者的基本权利、义务和考核评估标准，促使国家公园志愿者服务活动逐步规范化、制度化，进而形成良好的运行机制（杨开轩，2020）。

三　构建完善的监督管理机制

建立健全监管机制，对于各项先进理念、科学措施的有效落实发挥着重要作用。首先，要构建专门的监督管理机构，有效整合监督管理职能。构建专门的监督管理机构，既能为有效开展监督管理工作提供组织保障，也能处理管理权限中交叉重叠、职能不清、管理越位等问题，有助于调和各方利益主体的利益交互关系。在构建国家公园监督管理机构过程中，需要明确监督管理部门的管理职权，引导工作者了解相应工作细则，为规范管理行为和实现管理目标提供坚实理论基础。

其次，要构建完善的监督管理机制。在祁连山国家公园开展监督管理工作的过程中，需要适时对生态环境保护红线进行设定，严格监督与检查生态保护红线内的内容，迅速处理突发问题。此外，祁连山国家公园监督管理部门需要构建国家公园建设运行绩效评估体系、生态安全评估体系等，并依据评估结果为持续优化国家公园游憩利用与生态保护协调工作提供科学依据。

最后，要构建完善的信用体系。对于参与祁连山国家公园生态保护和游憩利用发展的企业，监督管理部门需要构建信用评价机制，将阻碍国家公园建设进程和破坏祁连山生态环境的企业和个人纳入失信名单。此外，有必要加强披露各个企业所具有的信用信息，提高信息的透明度和知晓度，让社会公众对祁连山国家公园建设管理工作的关切得到回应。

第十章　祁连山国家公园生态保护与游憩利用协调发展策略

国家公园实施游憩利用的目标是在对生态进行科学保护的前提下，在其一般控制区内划定适当区域开展自然体验、生态教育、生态旅游等游憩活动，最终构建高品质和多样化的生态产品体系。那么，如何保护好生态系统的完整性，同时利用好游憩资源、为旅游者提供满意的游憩体验？我们认为，应从宏观到具体、从国家到地方着重考虑三方面的发展策略：一是实施多措并举，助力生态环境保护；二是加强统筹规划，细化游憩管理机制；三是践行“两山”理念，共谋保护与利用协调发展。

就生态保护方面，应加强生态资源保护监测和深化生态环境修复实践，同时要建立生态环境影响评价制度，定期将资源环境保护、监测、治理及成效等进行总结，以强化各单位的考核责任。就游憩管理而言，要做到科学规划游憩功能分区，有针对性地设计不同功能区的游憩活动，加强对游憩区域的科学管控。结合我国的“双碳”目标，探索祁连山国家公园的低碳游憩服务业态，培育“生态＋康养”“生态＋牧业”“生态＋研学”“生态＋医药”等一系列新业态模式，不断优化低碳游憩体验与自然教育设施建设，并以科技创新来助推低碳游憩方式的转型升级。与此同时，我们要以“两山”理论为指导，科学规划祁连山国家公园生态产品价值实现路径，大力发展入口社区和特色小镇的生态农业、生态旅游和健康产业，走出一条生态优先、绿色发展的特色游憩之路。此外，应从整体性与全局性角度出发，强化农林水利、国土规划等各级政府部门之间的协作，加强不同类型游憩环境之间的联系和整合，建立各部门各负其责、相互支撑与协调配合的互动关系，联动生产、生活、生态“三生”空间的绿色发展，以此营造祁连山国家公园生态保护与游憩利用协调发展、人与自然和谐共生的新局面。

第一节 实施多措并举，助力生态环境保护

一 加强生态资源保护监测

生态资源保护监测基于生态学原理，采用针对性的监测方法、措施，对生态系统结构与功能、不同尺度生态系统的环境质量状况、生态环境中各个要素进行连续观测、评价的综合技术（姚帅臣等，2019）。在国家公园内广泛开展生态资源保护监测，有助于了解国家公园内管理活动的相关影响以及生态系统的动态变化，从而为国家公园管理规划、实施提供有用信息。完善的生态监测体系有助于找出国家公园资源利用和生态保护之间的平衡点，科学反映自然资源当前的状态，了解资源利用方式的适宜程度、资源开发程度（刘伟玮等，2019）。

加强祁连山国家公园生态资源保护监测，明确不同景观区域游憩项目开发适宜程度、敏感度以及游憩活动类型，从而协调公园内游憩需求与环境保护之间的冲突矛盾。首先，通过无人机、卫星遥感等高新智能设备，构筑“天—地—空”一体化生态环境监测网络体系，调查、监测和评估祁连山国家公园生态环境发展状况及其变化趋势，对祁连山国家公园范围内草原、森林、湖泊、河流等自然生态系统进行风险预警及防控，并加强对生态功能区、生物多样性保护区等区域的人类干扰、生态破坏等活动进行实时监测、评估与预警，以实现其科学管理。其次，建立生态数据集成共享机制。针对祁连山国家公园生态环境网络监测建设需要建设生态环境大数据库，并对数据库中的区域生态状况、环境质量等监测数据进行关联分析与整合，从而做出更加科学的决策。综合考虑“山水林田湖草沙冰”这一生态系统的保护，全方位狠抓项目建设、移民搬迁、思想建设、巡护管理、综合整治等工作，加强生态资源全系统保护监测，做到精准监测、科学保护。

二 深化生态环境修复实践

生态环境修复是自然生态系统管理的最高目标。生态环境修复是指依托自然演化和人为引导，加快对特定区域内被严重破坏的生态系统的恢复，调整生态系统重建思路，协调各类生态关系，防止水土流失、加速地表植被恢复，遏制生态系统的进一步恶化，实现系统良性循环，经济效益、生态效益、社会效益的和谐高效。加强生态保护和修复对于保障国土空间生态安全、推进生态文明建设、实现美丽中国建设具有重要意义。根据党中央统一部署，党的十九大报告重要改革举措和中央全面深化改革委员会指出，“实施重要生态系统保护和修复重大工程，优化生态安全屏障体系”。深化国家公园生态环境修复实践与国家公园“最严格保护”的原则相契合，有利于提高国家公园生态系统自修复能力，切实增强生态系统稳定性，全面形成国家公园生态保护和生态修复新局面，为推进生态系统治理能力现代化、维护国家生态安全、加快美丽中国建设奠定坚实的生态基础。

《全国重要生态系统保护和修复重大工程总体规划（2021—2035年）》[①] 文件指出，祁连山国家公园内的北方防沙带和黄河重点生态区区域，均被列入全国九项重要生态系统保护和修复重大工程之列，而且祁连山国家公园的生态环境修复也处于自然保护地建设和野生动植物保护重大工程范畴内，具有一定的国家战略意义。祁连山生态系统复杂而脆弱，生态承载力与环境容量不足，且祁连山国家公园内许多区域既是生态脆弱区，又是欠发达地区，经济发展带来的生态保护压力依然较大，存在工作点多面广、牵扯利益关系多、施工条件差、技术难度大等诸多难题，后续生态系统保护修复工作仍十分艰巨。因此，祁连山国家公园生态环境修复工作需要强化以下几方面。

首先，健全和制定生态环境修复相关政策及法律法规。生态环境修复是一项全局性的系统工程，相关机制的设置是保障该工程稳定运行的

---

① 国家发展改革委、自然资源部：《全国重要生态系统保护和修复重大工程总体规划（2021—2035年）》，2020年6月。

关键。基于整体的规划框架，政府部门及祁连山国家公园管理部门在颁布相关政策时，须改变传统的“末端治理”方法，积极转变成基于风险的“前期修复”，制定矿山场所修复、林草修复、水环境修复等修复政策和规章制度。全面开展资源环境承载能力和祁连山国家公园空间开发适宜性评价，科学统筹生产、生活、生态等空间布局，严控城镇开发边界、永久基本农田、生态保护红线等控制线与环境保护线。建立健全国家公园空间用途管制制度，严禁开展任何不符合国家公园主体功能分区定位的开发项目（秦天宝，2022）。

其次，加大政策支持力度。地方政府及祁连山国家公园管理局应将祁连山国家公园生态环境修复作为各级财政的重点支持领域，更要明确支出责任，加大资金投入。鼓励并引导各地政府多层级、多领域统筹资金，集中建设各项重大工程、项目，加快形成资金投入合力，提高财政资金配置效率与使用效益。持续加大祁连山国家公园重点生态功能分区的转移支付力度，加强其监督考核力度。健全河流、耕地、森林等领域的休养生息制度，统筹推进山水林田湖草沙冰系统的综合修复。

最后，推广生态环境修复新技术。持续创新国家公园生态修复及保护工作方面的科学技术，积极展开生态修复基础、技术攻关、装备研制、标准规范等方面的研究；加快建设生态保护和修复的科研平台，如国家重点实验室、生态定位观测研究站、国家级科研示范基地等；利用现代高科技手段及其装备全面整合提升自然教育、管护巡护、科研监测、生态保护等相关支撑能力系统，构建“天—空—地”一体化的立体监管网络。此外，学习和借鉴发达国家先进的修复技术和成功实践经验，加大力度调查国家公园重点修复区域及其对周边生态环境的影响，从源头上进行修复。在祁连山国家公园生态环境修复过程中，原有由固定设备的场外修复已经不能满足生态环境修复需求，亟须转变成低能耗的现场原位修复，借助处理复合污染物修复技术，对修复后的生态环境进行技术评估以及实施长期的环境监管。

三　建立生态环境影响评价制度

积极组织生态环境领域内的相关专业人士制定生态环境影响评估标

准并进行测评，解决环境影响评价中的关键内容及其可靠性问题、综合性预测方法及其标准、影响环境因素的确定等问题，遵循指定的环境影响评价报告书的相关规范，对祁连山国家公园选址范围内的资源进行开发利用。国家公园特许经营企业在生态旅游开发活动之前必须提交对当地生态环境影响的评价报告书，要求指出开发活动中潜在的负面影响，并运用可接受的改变极限（Limits of Acceptable Change，LAC）理论计算国家公园各生态区域的生态承载力，以便针对不同属性的生态区域，科学把控访客数量。祁连山国家公园管理局应定期对外公布环境影响评价报告书并及时召开研讨会，结合专业人士和广大公众意见，与时俱进，对方案进行针对性的修改。同时，综合考评体系内容还包括资源环境保护、监测、治理及成效等，并定期进行总结汇报，以强化各单位的考核责任。

第二节 加强统筹规划，细化游憩管理机制

一 科学规划游憩功能分区

确定生态功能分区既是实现国家公园合理利用与严格保护双重目的的基础，也是保障社区原住居民发展权益和满足访客实现游憩教育科研机会的有效途径。国家公园遵循保护发展协调性和保护管理有效性原则，将公园生态保护区域划分为核心保护区和一般控制区，这种分区方式从国家公园资源利用和保护目标之间的关系出发，在重视保护的基础上，有效兼顾了公园居民的生产、生活和生态发展需求。

为了更好地协调祁连山国家公园生态环境保护与访客游憩利用之间的矛盾，需要进一步细化完善分区管控机制。科学构建国家公园游憩机会谱，合理规划游憩利用适宜区域。游憩机会谱（Recreation Opportunity Spectrum，ROS）理论是美国林务局于19世纪70年代提出的编制资源清单和游憩管理的规划框架。它通过对国家公园的自然化程度、生态完整性与原真性、偏远程度的认识，结合游憩环境、游憩活动和游憩体验，将游憩地分成不同的机会类别，并有针对性地设计不同功能区的游憩活动，以加强对游憩区域的科学管控。

祁连山国家公园要充分借鉴这一理论的突出优势，开展差异化游憩利用及其管控。例如，核心保护区要禁止人为活动，除科研工作者外，一般不允许其他人进入。一般控制区允许适当、有限的人为活动，允许保留当地居民的原生态生产生活方式、游憩利用活动和科教文化活动。结合游憩机会谱理论，一般控制区可分为生态旅游区和传统利用区等区域。生态旅游区遵循自然生态保育原则，寓教于游，为公众提供环境教育，休闲游憩机会，适时适度开展以科普教育、生态观光为主的游憩活动，设置必要的游览道路和设施。游憩利用活动必须限制科学试验、教学实习、享受休闲求知和丰富阅历等少量游憩体验活动的干扰、破坏程度，严格控制游客数量，严禁开发和发展与国家公园生态环境不相协调的景观与景点。传统利用区允许原住居民开展适当的生产生活活动，游憩活动主要为民俗文化体验，致力于构建多样化、高品质的生态产品体系。而这一切游憩活动的前提是居民必须在不破坏自然环境的情况下开展相关生产活动，且须以生态低碳环保的方式进行游憩利用活动（杨开轩，2020）。

二　培育低碳游憩服务业态

在低碳经济的大背景下，低碳游憩立足低能耗、低污染、低排放，是以保护旅游地自然环境和文化环境为出发点的绿色旅游消费活动。将低碳经济应用场景拓展到国家公园等自然保护地体系，探索国家公园生态价值转化的市场机制，将有效助力当地培育经济发展新动能，充分发挥国家公园繁荣地方经济的功能，增进人民福祉，实现生态富民。国家公园的低碳游憩服务，是指在国家公园内涉及的餐饮、住宿、交通、游憩、商品销售等领域，都应是非消耗性的资源利用活动。实施低碳游憩服务，就是要通过发展新业态、新技术、新模式，使碳排放与国家公园游憩利用活动之间的关系不断弱化甚至消失。依托我国“力争 2030 年前实现碳达峰、2060 年前实现碳中和”的“双碳”目标（即 3060 目标），要充分挖掘祁连山国家公园生态资源暗藏的“经济属性”，运用市场机制，率先探索节能降碳的可持续发展路径。国家公园内的交通、住宿、餐饮等产业发展，须倡导绿色建材、绿色建造以及绿色建筑，寻求最小干扰及最小体量的施工建设方法来满足建工功能，并基于有机循环再利用的建设理念、可持续发展理念，建设一套包含污水处理、水循环、碳循环、绿地系统、资源整合利用等内容的有机循环系统。倡导高效使用清洁能源，并借助于环境友好型或与环境共生的生态技术，积极探索适合中国国情、区情、园情的资源与材料替代技术、废弃物再利用和资源化技术、排放减量技术。

培育和探索祁连山国家公园的低碳游憩服务业态，有利于实现国家公园协调游憩利用与生态环境保护，促进高质量发展。首先，要梳理低碳游憩服务产业清单。祁连山国家管理部门应列出适合不同功能区开展的低碳游憩服务产业清单，对国家公园园区内外游憩服务产业进行科学规划、统筹布局、精准定位，规划生态友好型项目，扶持发展替代型产业。如核心保育区只允许安排适度的科研和环境教育；在一般控制区则布局休闲体验、生态康养等对生态干扰较小的游憩服务产业；旅游商贸服务、农家乐、牧家乐等产业则多布局于国家公园的入口社区。其次，要构建生态友好型产业体系。鼓励祁连山国家公园相关部门，在坚持生态保护优先的基础上，结合重大工程建设项目，积极推动林下经济、生态旅游、研学旅游、休闲体验、生态康养等特色低碳游憩业态发展，积极构建与祁连山国家公园目标定位相适应的生态友好型产业体系。祁连山国家公园区域内各企业之间通过合作来实现优势互补，进而发挥集聚效应，并基于国家公园生态环境保护，集中力量发展绿色产业。最后，充分发挥祁连山地区旅游资源丰富、景观独特的比较优势，全面培育并发展“生态＋文旅”“生态＋牧业”“生态＋医药”“生态＋康养”等一系列新业态模式，全力打造生态环境高质量发展的新高地。逐渐形成生态产业、生态产品、生态体验一体化的完整生态产业链，要进行产业化经营和管理，实现当地人民收入平稳、向好增长，极力提高当地居民的生活水平，提高当地居民生活质量，以期达到生态保护与经济发展的有机统一。

三　优化游憩体验与自然教育设施建设

国家公园开展游憩体验与自然教育，在一般控制区内的自然公园等景区，可通过设置生态徒步道、露营地等生态体验设施，在入口社区和特色小镇通过设置自然教育中心、自然解说步道、生态科普馆、野外科普标识等自然教育设施，为公众亲近自然、休闲游憩和科普教育等活动提供便利。

（一）游憩体验设施

国家公园游憩设施的规划与建设需要与生态环境相协调，是融合设施布局、生态环境影响、土地利用变化等一体的综合过程。

1. 生态徒步道设施

在祁连山国家公园入口社区及生态文化村、周边的森林、草原等自然公园景区，利用现有巡护道路设置为长距离的草原生态徒步道和森林生态徒步道，访客可根据自己的实际情况选择徒步的长度，进行一日或多日徒步活动，深入祁连山的森林、草原、雪峰中，近距离观赏和感受国家公园优美奇绝的景观。

2. 服务驿站设施

在国家公园一般控制区内建立入口社区及特色小镇设置驿站，以供访客和徒步者停留休憩使用。结合乡村振兴战略，对村落基础设施进行提升，改善村容村貌，为访客和徒步者提供住宿、餐饮及日常用品售卖等。结合生态徒步道，构建道路—驿站自然游憩体系。驿站游憩体系包括供访客提供停留休憩的服务驿站和供访客停驻的观景台。服务驿站主要利用快速通行车道与徒步道沿途的县、乡、村现有接待设施，带动当地社区居民参与到祁连山的生态体验中，为公园访客提供基本公共服务。选取规模较大、设施较完善的驿站作为祁连山自然教育点，对访客进行教育。在国家公园一般控制区内风景资源较好的位置设置观察点（观景台），供访客停留观赏祁连山的森林、草原、河湖、湿地、冰川雪山，远眺野生动植物及不同地貌景观。例如，在甘肃省阿克塞县阿勒腾乡，肃北县盐池湾乡、石包城乡，肃南县祁丰乡、康乐镇和青海省天峻县苏里乡，祁连县油葫芦地区建设野生动物观察点，以自然体验教育为主，访客可以驾车或步行前往观察点，观赏珍稀野生动物岩羊、藏野驴等。提倡在设施的规划设计与建造方面尽可能减少体量、减少废弃物、减少能源使用，要求对自然环境及生物产生较少的干扰；修建设施过程中严禁出现景观生态系统破碎化等问题，维系好“山水林田湖草沙冰”生命共同体；要求符合当地的自然与文化特色，并有利于前期施工和后期维护。例如可以改造利用国家公园内已搬迁村民的废弃房屋，将其打造成为国家公园的停歇驿站，供访客进行简单的休憩与停留。

（二）自然教育设施

国家公园以环境资源为背景，可通过建设教育服务设施，包括自然教育中心或宣传栏、宣传手册、科普馆、科普长廊、向导和导游解说等途径，向公众普及生物知识、生态知识，弘扬生态文化，培养热爱自然、珍惜自然、敬畏自然的观念，实现科普教育。

1. 设置自然教育中心（科普馆）

为满足广大公众参与自然教育的需求，祁连山国家公园要在适宜区域适当设置自然教育中心，广泛开展系列化、专业化、大众化的自然教育活动，推进自然教育规范化发展，逐步建立有祁连特色、有国家公园特点、产学研深度融合的自然教育创新体系，为把祁连山国家公园打造成为全国乃至国际生态文明高地做出新贡献。

自然教育中心的具体选址，可选择在祁连山北坡与南坡的西、中、东段分别设置自然教育中心或科普馆，例如在甘肃省阿克塞县阿勒腾乡，肃北县盐池湾乡，肃南县红湾寺镇、马蹄乡，天祝县赛什斯乡、永昌县和青海省祁连县八宝镇、门源县城区、门源县珠固乡、天峻县苏里乡等。根据祁连山国家公园自然和人文景观的特点，按照观景、布景、提炼、点化和升华的要求，突出自然山水特征，将自然山水、森林草原与地方传统文化相结合，为人们创造更多接近自然、融入自然的机会。

自然教育中心要设置生态资源、生物多样性、传统文化、传统利用、保护管理、科研监测、科技信息服务、多媒体演播厅等多种功能区展厅，配置祁连山国家公园的沙盘，高清5D宣教系统、VR全景展示、LED高清显示屏、触摸宣教查询系统、音响、便携式扩音设备、投影仪、多媒体放映等设备，以图片、文字、录像等形式，全面展示保护区冰川雪山、河流沼泽、森林草原、野生动植物、人文景观、科研及管理等各方面的信息。还可放置如祁连山冰川分布模型、雪豹生存环境模型等有趣的科普模型，提供科普书籍、宣传折页与解说手册，播放宣传视频，重点向访客讲解该区域内祁连山的自然生态特征、特色资源、传统文化、生态保护等内容，使民众了解、参与和监督祁连山国家公园的生态保护及其建设。

2. 完善野外科普和自然教育解说系统

在祁连山国家公园一般控制区内的特色地貌、野生植物、野生动物经常出没、重要湿地处树立野外科普标识，内容重点介绍国家公园保护管理理念、战略区位、生态价值、自然生态景观、野生动植物和人文历史等信息，引导访客自觉保护祁连山的自然资源与环境。标识外观就地取材，充分融入周边环境，结合地域文化与自然景观要素，布设在园区周边及传统利用区主要县、乡、村等人口密集区域及国、省、县道旁。

构建祁连山自然教育解说系统。在自然教育中心外设置 3—5 条自然解说步道，结合步道周边环境，由各节点因地制宜、探索创新，设置户外解说系统和体验设施。针对祁连山的珍稀动物，如雪豹、白唇鹿等，祁连山生态系统，如森林、草原，以及冰川、雪山，根据不同访客年龄群体的划分，有针对地编制自然教育解说方案，或浅显或深入地讲述祁连山各类动植物和生态系统的特征，对访客进行深入教育，并对自然教育讲解员定期培训，使其了解最新的自然教育方法与手段，更好地开展自然教育活动。

四　科技创新助推游憩利用转型升级

科技创新是驱动旅游产业转型升级的重要途径，也是促进祁连山国家公园旅游业由粗放型转变为集约型、由资源依赖型向高效型发展模式转变的重要驱动力。祁连山国家公园旅游业的投资应着眼于科技、创意赋能的新业态、新项目等多个方面，依托新型营销模式推动祁连山国家公园的数字化发展。第一，科技创新活化祁连山国家公园文化遗产的保护（屈小爽和徐文成，2021）。运用数字技术为祁连山国家公园珍贵的文化遗产建立档案，并实现文化遗产的动态展示与活态传承。建立祁连山国家公园文化景观数字博物馆，运用数字技术采集祁连山国家公园文化景观的图形图像数据，推动实现数字化采集、数字化处理、数字化展示和传播。第二，科技应用催生新业态，促进旅游产业结构创新升级。互联网、人工智能、虚拟现实等新技术在旅游业领域的应用衍生出云旅游、沉浸式演艺业、数字博物馆以及虚拟景观体验馆等新的数字化旅游业态。此外，在线直播讲解、短视频营销促销、软文营销等新营销模式进一步促进了整个旅游业态的升级及其高质量发展（毕莹竹等，2019）。第三，将创意、技术融入旅游业态中，以丰富产品内涵，增强游客文化旅游体验，拓宽了祁连山国家公园旅游业态的发展路径。科技创意赋能祁连山国家公园开发文化创意产品，培育诸如数字遗产、数字艺术品、AR 乐园、沉浸式数字展演、文化创意产品等更加优质的旅游产品和服务项目，提高祁连山国家公园文化旅游产品的趣味性、互动性与体验性（沈辉和李宁，2021）。

第三节　践行“两山”理念，共谋保护与利用协调发展

一　“两山”理论引领生态产品价值实现

生态产品是维护生态调节功能、维系国土空间生态安全、提供良好人居环境的自然要素。一方面，生态产品的价值可直接实现将生态资源的优势转化为生态产品；另一方面，又可借助生态产品组合、优化资源配置以及金融市场交易等方式间接转化路径实现。生态产品价值实现是解决生态环境中的外部性问题、维持生态系统平衡的关键（胡咏君等，2019）。

习近平总书记曾在《浙江日报》“之江新语”专栏中指出：“如果能够把生态环境优势转化为生态农业、生态工业、生态旅游等生态经济的优势，那么绿水青山也就变成了金山银山。”这一理论深刻阐明了生态产品所蕴含的内在价值，表明生态产品价值转换后可进一步实现其生态效益、经济效益和社会效益。国家公园是拥有着国际公认的高质量资源禀赋、具备能够为公众提供优质游憩体验的重要场域。要想国家公园内生态游憩和生态保护相得益彰，就必须处理好保护与发展的关系，形成一个人与自然和谐共生的良好局面。并依托国家公园建设，使广大公众能够公平地享受到国家最美、最优质的生态产品。国家公园建立的初

衷就是实现生态环境有效保护，而国家公园实现社区经济快速发展的重要途径就是进行科学合理的游憩利用。国家公园要在保护好人类赖以生存的自然资源和良好生态环境这一“绿水青山”的前提下，为公众提供作为国家福利的高品质审美、教育以及游憩机会，适度开展小规模、低干扰的生态旅游活动，让地方获得相应的经济利益，使国家公园成为推进社区发展、持续造福子孙后代的“金山银山”（杨琼，2018）。

祁连山国家公园的生态环境本身就是人类发展的财富，拥有的高质量资源禀赋能够为广大民众提供优质游憩体验，同时能为当地经济注入活力。祁连山国家公园所在社区应加快绿色发展，积极探索生态产业化、产业生态化、生态补偿等多元化路径，进一步建立生态产品价值实现机制。同时，要从生态文明建设的六大体系（深耕生态环境保护、生态经济、生态空间、生态生活、生态文化、生态制度）出发，让生态和社会发展的各个方面紧密结合，同时平衡好生态环境保护和经济发展。

总之，我们要坚守好祁连山的绿水青山，综合提升生态系统保护、治理与修复能力，坚定生态自觉和生态自信，把“绿水青山”变成“金山银山”，大力发展祁连山国家公园入口社区和特色小镇的生态农业、生态旅游和健康产业，依托绿色消费需求带动当地绿色产业发展，促使祁连山的生态福祉真正惠及全民。

二 加强理念传播与价值共创

国家公园体制建设不仅是生态文明制度建设的重要内容，还是解决我国自然保护地发展过程中存在的多头管理、边界不清、重叠设置、权责不明、保护与发展存在矛盾等复杂问题的重大举措。保护生态系统的完整性、原真性，强化对生态资源的科学利用和有效保护，强调“生态保护第一、全民公益性、国家代表性”理念，这是我国国家公园体制建设的根本出发点和建设目标。正确解读和传播我国国家公园体制建设的理念，有利于合理引导社会预期，并对社会关切及时回应，以便推动形成社会共识，进而彰显国家公园价值。

国家公园建设中所涉及的利益主体较多且关系较为复杂，主要包括社区原住居民、专家学者、特许经营者、志愿者、非政府组织（NGO）、旅游者和媒体等，各利益相关者的诉求表现为共性与差异性并存。共性诉求体现了利益相关者之间具备进行价值共创的可行性和重要基础，而各利益相关群体间诉求的差异性则决定了他们具有进行价值共创的必要性和紧迫性。实现国家公园生态利益的最大化，就是要保护好国家公园生态系统的原真性、完整性，这既是我国国家公园创建的首要目标，也是各利益主体共同追求的利益诉求，更是各利益主体进行价值共创的根本基础，是确保国家公园经济、生态和社会价值得以实现和各利益方的利益诉求得以满足的重要前提。实现价值共创，能够促进各利益主体的沟通和合作，加强信息的交流与共享，规避劣势，发扬优势，相得益彰，最终实现各利益方利益共赢及国家公园价值的最大化（马永欢等，2020）。

公众主动保护、社会广泛参与、各方积极投入祁连山国家公园要实现理念传播与价值共创，有利于建设良好的社会氛围。

理念传播方面，其一，充分利用微信、微博、抖音、百度等新媒体平台，多层次、多渠道宣传祁连山国家公园生态保护的重大战略意义、自然生态系统严格保护的功能、效益和作用，以及国家公园体制建设的政策法规及相关科普知识。其二，借用传统的信息获取与传递方式，如发放宣传单或手册、张贴海报、圆桌会议和积极考察调研等方式，建立沟通联络渠道，明确宣传工作思路，深入宣传生态文明思想。其三，加强对国家公园社区居民的环境教育，通过公益宣传国家公园的内涵、功能等，提高社会民众对国家公园建设的认识、理解，使国家公园成为培育我国民众认同感、自豪感，塑造民族认同和国家认同，建设生态文明和美丽中国的典型成果。

价值共创方面，其一，需要重视各方利益主体的参与，构建公平、高效的多方主体的对话机制，全面了解各利益主体诉求共性及其矛盾冲突点，共同商议并追求最佳的利益平衡方案。其二，探索多元化的沟通渠道，确保获取多方价值共创信息，为各利益相关者更方便、快捷地获取国家公园的基本信息、利益相关者利益诉求及其矛盾冲突信息、价值共创的相关信息提供便利，更好地运用自身知识、技能与经验，共同决议最佳的利益平衡方案。其三，及时公开利益相关者的价值共创信息，确保价值共创过程高度透明。深入了解各利益主体的利益诉求，在进行信息交流和知识共享的同时，激发参与者灵感，在价值共创过程中增进各利益方的理解与信任。其四，构建风险防范机制，共担评估风险，如引入高新技术提高信息处理速度，引入专家评估体系充分商议各类建设方案、增进保护知识产权并制定相关激励办法等，提高国家公园各利益主体参与价值共创活动的积极性，并使各方利益不受损害（张高原，2022）。

在我国国家公园体制试点中，各试点区已经尝试与多方利益主体共同合作。但限于试点建设期较短，相关经验缺乏，各项体制机制缺乏，对主要利益相关者特别是非政府利益主体的利益诉求重视不够，缺乏有效沟通的渠道，以致利益矛盾被长时间地隐藏、积累，而这些矛盾冲突一旦积累到一定程度或遇到导火线则极易被激化。因此，构建各利益相关者参与的价值共创机制极为迫切。祁连山国家公园将逐步建立健全各利益主体价值共创机制，并切实落实于日常建设实践中。通过多元利益主体的有效沟通、合作，确保各方利益主体的利益诉求充分获得满足，确定国家公园服务价值最大化的方案，并督促国家公园各项管理政策得到有效落实。

三　强化协同配合推动责任落实

国家公园的保护与发展，需要农林水利、国土规划等各级政府部门协调配合，形成上下同级联动的工作机制和生态保护建设的工作合力，共同开展祁连山国家公园范围内的生态保护、公共服务、社区发展、游憩利用等多项任务，统筹规划国家公园内外保护与发展。地方政府应严格按照祁连山国家公园的相关规划和保护要求，与祁连山国家公园管理机构就祁连山国家公园的各项工程项目建设达成一致意见。祁连山国家公园管理局通过综合规划、管理，对祁连山国家公园自然资源资产实行统一管理和更加严格规范的生态保护。通过对祁连山国家公园管理局及其地方政府的管理职责进行科学划分，建立各司其职、各负其责、有机链接、相互支撑与密切配合的互动关系，联动生产、生活、生态的绿色发展理念来落实生态环境保护行动，以此营造祁连山国家公园内人与自然和谐共生的新局面。

首先，要明确保护国家公园生态环境各方面的责任，包括主体责任、监管责任、属地责任等，明确各层级责任，全面落实国家公园各管理部门的环保职责以及相关的重要任务，对工作方案进行细化，推动形成生态环境保护具体责任规范化与制度化，营造齐抓共管的发展局面。其次，主体部门需牵头指导、组织和协调各级和同级相关责任部门，各司其职，各负其责，多方协调、分部门对生态保护管理体制进行落实，致力于打造上、下、同级联动的工作协作机制和生态保护工作合力的新局面，强调管理与保护协同共进，确保生态保护及其修复任务按时、高效完成。

游憩利用与管理方面，应充分考虑我国当前的地方自治型、中央集权型、综合管理型国家公园管理模式的特点，并针对差异化、多元化的游憩体验需求，梯级设计不同游憩地的游憩活动类型，提供高满意度的游憩体验。此外，还应从整体性、全局性和互补性角度出发，强化不同类型游憩环境之间的联系和整合，强调有偿利用资源，与社区达成管理契约，建立并完善经管分离的特许经营机制，实现国家公园核心资源和价值的保护，共同承担运营和保护国家公园的双重责任。

参考文献

阿依古丽艾力：《少数民族旅游社区居民生计资本与生计策略关系研究》，硕士学位论文，新疆农业大学，2015 年。

包乌兰托亚、高乐华：《基于 IRT 框架的乡村旅游协同发展机制研究——以山东省典型村为例》，《农业现代化研究》2021 年第 5 期。

毕莹竹、李丽娟、张玉钧：《中国国家公园利益相关者价值共创 DART 模型构建》，《中国园林》2019 年第 7 期。

曹辉、张美煜、吴慧珍、张静娴、马小玲：《基于 SEM 模型的旅游者生态系统服务功能认知研究——以武夷山国家公园为例》，《内蒙古农业大学学报》（社会科学版）2021 年第 5 期。

曹倩、高庆波、郭万军等：《基于 MaxEnt 模拟人类活动与环境因子对青藏高原特有植物祁连獐牙菜潜在分布的影响》，《植物科学学报》2021 年第 1 期。

陈飞、唐芳林、王丹彤、王梦君、孙鸿雁、孙国政、王继山、宗路平、赵文飞、杨子诚：《亚洲象国家公园探索与思考》，《林业建设》2019 年第 6 期。

陈君帜，唐小平：《中国国家公园保护制度体系构建研究》，《北京林业大学学报》（社会科学版）2020 年第 1 期。

陈小玮：《三江源国家公园：美丽中国建设的生态范本》，《新西部》2020 年第 Z4 期。

陈鑫峰：《美国国家公园体系及其资源标准和评审程序》，《世界林业研究》2002 年第 5 期。

陈雅如、韩俊魁、秦岭南、杨怀超：《东北虎豹国家公园体制试点面临的问题与发展路径研究》，《环境保护》2019 年第 14 期。
陈幺、赵振斌、张铖、郝亭：《遗址保护区乡村居民景观价值感知与态度评价——以汉长安城遗址保护区为例》，《地理研究》2015 年第 10 期。
陈耀华、陈远笛：《论国家公园生态观——以美国国家公园为例》，《中国园林》2016 年第 3 期。
成金华、尤喆：《“山水林田湖草是生命共同体”原则的科学内涵与实践路径》，《中国人口·资源与环境》2019 年第 2 期。
程红丽、陈传明、何映红：《牧户家庭资产禀赋对其生计风险的影响——基于祁连山国家公园的调查》，《草地学报》2021 年第 12 期。
程一凡、薛亚东、代云川等：《祁连山国家公园青海片区人兽冲突现状与牧民态度认知研究》，《生态学报》2019 年第 4 期。
崔冀娜、王健：《资本禀赋、公平感知与生态移民城镇融入研究——以三江源地区为例》，《干旱区资源与环境》2020 年第 7 期。
崔晓明、陈佳、杨新军：《乡村旅游影响下的农户可持续生计研究——以秦巴山区安康市为例》，《山地学报》2017 年第 1 期。
单姝瑶、徐浩杰、杨磊等：《祁连山国家公园生态承载力年际变化特征及其影响因素分析》，《草地学报》2022 年第 8 期。
邓毅、王楠、苏杨：《国家公园财政事权和支出责任划分：历史、现状和问题》，《环境保护》2021 年第 12 期。
邓喆、丁文广、蒲晓婷等：《基于 InVEST 模型的祁连山国家公园碳储量时空分布研究》，《水土保持通报》2022 年第 3 期。
邓宗敏：《森林游憩价值评估研究》，硕士学位论文，四川农业大学，2017 年。
丁国民、李进军、邸华、李贵琴：《甘肃祁连山保护区石羊河流域上游土地利用/覆盖变化监测研究》，《甘肃科技》2016 年第 23 期。
杜傲、崔彤、宋天宇、欧阳志云：《国家公园遴选标准的国际经验及对我国的启示》，《生态学报》2020 年第 20 期。
樊轶侠、覃凤琴、王正早：《我国国家公园资金保障机制研究》，《财政科学》2021 年第 9 期。

高情情、吕弼顺：《习近平生态文明思想视角下的东北虎豹国家公园入口社区生态旅游发展研究》，《延边党校学报》2020 年第 3 期。

耿松涛、唐洁、杜彦君：《中国国家公园发展的内在逻辑与路径选择》，《学习与探索》2021 年第 5 期。

耿松涛、张鸿霞、严荣：《我国国家公园特许经营分析与运营模式选择》，《林业资源管理》2021 年第 5 期。

郭甲嘉、沈大军：《国家公园体制背景下的中国自然保护地体系变迁——基于多源流理论的分析》，《生态学报》2022 年第 15 期。

郭娜、蔡君：《美国国家公园合作志愿者计划管理探讨——以约塞米蒂国家公园为例》，《北京林业大学学报》（社会科学版）2017 年第 4 期。

郭楠：《他山之石与中国道路：美中国家公园管理立法比较研究》，《干旱区资源与环境》2020 年第 8 期。

国家林业和草原局办公室，祁连山国家公园总体规划（试行）通知，国家林业和草原局，2020 年。韩晨霞、彭林、赵旭阳等：《驼梁自然保护区旅游开发的生态风险评价及管理对策》，《福建林业科技》2013 年第 2 期。

何思源、苏杨、罗慧男、王蕾：《基于细化保护需求的保护地空间管制技术研究——以中国国家公园体制建设为目标》，《环境保护》2017 年第 Z1 期。

何思源、苏杨：《武夷山试点经验及改进建议：南方集体林区国家公园保护的困难和改革的出路》，《生物多样性》2021 年第 3 期。

何昭丽、孙慧：《旅游对农民可持续生计的影响分析——以吐鲁番葡萄沟景区为例》，《广西民族大学学报》（哲学社会科学版）2016 年第 2 期。

胡咏君、吴剑、胡瑞山：《生态文明建设“两山”理论的内在逻辑与发展路径》，《中国工程科学》2019 年第 5 期。

华琳、黄志霖、马良、黄嘉元、周高峪：《三峡库区低山丘陵区多尺度景观指数响应及适宜粒度》，《生态学报》2022 年第 11 期。

黄宝荣、马永欢、黄凯等：《推动以国家公园为主体的自然保护地体系改革的思考》，《中国科学院院刊》2018年第12期。
贾振邦、霍文毅、赵智杰、陶澍：《应用次生相富集系数评价柴河沉积物重金属污染》，《北京大学学报》（自然科学版）2000年第6期。
姜春兰、宋霞：《三江源国家公园试点体制下产业发展研究》，《当代经济》2019年第8期。
金崑：《祁连山国家公园体制试点经验》，《生物多样性》2021年第3期。
敬峰瑞、孙虎：《基于游客视角的城市湿地公园游憩体验价值评价——以西安灞桥湿地公园为例》，《陕西师范大学学报》（自然科学版）2016年第3期。
康晓虹、史俊宏、张文娟、盖志毅：《草原禁牧补助政策背景下牧户生计资本现状及其影响因素研究——基于内蒙古典型牧区的调查数据》，《干旱区资源与环境》2018年第11期。
亢楠楠：《国家森林公园游憩价值评价研究》，博士学位论文，大连理工大学，2020年。
黎毅、王燕：《西部地区不同生计策略农户多维贫困分解研究》，《西安财经大学学报》2021年第2期。
李伯华、杨家蕊、刘沛林等：《传统村落景观价值居民感知与评价研究——以张谷英村为例》，《华中师范大学学报》（自然科学版）2018年第2期。
李博炎、李爽、朱彦鹏：《生态旅游在我国国家公园中的定位及效益研究》，《生态经济》2021年第1期。
李广东、邱道持、王利平等：《生计资产差异对农户耕地保护补偿模式选择的影响——渝西方山丘陵不同地带样点村的实证分析》，《地理学报》2012年第4期。
李宏彬、郭春华：《旅游生态影响与生态管理研究》，《林业经济问题》2006年第6期。
李洪义、吴儒练、田逢军：《近20年国内外国家公园游憩研究综述》，《资源科学》2020年第11期。
李娟、龚纯伟：《祁连山国家公园植被覆盖变化地形分异效应》，《水土保持通报》2021 年第 3 期。
李兰莉、杨阿莉、王纪云：《国家公园语境下森林公园游憩价值感知评估及优化——以马蹄寺森林公园为例》，《林业资源管理》2022 年第 2 期。
李墨文、赵刚：《民族地区乡村旅游利益相关者分析》，《延边大学学报》（社会科学版）2020 年第 3 期。
李淑娟、隋玉正：《海岛旅游开发生态风险管理对策与措施研究》，《资源开发与市场》2010 年第 8 期。
李双容：《“旅游凝视”视角下淮北市南湖国家湿地公园游憩价值感知评估》，《云南地理环境研究》2020 年第 3 期。
李元鸿：《基于 SuperMap 的祁连山自然保护区森林防火地理信息系统建设》，《现代农业科技》2011 年第 4 期。
李自珍、何俊红：《生态风险评价与风险决策模型及应用——以河西走廊荒漠绿洲开发为例》，《兰州大学学报》1999 年第 3 期。
李宗省、王旭峰、冯起等：《祁连山自然保护区旅游景点整改前后的生态变化》，《环境生态学》2021 年第 11 期。
林森、胡喜生、吴承祯、洪伟：《武夷山国家公园植被覆盖演变的时空特征》，《森林与环境学报》2020 年第 4 期。
林泽东：《大熊猫国家公园门户小镇旅游发展研究》，硕士学位论文，四川师范大学，2020 年。
刘鸿雁：《加拿大国家公园的建设与管理及其对中国的启示》，《生态学杂志》2001 年第 6 期。
刘建泉、刘兴明、杨建红：《甘肃祁连山旅游资源及其开发》，《资源开发与市场》1995 年第 6 期。
刘建泉、杨建红：《甘肃境内国家重点保护兽类的分布规律》，《东北林业大学学报》2004 年第 4 期.
刘李琨、张薇、战杜鹃：《新时期我国自然保护地体系建设的环境伦理审视》，《环境保护》2019 年第 Z1 期。
刘某承、王佳然、刘伟玮、杨伦、桑卫国：《国家公园生态保护补偿的政策框架及其关键技术》，《生态学报》2019 年第 4 期。

刘伟玮、李爽、付梦娣、任月恒、朱彦鹏、曹恒健：《基于利益相关者理论的国家公园协调机制研究》，《生态经济》2019 年第 12 期。

刘文新、栾兆坤、汤鸿霄：《乐安江沉积物中金属污染的潜在生态风险评价》，《生态学报》1999 年第 2 期。

刘莹菲：《澳大利亚国家公园管理特点及对我国森林旅游业的启示》，《林业经济》2003 年第 12 期。

马继迁、郑宇清：《家庭禀赋如何影响就业？——对失地农民的考察》，《华东经济管理》2016 年第 10 期。

马剑、金铭、王荣新等：《祁连山大野口森林公园旅游垃圾调查》，《安徽农业科学》2016 年第 11 期。

马剑、刘贤德、何晓玲等：《旅游干扰对祁连山风景区土壤性质的影响》，《土壤》2016 年第 5 期。

马蓉蓉、黄雨晗、周伟、周际、白中科、官炎俊、郑连福、詹培元、杨正、张艳：《祁连山山水林田湖草生态保护与修复的探索与实践》，《生态学报》2019 年第 23 期。

马永欢、吴初国、曹庭语、汤文豪、孔登魁、丁问微：《对我国生态产品价值实现机制的基本思考》，《环境保护》2020 年第 Z1 期。

马勇、李丽霞：《国家公园旅游发展：国际经验与中国实践》，《旅游科学》2017 年第 3 期。

马振涛：《国家公园的科普、教育、游憩功能不能少》，《中国旅游报》2021 年第 3 期。

孟宪民：《美国国家公园体系的管理经验——兼谈对中国风景名胜区的启示》，《世界林业研究》2007 年第 1 期。

缪雯纬：《城市湖泊资源价值评估与保护策略研究》，硕士学位论文，华中科技大学，2019 年。

牟雪洁、饶胜、张箫、王夏晖、朱振肖：《县域生物多样性保护优先格局评价及保护体系优化：以武夷山市为例》，《生态与农村环境学报》2021 年第 6 期。

潘佳：《国家公园法是否应当确认游憩功能》，《政治与法律》2020 年第 1 期。

祁进玉、陈晓璐：《三江源地区生态移民异地安置与适应》，《民族研究》2020 年第 4 期。

秦天宝：《论生物多样性保护的系统性法律规制》，《法学论坛》2022 年第 1 期。

邱守明、朱永杰：《旅游影响感知如何影响旅游态度？——云南省 4 个国家公园 432 份农户调查的实证》，《商业经济与管理》2018 年第 3 期。

屈小爽、徐文成：《旅游业与生态环境协调及高质量发展——基于黄河流域研究》，《技术经济与管理研究》2021 年第 10 期。

任青丞：《博弈论视角下满洲里市边境旅游发展研究》，《营销界》2019 年第 52 期。

荣芷颖、胡芬：《神农架国家森林公园生态旅游利益相关者协作关系研究》，《武汉商学院学报》2019 年第 3 期。

尚天成：《生态旅游系统管理与生态风险分析》，《干旱区资源与环境》2008 年第 5 期。

尚天成、赵黎明：《生态风险分析在生态旅游系统管理中的应用》，《华南农业大学学报》（社会科学版）2003 年第 2 期。

沈辉、李宁：《生态产品的内涵阐释及其价值实现》，《改革》2021 年第 9 期。

时少华、李享：《传统村落旅游发展中信任与利益网络效应研究——以北京市爨底下村为例》，《旅游学刊》2019 年第 9 期。

时少华、李享：《社会网络视角中世界文化遗产地旅游村寨的利益关系治理——以云南元阳哈尼梯田典型旅游村寨为例》，《热带地理》2020 年第 4 期。

宋洁、刘学录：《基于多源遥感数据提高山地森林识别精度——以祁连山国家公园肃南县段为例》，《草业学报》2021 年第 10 期。

苏海红、李婧梅：《三江源国家公园体制试点中社区共建的路径研究》，《青海社会科学》2019 年第 3 期。

苏红巧、罗敏、苏杨：《“最严格的保护”是最严格地按照科学来保护——解读“国家公园实行最严格的保护”》，《北京林业大学学报》

（社会科学版）2019 年第 1 期。

孙洪波、杨桂山、苏伟忠等：《沿江地区土地利用生态风险评价——以长江三角洲南京地区为例》，《生态学报》2010 年第 20 期。

唐芳林、田勇臣、闫颜：《国家公园体制建设背景下的自然保护地体系重构研究》，《北京林业大学学报》（社会科学版）2021 年第 2 期。

唐芳林、王梦君、李云、张天星：《中国国家公园研究进展》，《北京林业大学学报》（社会科学版）2018 年第 3 期。

唐芳林、王梦君、孙鸿雁：《自然保护地管理体制的改革路径》，《林业建设》2019 年第 2 期。

唐小平：《中国自然保护领域的历史性变革》，《中国土地》2019 年第 8 期。

唐晓岚、任宇杰、马坤：《基于自然资源生态优势的长江国家公园大廊道的构想》，《环境保护》2017 年第 17 期。

田世政、杨桂华：《中国国家公园发展的路径选择：国际经验与案例研究》，《中国软科学》2011 年第 12 期。

万芸、肖拥军、唐嘉耀：《基于 AHP 和 FUZZY 的富硒康养旅游开发潜力评价——以湖北省建始县为例》，《江苏农业科学》2019 年第 17 期。

王根茂、谭益民、张双全、柏智勇、刘婉婷：《湖南南山国家公园体制试点区游憩管理研究——基于访客体验与资源保护理论》，《林业经济》2019 年第 8 期。

王辉、刘小宇、王亮、柯丽娜：《荒野思想与美国国家公园的荒野管理——以约瑟米蒂荒野为例》，《资源科学》2016 年第 11 期。

王辉、孙静、袁婷、王亮：《美国国家公园生态保护与旅游开发的发展历程及启示》，《旅游论坛》2015 年第 6 期。

王蓉、代美玲、欧阳红等：《文化资本介入下的乡村旅游地农户生计资本测度——婺源李坑村案例》，《旅游学刊》2021 年第 7 期。

王仕源：《国家公园如何提供旅游机会？》，《中国林业产业》2018 年第 5 期。

王维艳、林锦屏、沈琼：《跨界民族文化景区核心利益相关者的共生整合机制——以泸沽湖景区为例》,《地理研究》2007 年第 4 期。
温煜华:《祁连山国家公园发展路径探析》,《西北民族大学学报》(哲学社会科学版)2019 年第 5 期。
文军、魏美才:《我国自然保护区旅游开发的生态风险及对策》,《中南林业调查规划》2003 年第 4 期。
吴必虎、谢冶凤、李奕、丛丽:《生态保护红线战略视域下自然保护地如何划界和分区管控?》,《生物多样性》2022 年第 4 期。
吴必虎、谢冶凤、张玉钧:《自然保护地游憩和旅游:生态系统服务、法定义务与社会责任》,《旅游科学》2021 年第 5 期。
吴承照:《游憩生态学与旅游规划》,《旅游学刊》2008 年第 9 期。
吴承照、周思瑜、陶聪:《国家公园生态系统管理及其体制适应性研究——以美国黄石国家公园为例》,《中国园林》2014 年第 8 期。
吴天雨、贾卫国:《南方集体林区国家公园体制的建设难点与对策分析——以武夷山国家公园为例》,《中国林业经济》2021 年第 5 期。
吴忠军、韦俊峰:《国内民族旅游研究综述》,《广西经济管理干部学院学报》2014 年第 1 期。
肖练练、钟林生、周睿、虞虎:《近 30 年来国外国家公园研究进展与启示》,《地理科学进展》2017 年第 2 期。
徐菲菲:《制度可持续性视角下英国国家公园体制建设和管治模式研究》,《旅游科学》2015 年第 3 期。
徐玲梅:《末次盛冰期以来内流河流域有机碳汇变化及人类活动影响定量评估》,博士学位论文,兰州大学,2020 年。
徐秀美、平措卓玛、胡淑卉:《雅鲁藏布大峡谷国家公园生态旅游经济系统健康水平测评——基于信息熵的视角》,《生态经济》2017 年第 10 期。
薛芮、阎景娟、魏玲玲:《国家公园游憩利用的理论技术体系与研究框架构建》,《浙江农林大学学报》2022 年第 1 期。
闫颜、唐芳林、田勇臣、金崑:《国家公园最严格保护的实现路径》,《生物多样性》2021 年第 1 期。
严旬:《关于中国国家公园建设的思考》,《世界林业研究》1991 年第

2 期。
杨阿莉、南宇、李海军:《生态脆弱区旅游开发与环境建设协调发展问题研究——以石羊河流域为例》,《资源开发与市场》2009 年第 1 期。
杨阿莉、张文杰:《我国国家公园“最严格保护”理念的实践误区及破解》,《内蒙古社会科学》2021 年第 1 期。
杨阿莉、仲鑫、张洋洋等:《基于 AHP—模糊综合评判的旅游开发生态风险评价研究》,《资源开发与市场》2019 年第 6 期。
杨磊、单姝瑶、桑晨等:《祁连山国家公园生态环境质量综合评价及演变特征分析》,《草业科学》2022 年第 2 期。
杨琼:《生态哲学视阈下的“两山”理论及其实践内涵》,《内蒙古大学学报》(哲学社会科学版)2018 年第 5 期。
杨锐:《美国国家公园体系的发展历程及其经验教训》,《中国园林》2001 年第 1 期。
杨锐:《生态保护第一、国家代表性、全民公益性——中国国家公园体制建设的三大理念》,《生物多样性》2017 年第 10 期。
杨晓军:《中国农户人力资本投资与城乡收入差距:基于省级面板数据的经验分析》,《农业技术经济》2013 年第 4 期。
姚帅臣、闵庆文、焦雯珺、何思源、刘某承、刘显洋、张碧天、李文华:《面向管理目标的国家公园生态监测指标体系构建与应用》,《生态学报》2019 年第 22 期。
尹承陇:《祁连山自然保护区生物多样性保护与森林有害生物可持续治理》,《兰州大学学报》2005 年第 5 期。
尤海涛、王豪伟:《喀纳斯自然保护区旅游开发的生态风险及对策》,《新疆师范大学学报》(自然科学版)2005 年第 3 期。
余梦莉:《论新时代国家公园的共建共治共享》,《中南林业科技大学学报》(社会科学版)2019 年第 5 期。
虞虎、陈田、钟林生、周睿:《钱江源国家公园体制试点区功能分区研究》,《资源科学》2017 年第 1 期。
袁淏、彭福伟:《国家公园可持续旅游发展的战略选择》,《北京林业大学学报》(社会科学版)2019 年第 1 期。

袁梁：《生态补偿政策、生计资本对可持续生计的影响研究》，博士学位论文，西北农林科技大学，2018 年。

张朝枝、曹静茵、罗意林：《旅游还是游憩？我国国家公园的公众利用表述方式反思》，《自然资源学报》2019 年第 9 期。

张高原：《韧性理论视阈下边疆生态安全屏障建设路径探析》，《西南民族大学学报》（人文社会科学版）2022 年第 7 期。

张广海、王佳：《海南省旅游开发生态风险评价与预警机制》，《热带地理》2013 年第 1 期。

张海霞、吴俊：《国家公园特许经营制度变迁的多重逻辑》，《南京林业大学学报》（人文社会科学版）2019 年第 3 期。

张海霞、钟林生：《国家公园管理机构建设的制度逻辑与模式选择研究》，《资源科学》2017 年第 1 期。

张华、韩武宏、宋金岳等：《祁连山国家公园生境质量时空演变》，《生态学杂志》2021 年第 5 期。

张军、吴桂英、张吉鹏：《中国省际物质资本存量估算：1952—2000》，《经济研究》2004 年第 10 期。

张硕：《国家公园门户小镇旅游发展研究》，《旅游纵览》2021 年第 6 期。

张天宇、乌恩：《澳大利亚国家公园管理及启示》，《林业经济》2019 年第 8 期。

张晓、高海清、郭东敏、卜耀军：《层次分析法在陕北退耕还林可持续发展影响因子评价中的应用》，《水土保持通报》2010 年第 10 期。

张晓、李春晓、杨德进：《民族地区旅游扶贫多主体参与模式探析——以四川省马边彝族自治县为例》，《地域研究与开发》2018 年第 2 期。

张晓利、马力、鲁小珍、顾叶、阮宏华：《游憩价值评价方法探讨——以凤阳山自然保护区为例》，《中国人口·资源与环境》2011 年第 S1 期。

张一群：《国家公园旅游生态补偿——以云南为例》，科学出版社 2016 年版。

张玉钧、徐亚丹、贾倩：《国家公园生态旅游利益相关者协作关系研究——以仙居国家公园公盂园区为例》，《旅游科学》2017 年第 3 期。
张壮、赵红艳：《祁连山国家公园试点区生态移民的有效路径探讨》，《环境保护》2019 年第 22 期。
赵成章、龙瑞军：《生态旅游业对东祁连山区农户经济行为的影响分析》，《干旱区资源与环境》2006 年第 2 期。
赵健：《旅游资源开发规划生态风险评价技术研究》，硕士学位论文，吉林农业大学，2015 年。
赵静：《乡村旅游核心利益相关者关系博弈及协调机制研究》，博士学位论文，西北大学，2020 年。
赵黎明、刘慧媛：《旅游目的地系统的生态灾害风险评价》，《干旱区资源与环境》2010 年第 10 期。
赵淼峰、黄德林：《国家公园生态补偿主体的建构研究》，《安全与环境工程》2019 年第 1 期。
赵敏燕、董锁成、郭海健、高宁、李宇、唐甜甜、苏腾伟：《国家公园环境解说服务对引导公众行为的影响》，《干旱区资源与环境》2019 年第 7 期。
赵西君：《中国国家公园管理体制建设》，《社会科学家》2019 年第 7 期。
赵延东、罗家德：《如何测量社会资本：一个经验研究综述》，《国外社会科学》2005 年第 2 期。
赵永峰：《内蒙古旅游环境预警评价指标体系构建研究》，《云南地理环境研究》2011 年第 3 期。
赵志国、栾晓峰、陈君帜、叶菁、李婧昕、张超、李苗苗、王贺崐元、杨立：《基于信息熵量化评价大熊猫国家公园生态系统管理成效》，《生态学报》2019 年第 11 期。
赵智聪、彭琳、杨锐：《国家公园体制建设背景下中国自然保护地体系的重构》，《中国园林》2016 年第 7 期。
钟林生、李萍：《甘肃省阿万仓湿地旅游开发生态风险评价及管理对策》，《地理科学进展》2014 年第 11 期。
仲鑫、杨阿莉：《国内外旅游开发生态风险评价研究进展与展望》，《四川环境》2018 年第 4 期。

周璨：《舜皇山国家森林公园游憩资源价值评估研究》，硕士学位论文，湖南农业大学，2018 年。

周国文、张璐、胡丹：《国家公园保护式建设的环境伦理：人与自然和谐共生》，《北京林业大学学报》（社会科学版）2021 年第 2 期。

周晓虹：《社会学经验研究传统的形成与确立》，《南京大学学报》（哲学·人文科学·社会科学版）2001 年第 1 期。

周晓虹：《现代社会心理学》，上海人民出版社 1997 年版。

［美］路桑斯等：《心理资本》，李超平译，中国轻工业出版社 2008 年版。

［印度］阿马蒂亚·森：《以自由看待发展》，任赜、于真译，中国人民大学出版社 2002 年版。

Alisa A. Wade, David M. Theobald, Melinda J. Laituri, "A Multi-Scale Assessment of Local and Contextual Threats to Existing and Potential U. S. Protected Areas", *Landscape and Urban Planning*, Vol. 101, No. 3, 2011, pp. 215 – 227.

Anup K. C., Resham Bahadur Thapa Parajuli, "Tourism and Its Impact on Livelihood in Manaslu Conservation Area, Nepal", *Environment, Development and Sustainability*, Vol. 16, No. 5, 2014, pp. 1053 – 1063.

Arain Spiteri, Sanjay K., Nepal, "Distributing Conservation Incentives in the Buffer Zone of Chitwan National Park, Nepal", *Environmental Conservation*, No. 35, Vol. 1, 2008, pp. 76 – 86.

Ashim Y., Shete M., "Valuation of Awash National Park, Ethiopia: An Application of Travel Cost and Choice Experiment Methods" *The Journal of Developing Areas*, Vol. 56, No. 1, 2022.

Ashim Y., Shete M., "Valuation of Awash National Park, Ethiopia: An Application of Travel Cost and Choice Experiment Methods", *The Journal of Developing Areas*, Vol. 56, No. 1, 2022, pp. 157 – 173.

Barnthouse L. W., Suterg W., User's Manual for Ecological Risk Assessment. *Oak Ridge National Lab.* , Tn (Usa), 1986.

Bascietto J. , Hinckley D. , Plafkin J. , et al. , "Ecotoxicology and Ecological Risk Assessment", *Environmental Science and Technology*, Vol. 24, No. 2, pp. 137 – 145.

Baumgartner R. , Hogger R. , *In Search of Sustainable Livelihood Systems*, Calif: Sage Publications Ltd. , 2004.

Berkes Fikret, Folke Carl, "A Systems Perspective on the Interrelations Between Natural, Human-Made and Cultural Capital", *Ecological Economics*, Vol. 5, No. 1, 1992, pp. 1 – 8.

Bryan H. Farrell, Louise Twining – Ward, "Reconceptualizing Tourism" *Annals of Tourism Research*, Vol. 31, No. 2, 2004.

Bryan H. Farrell, Louise Twining-Ward, "Reconceptualizing Tourism", *Annals of Tourism Research*, Vol. 31, No. 2, 2003, pp. 274 – 295.

Bultena G. L. , Taves M. J. , "Changing Wilderness Images and Forestry Policy", *Journal of Forestry*, Vol. 59, No. 3, 1961, pp. 167 – 171.

Christina Aas, Adele Ladkin, John Fletcher, "Stakeholder Collaboration and Heritage Management", *Annals of Tourism Research*, Vol. , No. 32, 2005, pp. 28 – 48.

Costanza R. , D'arge R. , De Groot R. , et al. , "The Value of the World's Ecosystem Services and Natural Capital" *Nature*, Vol. 387, No. 6630, 1997.

Dfid, *Sustainable Livelihoods Guidance Sheets*, London: Department for International Development, 2000, pp. 68 – 125.

Dil Bahadur Rahut, Maja Micevska Scharf, "Livelihood Diversification Strategies in the Himalayas", *Australian Journal of Agricultural and Resource Economics*, Vol. 56, No. 4, 2012, pp. 558 – 582.

Driver B. L. , Tocher S. R. , *Toward a Behavioral Interpretation of Recreational Engagements With Implications for Planning*, *Land and Leisure*, London: Routledge, 2019, pp. 86 – 104.

Driver M. J. , Mock T. J. , "Human Information Processing, Decision Style

Theory, And Accounting Information Systems", *The Accounting Review*, Vol. 50, No. 3, 1975, pp. 490 – 508.

Dudley N., *Guidelines for Applying Iucn Protected Area Categories*, Gland, Switzerland: Iucn, 2013.

Fisun Yuksel, Bill Bramwell, Atila Yuksel, "Stakeholder Interviews and Tourism Planning At Pamukkale, Turkey", *Tourism Management*, Vol. 20, No. 3, 1999, pp. 351 – 360.

Fisun Yuksel, Bill Bram Well, Atila Yuksel, "Stakeholder Interviews and Tourism Planning At Pamuk Kale, Turkey", *Tourism Management*, Vol. 22, No. 3, 1999, pp. 351 – 360.

Freeman R. E., *Strategic Management: Stakeholder Approach*, Boston: Pitman. Ballinger, 1984, p. 46.

Geoffrey I. Crouch, J. R. Brent Ritchie, "Tourism, Competitiveness, And Societal Prosperity", *Journal of Business Research*, Vol. 44, No. 3, 1999, pp. 137 – 152.

Gude P. H., Hansen A. J., Rasker R., et al., "Rates and Drivers of Rural Residential Development in the Greater Yellowstone" *Landscape and Urban Planning*, Vol. 77, No. 1 – 2, 2006.

Hanna Nel, "An Integration of the Livelihoods and Asset-Based Community Development Approaches: A South African Case Study", *Development Southern Africa*, Vol. 32, No. 4, 2015, pp. 511 – 525.

H. H. Hendricks, W. J. Bond, J. J. Midgley, P. A. Novellie, "Biodiversity Conservation and Pastoralism—Reducing Herd Size in a Communal Livestock Production System in Richtersveld National Park", *Journal of Arid Environments*, Vol. 70, No. 4, 2006, pp. 718 – 727.

Hunsaker C. T., Graham R. L., Suter G. W., et al., "Assessing Ecological Risk on a Regional Scale" *Environmental Management*, Vol. 14, No. 3, 1990.

Hu Yingchun, "The Application Research of Contingent Valuation Method in Urban Park", *Applied Mechanics and Materials*, Switzerland: Trans Tech

Publications Ltd, Vol. 448 – 453, 2014, pp. 4150 – 4153.

Jamal T. B., Getz D., "Collaboration Theory and Community Tourism Planning", *Annals of Tourism Research*, Vol. 22, No. 1, 1995, pp. 186 – 204.

Jason W. Whiting, et al., "Outdoor Recreation Motivation and Site Preferences Across Diverse Racial/Ethnic Groups: A Case Study of Georgia State Parks", *Journal of Outdoor Recreation and Tourism*, Vol. 18, 2017, pp. 10 – 21.

Joakim ByströM, Dieter K. MüLler, "Tourism Labor Market Impacts of National Parks", Zeitschrift FüR *Wirtschaftsgeographie*, Vol. 58, No. 1, 2015, pp. 115 – 126.

Joel T. Heinen, "The Importance of a Social Science Research Agenda in the Management of Protected Natural Areas, With Selected Examples" *Botanical Review*, Vol. 76, No. 2, 2010, pp. 140 – 164.

Joel T. Heinen, "The Importance of a Social Science Research Agenda in the Management of Protected Natural Areas, With Selected Examples", *Botanical Review*, Vol. 76, No. 2, 2010, pp. 140 – 164.

Kallio Hanna, Pietilä Anna-Maija, Johnson Martin, Kangasniemi Mari, "Systematic Methodological Review: Developing a Framework for a Qualitative Semi-Structured Interview Guide", *Journal of Advanced Nursing*, Vol. 72, No. 12, 2016, pp. 2954 – 2965.

Kolahi M., Sakai T., Moriya, K., et al., "Assessment of the Effectiveness of Protected Areas Management in Iran: Case Study in Khojir National Park", *Environmental Management*, Vol. 52, 2013, pp. 514 – 530.

Lewis R. H., "Environmental Education and Research in Yellowstone National Park", *Museum International*, Vol. 25, No. 1, 2009, pp. 85 – 88.

Louks O. L., "Looking for Surprise Inmanaging Stressed Eco-Systems", *Bioscience*, Vol. 35, 1985, pp. 428 – 432.

Marion C. Mark Wick, "Golf Tourism Development, Stakeholders, Differing Discourses and Alternative Agendas: The Case of Malta", *Tourism Man-*

agement, Vol. 23, No. 5, 2000, pp. 515 - 524.

Matilainen A., Suutari T., LäHdesmäKi M., Koski P., "Management By Boundaries-Insights Into the Role of Boundary Objects in a Community-Based Tourism Development Project", *Tourism Management*, Vol. 67, No. 4, 2018, pp. 284 - 296.

Maureen G. Reed, "Power Relations and Community-Based Tourism Planning", *Annals of Tourism Research*, Vol. 24, No. 3, 1997, pp. 566 - 591.

Mitchell, "A and Wood Towarda Theory of Stakeholder Identification and Salience: Defining the Principle of Who and What Really Counts", *The Academy of Management Review*, Vol. 22, No. 4, 1997, pp. 853 - 886.

Morf A., SandströM A., Jagers S. C., "Balancing Sustainability in Two Pioneering Marine National Parks in Scandinavia" *Ocean & Coastal Management*, No. 139, 2017.

Nematpour M., Khodadadi M., Rezaei N., "Systematic Analysis of Development in Iran' S Tourism Market in the Form of Future Study: a New Method of Strategic Planning" *Futures*, No. 125, 2021.

Nogue S., Sanz-Gallen P., Gill, J. M., "Red Sea Coral Sting: A Risk Associated With Tourism in Tropical Waters", *Medicina Clinica Volume*, Vol. 4, 2004, pp. 277 - 278.

Patricia H. Gude, Andrew J. Hansen, Ray Rasker, Bruce Maxwell, "Rates and Drivers of Rural Residential Development in the Greater Yellowstone", *Landscape and Urban Planning*, Vol. 77, No. 1, 2005.

Pedro Longart, Eugenia Wickens, Walter OcañA, Victor Llugsha, "A Stakeholder Analysis of a Service Learning Project for Tourism Development in An Ecuadorian Rural Community", *Journal of Hospitality, Leisure, Sport & Tourism Education*, Vol. 20, 2017, pp. 87 - 100.

Rahut D. B., Micevska Scharf, M., "Livelihood Diversification Strategies in the Himalayas" *Australian Journal of Agricultural and Resource Economics*, Vol. 56, No. 4, 2012.

Rajiv Pandey, Shashidhar Kumar Jha, Juha M. Alatalo, Kelli M. Archie, Ajay K. Gupta, "Sustainable Livelihood Framework-Based Indicators for Assessing Climate Change Vulnerability and Adaptation for Himalayan Communities", *Ecological Indicators*, Vol. 79, 2017, pp. 338 – 346.

Raymond C. , Brown G. , "A Method for Assessing Protected Area Allocations Using a Typology of Landscape Values", *Journal of Environmental Planning and Management*, Vol. 49, No. 6, 2006, pp. 797 – 812.

Renaud Lapeyre, "Community – Based Tourism As a Sustainable Solution to Maximise Impacts Locally? the Tsiseb Conservancy Case, Namibia" *Development Southern Africa*, Vol. 27, No. 5, 2010.

Renaud Lapeyre, "Community-Based Tourism As a Sustainable Solution to Maximise Impacts Locally?" The Tsiseb Conservancy Case, Namibia, *Development Southern Africa*, Vol. 27, No. 5, 2010, pp. 757 – 772.

Ritchie, Mavericks, "Stakeholders' Understanding of Factors Influencing Tourism Demand Conditions: The Case of Slovenia", *Tourism and Hospitality Management*, Vol. 17, No. 1, 2011, pp. 78 – 81.

Scoones I. , "Sustainable Rural Livelihoods: A Framework for Analysis", Brighton: Institude of Developing Studies, *Working Paper*, 1998, pp. 1 – 22.

Shah M. D. , Atiqul Hag, "Multi-Benefits of National Parks and Protected Areas: An Integrative Approach for Developing Countries", *Environmental & Socio-Economic Studies*, Vol. 4, No. 1, 2016, pp. 1 – 11.

Shova Thapa Karki, "Do Protected Areas and Conservation Incentives Contribute to Sustainable Livelihoods? a Case Study of Bardia National Park, Nepal" *Journal of Environmental Management*, No. 128, 2013.

Shova Thapa Karki, "Do Protected Areas and Conservation Incentives Contribute to Sustainable Livelihoods? a Case Study of Bardia National Park", Nepal, *Journal of Environmental Management*, Vol. 128, 2013, pp. 988 – 999.

Srijuntrapun P. , *A Sustainable Livelihood Approach in a Worldheritage Area*:

Ayutthaya, *Thailand*, Lincoln: Lincoln University, 2012.

Steer K., Chambers N., "Gateway Opportunities: A Guide to Federal Programs for Rural Gateway Communities", Washington D. C.: National Park Service Social Science Program, 1998.

S. Zahedi, "Tourism Impact on Coastal Environment", *Environmental Problems in Coastal Regions* Ⅶ, Vol. 99, 2008, pp. 45 – 57.

Thiel D., Jenni-Eiermann S., Braunisch V., et al., "Skitourism Affects Habitat Use and Evokes a Physiological Stress Response in Capercaillie Tetraourogallus: A New Method Logical Approach", *Journal of Applied Ecology*, Vol. 45, No. 3, 2008, pp. 845 – 853.

Wade A. A., Theobald D. M., Laituri M. J., "A Multi – Scale Assessment of Local and Contextual Threats to Existing and Potential Us Protected Areas" *Landscape and Urban Planning*, Vol. 101, No. 3, 2011.

Walker R., Landis W., Brown P., "Developing a Regional Ecological Risk Assessment: A Case Study of a Tasmanian Agricultural Catchment", *Human and Ecological Risk Assessment: An International Journal*, Vol. 7, No. 2, 2001, pp. 417 – 439.

Wiegers J. K., Feder H. M., Mortensen L. S., Shaw D. G., Wilson V. J., Landis W. G., "A Regional Multiple-Stressor Rank-Based Ecological Risk Assessment for the Fjord of Port Valdez, Alaska", *Human and Ecological Risk Assessment: An International Journal*, Vol. 4, No. 5, 1998, pp. 1125 – 1173.

Xu Fu – Liu, Li Yi – Long, Wang Yin, et al., "Key Issues for the Development and Application of the Species Sensitivity Distribution (Ssd) Model for Ecological Risk Assessment" *Ecological Indicators*, No. 54, 2015.

Yang L., Wall G., "Ethnic Tourism: A Frame Work and An Application", *Tourism Management*, Vol. 30, No. 4, 2009, pp. 559 – 570.

Yemiru T., Anders R., Bruce M., et al., "Livelihood Strategies and the Role of Forest Income in Participatory Managed Forests of Dodola Area in the Bale Highlands, Southern Ethiopia", *Forest Policy and Economics*, Vol. 13, No. 4, 2011, pp. 258 – 265.

后　记

国家公园是“国之大者”，是生态文明建设的重大制度创新。国家公园是自然之瑰宝，是集合了山水林田湖草沙的生命共同体。国家公园是国际公认的拥有高质量资源禀赋、能够提供优质游憩体验的重要场域。国内外实践经验表明，国家公园实现生态资源及生态产品的价值转化，需要以游憩利用为媒介，达到生态产业转型与生态富民、推动国家公园生态保护可持续发展和公众福祉等目标。祁连山国家公园建设，是造福“一带一路”和我国西部生态安全屏障的关键，构建祁连山国家公园生态保护与游憩利用协调机制，使民众通过对生态系统服务的消费来满足和提高自身福祉，这是推动祁连山国家公园高水平保护和高质量发展的应有之义。

本书是笔者国家社科基金项目“祁连山国家公园生态保护与游憩利用协调机制研究”（项目批准号：19BGL193）的重要成果之一。全书由杨阿莉、马剑、张文杰共同负责整体写作框架结构的设计、修改及统稿。各章节撰写人员如下：第一章，杨阿莉、张文杰；第二章，杨阿莉、齐芬颉；第三章，李兰莉、王纪云、齐芬颉；第四章，马剑、杨阿莉；第五章，郭星、李兰莉、齐芬颉；第六章，马剑，仲鑫，杨阿莉；第七章，何梦冉，杨阿莉；第八章，张文杰，杨阿莉；第九章，马剑、张文杰、李兰莉；第十章，杨阿莉、张文杰、郭星。撰写本书时我们参阅了许多同仁的研究成果，已在书中尽量详尽列出，在此向所有被引论著的作者致以最诚挚的谢意。

在项目研究实施过程中，要特别感谢甘肃省林业和草原局（大熊猫祁连山国家公园甘肃省管理局）、甘肃省祁连山水源涵养林研究院、甘肃盐池湾国家级自然保护区、青海祁连山省级自然保护区、张掖市林业科学研究院、张掖市肃南裕固族自治县马蹄乡及康乐乡、甘肃省武威市天祝藏族自治县祁连自然保护站和乌鞘岭自然保护站、古浪县昌岭山自然保护站等相关单位领导与工作人员提供的大力支持和帮助；感谢西北师范大学旅游学院的部分老师在本书撰写思路拟定上指出的建设性建议和意见；感谢项目组成员及书稿撰写者付出的大量心血和劳动；感谢我的在读研究生陈新如、赵丽珠、严定超、郑德琛、辜友骞等同学对资料整理和文字校对付出的辛苦；感谢中国社会科学出版社对本书出版给予的大力帮助；同时还要感谢我的家人对我工作的支持和鼓励。最后，我要再次向给予我支持和帮助的所有人表示最深切的谢意，如果没有你们的鼎力相助，书稿难以顺利完成。

由于作者的能力和时间有限，书中难免存在疏漏及不足之处，希望同行专家及广大读者不吝赐教和批评指正！

杨阿莉等

2023 年 5 月